XINJIANG URBAN-RURAL PLANNING BOOKS

新疆维吾尔自治区
城乡规划丛书

地州

REGIONAL URBAN SYSTEM PLANNING

城镇体系规划

新疆维吾尔自治区住房和城乡建设厅 编

中国建筑工业出版社

图书在版编目（CIP）数据

地州城镇体系规划 ／ 新疆维吾尔自治区住房和城乡
建设厅编．— 北京 ：中国建筑工业出版社，2017.7
（新疆维吾尔自治区城乡规划丛书）
ISBN 978-7-112-21010-7

Ⅰ．①地… Ⅱ．①新… Ⅲ．①城镇－城市规划－研究
－新疆 Ⅳ．①TU984.245

中国版本图书馆CIP数据核字(2017)第172620号

责任编辑：滕云飞　　徐　纺
美术编辑：朱怡勰
责任校对：姜小莲

新疆维吾尔自治区城乡规划丛书

地州城镇体系规划

新疆维吾尔自治区住房和城乡建设厅　编
*
中国建筑工业出版社出版、发行（北京海淀三里河路9号）
各地新华书店、建筑书店经销
上海雅昌艺术印刷有限公司制版
上海雅昌艺术印刷有限公司印刷
*
开本：889×1194毫米　1/12　印张：16⅔　字数：420千字
2017年7月第一版　2017年7月第一次印刷
定价：185.00元
ISBN 978-7-112-21010-7
　　　（30653）

编委会

主　编

张　鸿　李学东

副主编

马天宇

编　委

康建平　归玉东　王　波　王　剑

参与编撰人员

陆天舟　王　宪　王　宁　张慧立　李　岩

刘　英　刘　娴　张刚刚　马　丹　闫金铎

前　言

　　"十二五"既是新疆维吾尔自治区经济、社会全面发展的五年，也是各族干部群众努力奋斗、倾情书写华章的五年。在自治区党委、人民政府的关心和重视下，全疆的城乡规划和建设工作进入了一个全面提升的新阶段。自治区第八次党代会上明确提出了"5年内全面完成城乡规划编制工作，实现城乡规划全覆盖；2年内完成所有村镇规划编制任务"的规划工作目标。根据自治区党委、人民政府的总体安排部署，全疆上下全面启动了城乡规划的编制工作。

　　经过多年的努力，全疆基本构建了"自治区、地州、市县、乡镇、村庄"五级城乡规划体系，完成了自治区城镇体系规划、12个地州城镇体系规划、24个城市总体规划、68个县城总体规划、785个镇（乡、场）总体规划和8839个村庄规划的成果编制和审批工作。新型城镇化扎实推进，全疆城镇体系不断健全，乡镇总体规划、村庄规划编制实现了"全覆盖"。其中，《新疆城镇体系规划（2014-2030年）》已于2014年7月经国务院批复实施。

　　各地州根据《新疆维吾尔自治区实施〈城乡规划法〉办法》的要求，组织开展了地州城镇体系规划的研究和编制工作，在各地州城乡规划主管部门、相关规划编制单位的共同努力下，坚持"政府组织、专家领衔、部门合作、公众参与"，规划编制的整体质量和水平不断提升。各地州城镇体系规划、市县总体规划编制和审批的完成，为进一步落实自治区城镇体系规划、各地州和市县社会经济可持续发展的要求提供了重要支撑。

　　地州城镇体系规划，是对引导和调控区域城镇合理发展和空间布局，指导区域基础设施、综合交通、生态环境、历史文化等各项工作的纲领性文件，也是制订各相关市县总体规划和相关专业规划的基础；城市总体规划，是为实现一定时期内城市经济社会发展目标对城市的战略性安排，包括确定城市性质、规模和发展方向，是合理利用城市土地，协调城市空间和开展各项建设的综合布局和全面部署，也是编制城市近期建设规划、详细规划、专项规划的法定依据。

　　在本轮地州城镇体系规划和城市总体规划的编制过程中，更加突出规划公共政策的指导性，更加强化规划的统筹协调能力，更加注重规划的动态引导实施。2015年，自治区住房和城乡建设厅专门研究、制定指导意见，进一步加强了城镇体系规划的实施和监管；同时，自治区针对区域性城镇体系规划和城市总体规划形成了审查和修改工作规则，更加注重区域性规划和总体规划的实施和维护工作。

为进一步总结各地州城镇体系规划的编制工作，自治区住房和城乡建设厅组织编辑、出版了《新疆维吾尔自治区城乡规划丛书·地州城镇体系规划》。本册聚焦地州城镇体系规划，系统汇编了全疆 12 个地州（含原吐鲁番地区、哈密地区）城镇体系规划成果的主要内容，包括城镇发展定位、目标与战略、城镇空间结构、职能与规模、产业发展、综合交通、公共服务设施、旅游发展、历史文化、生态环境以及空间管制等。

当前，新疆正处于"十三五"发展的新阶段，希望能借此帮助规划工作者更好地按照中央城镇化工作会议、中央城市工作会议关于城乡规划工作的新要求，切实发挥城乡规划战略引领和刚性管控的作用，进一步做好城镇体系规划、城市总体规划等各类规划的完善和实施，为各地州、市县的城乡可持续发展奠定坚实的基础。

新疆维吾尔自治区住房和城乡建设厅

2017 年 7 月

目　录

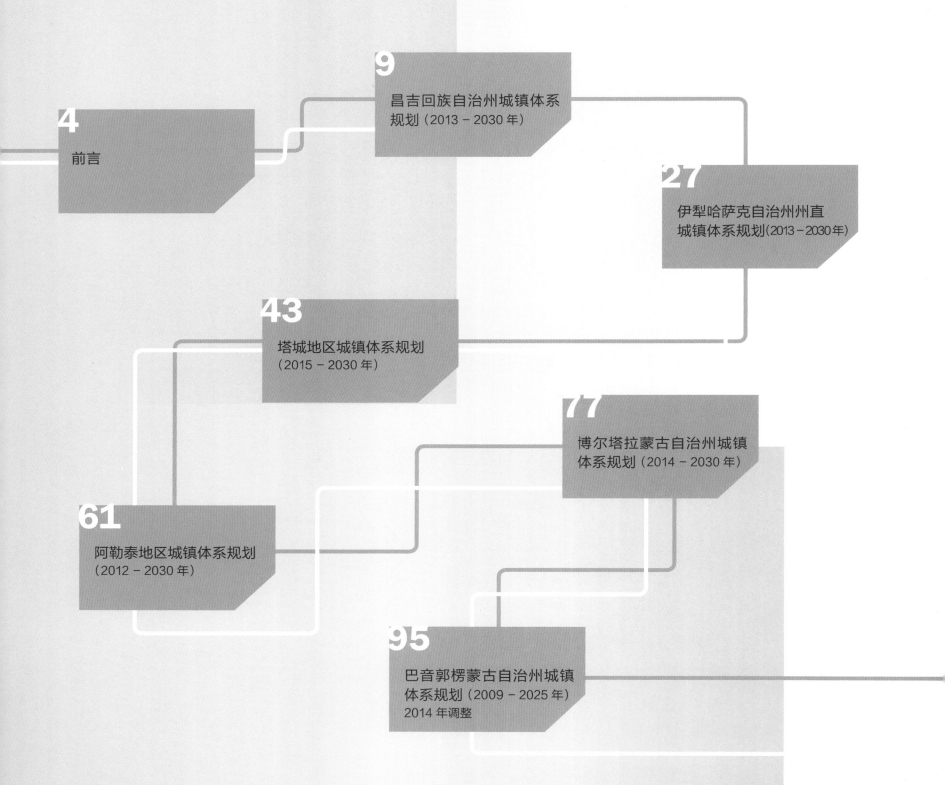

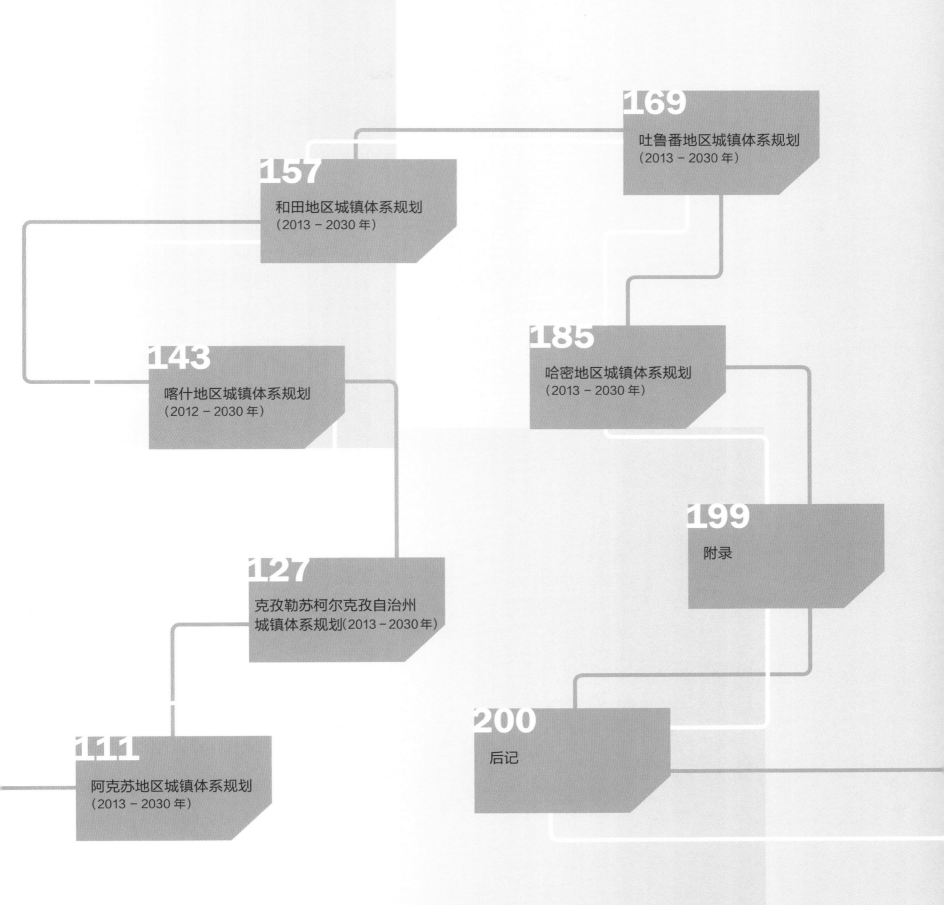

昌吉回族自治州城镇体系规划 (2013-2030 年)

昌吉回族自治州位于新疆维吾尔自治区中部，地处天山北麓、准噶尔盆地南缘。东邻哈密市，西接石河子市，南与吐鲁番市、巴音郭楞蒙古自治州毗连，北与塔城地区、阿勒泰地区接壤，东北与蒙古交界。昌吉回族自治州被乌鲁木齐市隔成东、西两部分。

辖昌吉市、阜康市、呼图壁县、玛纳斯县、奇台县、吉木萨尔县、木垒哈萨克自治县。

地势南高北低，南部为天山山区，北部为古尔班通古特沙漠，中部为绿洲平原。

昌吉回族自治州城镇体系规划（2013-2030年）

组织编制：昌吉回族自治州人民政府
编制单位：中国建筑设计院有限公司
批复时间：2015年1月

第一部分 规划概况

伴随着新疆能源开发的提速以及新疆东出的第二条通道建设，昌吉州发展将迎来新的历史机遇，为适应全州城镇化与城乡统筹发展的需要，促进全州城镇化健康有序地发展，进一步提高全州城镇化质量，引导全州人口、产业、城镇的集聚发展和基础设施的共建共享，按照新型城镇化"城市集群、城乡一体、大中小城市和小城镇协调发展"的要求，为使农牧民人均年纯收入整体超万元，全面实现小康社会的总体目标，昌吉回族自治州人民政府委托中国建筑设计院有限公司开展了《新疆昌吉回族自治州城镇体系规划（2013-2030年）》的编制工作。

为更好地推进城镇体系规划的编制，项目组针对地区特点，开展了《乌昌同城化发展下的昌吉州应对措施研究》、《昌吉州城镇体系规划产业统筹发展专题研究》、《水资源空间配置专题研究》、《昌吉州生态城市与绿色城镇建设模式研究》、《昌吉回族自治州城乡统筹发展专题研究》5个专题研究。

第二部分 主要内容

一、规划范围和期限

（一）规划范围

规划范围为昌吉回族自治州行政管辖范围，包括昌吉州下辖的7个县市，总面积约73660平方公里。

（二）规划期限

规划期限为2013-2030年，其中近期为2013-2015年，中期为2016-2020年，远期为2021-2030年。

二、发展目标与战略

（一）发展目标

1、新型城镇化发展总体目标

抓住对口援疆、准东开发和出疆第二通道建设的历史机遇，加速构建乌昌都市区与奇台—吉木萨尔城镇组群、石—玛—沙城镇组群，加快推进"三化"发展，实现昌吉州"三个率先"发展目标，把昌吉州建成中国西部重要的能源基地、新型工业基地、现代化农业基地和对外开放的窗口。

2、新型城镇化发展的总体定位

（1）欧亚"陆桥通道"西部门户上的重点城镇经济区——经济开放

（2）自治区新型城镇化和"三化"协同发展的先行区——协同发展

（3）自治区兵地融合、城乡统筹的现代化城镇密集区——社会包容

（4）天山北坡有持续发展能力的绿洲生态城镇建设区——生态文明

（5）天山北坡地域与人文特色鲜明的城镇发展示范区——文化特色

3、人口规模与城镇化水平预测

到2015年昌吉州全域总人口达到155万~160万人，城镇化率达到55%~60%；

到2020年昌吉州全域总人口达到180万~190万人，城镇化率达到65%~70%；

到2030年昌吉州全域总人口达到220万~240万人，城镇化率达到75%~80%。

（二）发展战略

1、生态优先，构建适应绿洲环境的城镇体系

保障区域绿洲生态安全，控制两个关键性地带，在绿洲与沙漠之间构建"沙漠生态防护带"；在绿洲与南部山地之间构筑"山前地下水补给带"。立足绿洲城镇发展格局，构建符合绿洲环境的城镇体系。强调绿洲承载力与人口集聚之间的平衡关系，确立大绿洲对应大城市、小绿洲对应小城市的绿洲与城市协调发展格局。

2、构筑"开放合作、区域协同"的发展格局

坚持对内、对外双向开放的原则。对内开放，积极承接中东部产业转移；对外开放，积极争取配套政策，加强与西北各国的联系。加强交通基础设施建设，构建开放联系的平台。与周边乌鲁木齐市、石河子市、五家渠市等地协同发展，实行区域差异化发展，建立区域协同合作机制。

图 1　城乡空间主体功能区划图

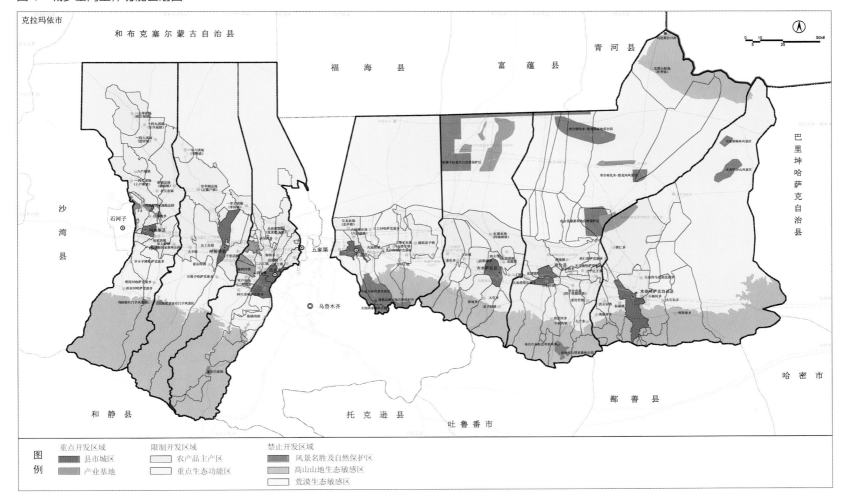

3、加快培育区域增长极，推动城镇组群协同发展

以乌昌、石—玛—沙、奇台—吉木萨尔三大城镇密集区为框架，构建城镇"组群"，确立组群式发展模式，提升区域竞争力，整合组群内部城镇空间规模与资源，实现资源的优化配置；强化内部互动交流，提升城镇活力与竞争力；强调内部分工合作与基础设施共建共享；结合组群发展，形成辐射带动区域发展的增长极核，即4个重点发展城镇：昌吉市城区、阜康市城区、奇台县城区、准东经济技术开发区（五彩湾）。

4、加快推进"四化"协同发展，促进产城融合

强调"四化"间的动态关系，通过水资源、土地资源、资金、政策等配给机制，使"四化"间的联系更加紧密，实现"以工促农、以城带乡"发展策略。

强调"产城联动"，城镇与产业园区互为依托、相互支撑。规划提出产业园区发展的三种思路，即：产城合一，为产业园区配套建设生活服务设施，向产业新城转变，为城镇配套产业，促进产城融合发展；区镇一体，城镇发展配套产业用地，产业园区与邻近城镇融合发展；分级配置，独立园区建基本生活服务区，高等级服务依托邻近城镇。

5、城镇发展的动力多元化，培育特色小城镇

积极开拓多元化的路径来促进城镇化的发展，营建各具特色的城镇。首先，中心城市以区域服务职能带动城镇发展；其次，工业带动城镇发展；第三，农牧业现代化带动城镇发展；第四，以旅游等服务业带动城镇发展；第五，兵团发展转型和生态移民工程推动城镇化发展。

图2 空间管制规划图

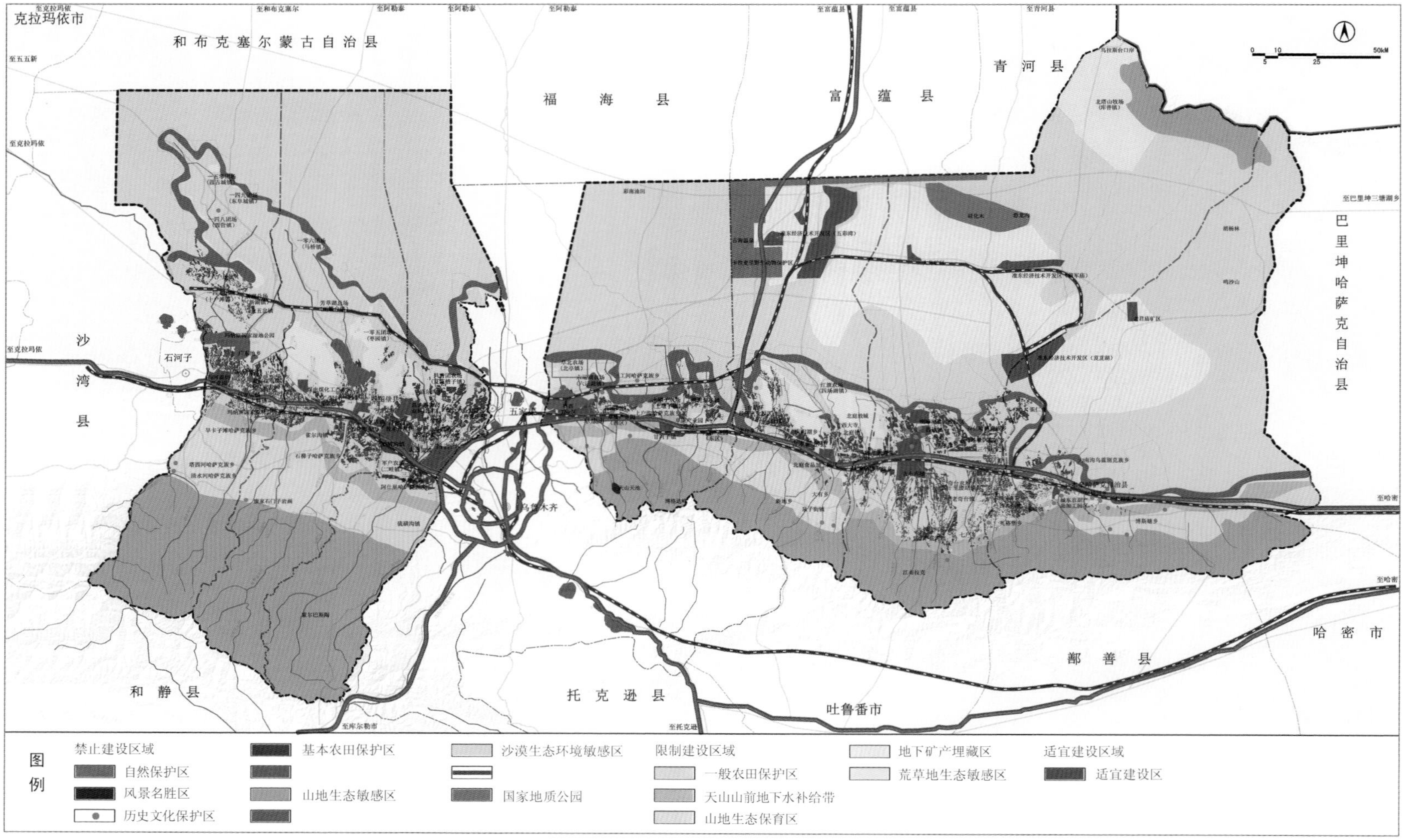

6、增强兵地联系，推动兵地协调发展

促进兵地间的合作与协调，实现资源的优化配置。建立联席会议制度，编制区域协调发展规划；优先推动兵地在道路交通、基础设施等方面的协调对接，促进兵地增强互动，逐步实现兵地之间教育、医疗、文化、体育等服务设施共建共享。

7、推进城乡统筹，实施城乡公共服务均等化

运用城乡统筹理论，合理构建村镇体系，完善城乡配套服务设施，提高城镇就业承载力和农村居民的生活水平。通过机制体制建

设，形成水资源、土地资源城乡互动协调，促使城乡资源的合理配置以及城乡基础设施、公共服务的公平配给。

8、加速基础设施建设，服务社会经济发展

加速推进各项基础设施建设，尤其应重点推动第二出疆通道公路、铁路建设，"500"干渠东线、西线调水工程建设，能源电力输配送设施建设以及各县市城区基础设施建设，服务于社会经济发展。

三、空间管制规划

（一）禁止建设区

禁止建设区是为保护生态环境、自然和历史文化环境，满足基础设施和公共安全等方面的需要，严格控制、禁止建设行为的地区。

昌吉州禁止建设区包括天山天池风景名胜区，玛纳斯国家湿地公园，卡拉麦里自然保护区，奇台荒漠草原自然保护区，奇台硅化木—恐龙国家地质公园，基本农田保护区，主要河流、湖泊、湿地等生态控制区，地表饮用水源一级保护区，地下水源保护区，天

图3　城镇体系结构规划图

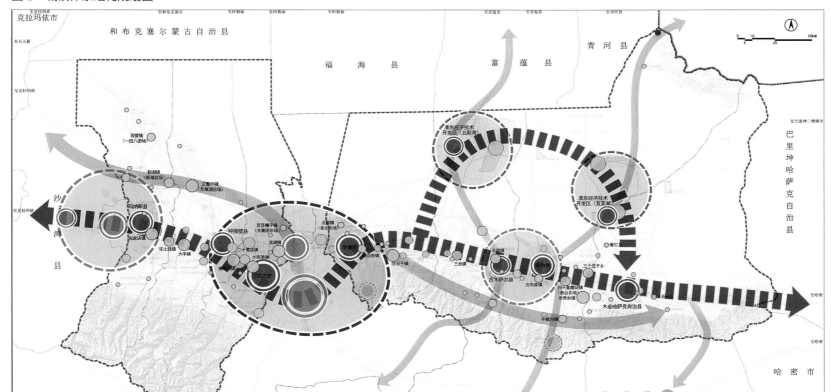

山山区林地覆盖区及雪线以上的生态环境敏感地区，北部沙漠边缘生态防护林带，沙漠生态环境敏感区，坡度大于25°的自然山体，山区泥石流高易发区，大型区域基础设施通道控制带，铁路、高速公路等绿化控制范围，矿产资源采空区及禁止开采区，文物保护单位保护范围，其他经各专项规划确定的不宜建设的区域。

（二）限制建设区

限制建设区主要是指为保护生态环境、资源保护、自然和历史文化环境，满足基础

设施和公共安全等方面的需要，建设行为必须对建设内容、规模、强度、密度等进行引导和控制的地区。

昌吉州限制建设区包括文物保护单位建设控制地带，历史文化街区，地下文物富集区，主要河流、湖泊、湿地等建设控制地区，建成区以外的地下水超采区，地表饮用水源二级保护区，地下水源保护区防护区，一般农田保护区，退耕还林区，荒草地生态环境保护区，天山山前洪积扇等地下水补给带，坡度介于15°~25°之间的山体及其他山体保护区，蓄滞洪区，地下矿产资源埋藏区，地

质灾害中低易发区。

（三）适宜建设区

适宜建设区是指除禁止建设区和限制建设区以外的地区，是城市建设发展优先选择的地区。

四、城镇体系规划

（一）城镇体系空间结构

昌吉州城镇体系形成"1223"的空间结构，即"一区、两群、两基地、三轴线"，

图 4　城镇体系规模等级结构规划图

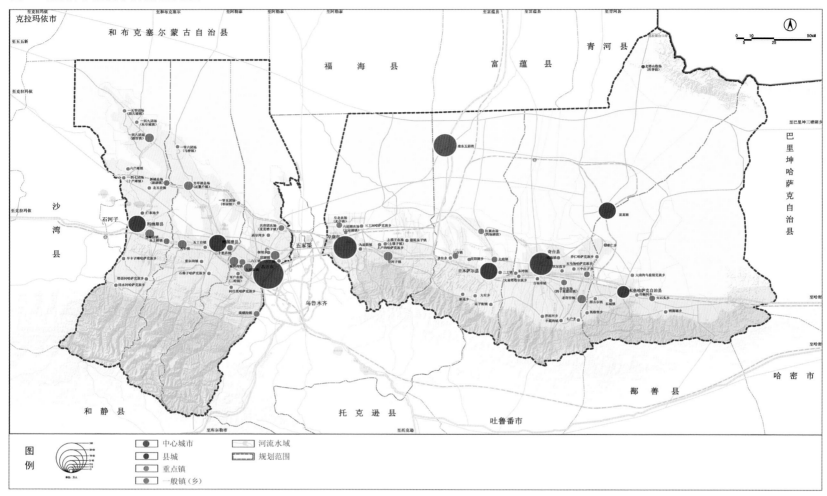

城镇等级结构一览表

表1

中心城市	县城	重点镇	一般镇（乡）
	玛纳斯县城区	包家店镇、六户地镇、乐土驿镇、西营镇（一四八团场）、新湖镇（新湖总场）	旱卡子滩乡、广东地乡、北五岔镇、清水河乡、塔西河乡、东阜城镇（一四九团场）、西古城镇（一五零团场）、十户滩镇（一四七团场）
	呼图壁县城区	大丰镇、二十里店镇、正繁户镇（芳草湖总场）	五工镇、雀尔沟镇、石梯子乡、枣园镇（一零五团场）、马桥镇（一零六团场）
昌吉市城区		榆树沟镇、滨湖镇、大西渠镇、芨芨槽子镇（共青团农场）	佃坝镇、六工镇、庙尔沟乡、硫磺沟镇、阿什里乡、二六工镇、二畦镇（军户农场）
阜康市城区		甘河子镇、九运街镇、北亭镇（阜北农场）	滋泥泉子镇、上户沟乡、三工河乡、土墩子镇、六运湖镇
	吉木萨尔县城区	三台镇、北庭镇、四场湖镇（红旗农场）	老台乡、庆阳湖乡、新地乡、二工镇、泉子街镇、大有乡
奇台县城区		老奇台镇、三个庄子乡、吉布库镇、半截沟镇、四十里腰站镇（奇台农场）	大泉乡、东湾镇、西地镇、坎尔孜乡、五马场乡、乔仁乡、七户乡、碧流河乡、库普镇
	木垒县城区	大石头乡、雀仁乡	西吉尔镇、东城镇、白杨河乡、大南沟乡、博斯塘乡、英格堡乡
五彩湾（准东经济技术开发区）	芨芨湖（准东经济技术开发区）		

城镇规模结构一览表 表2

规模（万人）	城镇
50~100	昌吉市城区
20~50	奇台县城区、阜康市城区、五彩湾（准东经济技术开发区）
10~20	玛纳斯县城区、呼图壁县城区、吉木萨尔县城区、芨芨湖（准东经济技术开发区）
5~10	木垒县城区
2~5	榆树沟镇、包家店镇、甘河子镇、大丰镇、大西渠镇、滨湖镇、老奇台镇、正繁户镇（芳草湖总场）、西营镇（一四八团场）
1~2	三台镇、乐土驿镇、二十里店镇、北庭镇、硫磺沟镇、二六工镇、三个庄子乡、大石头乡、新湖镇（新湖总场）、芨芨槽子镇（共青团农场）、北亭镇（阜北农场）、四十里腰站镇（奇台农场）、四场湖镇（红旗农场）
< 1	旱卡子滩乡、北五岔镇、六户地乡、东阜城镇（一四九团场）、西古城镇（一五零团场）、十户滩镇（一四七团场）、雀尔沟镇、五工台镇、枣园镇（一零五团场）、佃坝镇、六工镇、庙尔沟乡、二畦镇（军户农场）、滋泥泉子镇、上户沟乡、三工河乡、六运湖镇、土墩子镇、老台乡、庆阳湖乡、新地乡、二工镇、大泉乡、东湾镇、西地镇、库普镇、坎尔孜乡、五马场乡、乔仁乡、七户乡、西吉尔镇、东城镇、白杨河乡、大南沟乡、博斯塘乡、英格堡乡、广东地乡、清水河乡、塔西河乡、石梯子乡、马桥镇（一零六团场）、阿什里乡、泉子街镇、大有乡、半截沟镇、碧流河乡、九运街镇、吉布库镇、雀仁乡
撤并或融入城区	兰州湾乡、凉州户乡、园户村镇、三工镇、城关镇（阜康市）、水磨沟乡、西北湾乡、古城乡、照壁山乡、新户乡

城镇职能结构一览表 表3

	综合型	商贸型	工业型	农牧服务型	旅游型
玛纳斯县	玛纳斯县城区	乐土驿镇、新湖镇	包家店镇、西营镇（一四八团场）	旱卡子滩乡、北五岔镇、六户地乡、东阜城镇（一四九团场）、西古城镇（一五零团场）、十户滩镇（一四七团场）、新湖镇（新湖总场）	广东地乡、清水河乡、塔西河乡
呼图壁县	呼图壁县城区、正繁户镇（芳草湖总场）	二十里店镇、大丰镇	五工台镇	雀尔沟镇、枣园镇（一零五团场）	石梯子乡、马桥镇（一零六团场）
昌吉市	昌吉市城区	大西渠镇	榆树沟镇、滨湖镇	佃坝镇、六工镇、庙尔沟乡、芨芨槽子镇（共青团农场）、二畦镇（军户农场）	硫磺沟镇、阿什里乡、二六工镇
阜康市	阜康市城区	九运街镇	甘河子镇、土墩子镇、北亭镇（阜北农场）	滋泥泉子镇、上户沟乡、三工河乡、六运湖镇	
吉木萨尔县	吉木萨尔县城区		三台镇	老台乡、庆阳湖乡、新地乡、二工镇、四场湖镇（红旗农场）	北庭镇、泉子街镇、大有乡
奇台县	奇台县城区	老奇台镇、三个庄子乡、吉布库镇、四十里腰站镇（奇台农场）	库普镇	大泉乡、东湾镇、西地镇、坎尔孜乡、五马场乡、乔仁乡、七户乡	半截沟镇、碧流河乡
木垒县	木垒县城区	大石头乡、雀仁乡		西吉尔镇、东城镇、白杨河乡、大南沟乡、博斯塘乡、英格堡乡	
准东经济技术开发区			五彩湾、芨芨湖		

图 5 城镇体系职能结构规划图

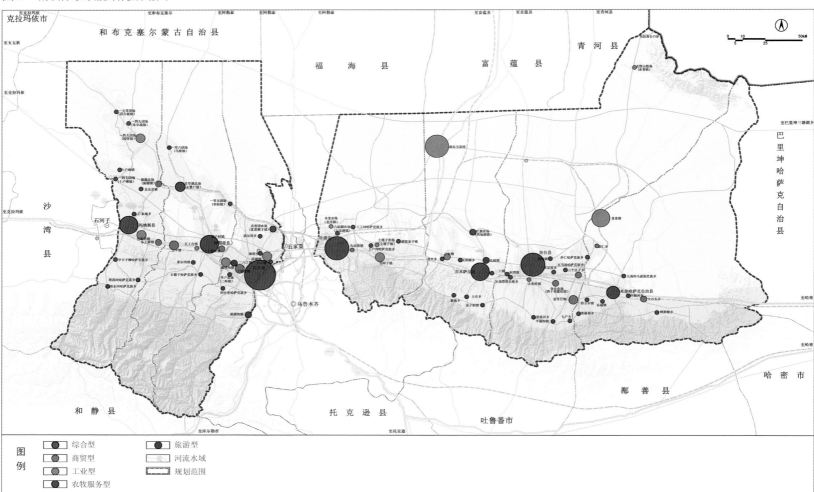

图例
- 综合型
- 商贸型
- 工业型
- 农牧服务型
- 旅游型
- 河流水域
- 规划范围

具体为：一个都市区发展极核、两个城镇密集发展群、两个产城一体化基地、三条城镇——产业发展轴线。

同时，形成多条对外联系的辅助发展轴线，多个产城融合发展新型城镇，作为空间布局的辅助结构。

1、一个都市区发展极核

以乌鲁木齐市城区、昌吉市城区、阜康市城区、五家渠市城区为核心，融合呼图壁县城区、昌吉国家高新技术产业开发区、昌吉国家农业科技园区、甘泉堡工业区等城镇和产业园区，辐射带动滨湖镇、大西渠镇、

甘河子镇、二十里店镇等重点城镇，构建乌昌都市区发展极核。

2、两个城镇密集发展组群

昌吉州西部形成石河子—玛纳斯—沙湾城镇组群（石—玛—沙城镇组群）、东部形成奇台—吉木萨尔城镇组群。

（1）石—玛—沙城镇组群

以石河子市城区、玛纳斯县城区、沙湾县城区为发展核心，融合包家店镇、西营镇等城镇、兵团农场形成城镇发展组群。

（2）奇台—吉木萨尔城镇组群

以奇台县城区、吉木萨尔县城区为中心，

融合北庭镇、吉布库镇等周边城镇形成昌吉州东部城镇组群。

3、两个产城一体化基地

准东经济技术开发区的五彩湾片区、茨茨湖片区，两个依托矿产资源的产业化发展基地，不断增加就业岗位，扩大就业人口规模；同时提升开发区的服务配套能力，营造生产与生活相融合的产业新城，建设成为五彩湾、茨茨湖产城一体化基地。

4、三条城镇—产业发展轴线

（1）天山北坡东西向主轴线

轴线贯穿天山北坡绿洲区域，串联乌昌

图 6　产业及园区发展布局规划图

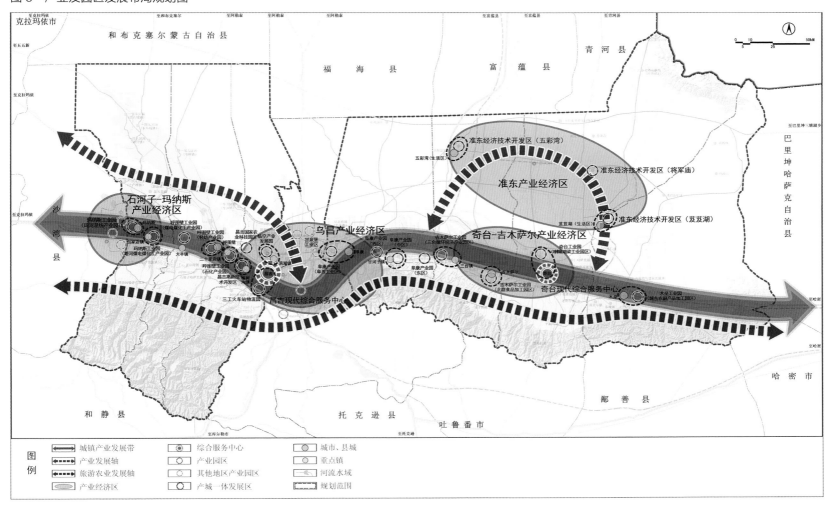

都市区、两个城镇组群，昌吉州各县市城区和重点城镇，并在东部串接准东开发区，形成环状延伸轴线。

（2）东部与西部两条次轴线

东部地区沿南部天山浅山区形成旅游城镇发展次轴线。

西部地区沿北部甘莫公路形成兵团城镇发展次轴线。

5、多条对外联系的辅助轴线

通过交通线路，建立北部联系阿勒泰，东北部通过乌拉斯台口岸联系蒙古，东南部以及南部形成木垒、奇合、吉木萨尔联系天

山南麓吐鲁番等方向的辅助轴线，沿交通线路纵向串联重点发展城镇，拓展交通联系通道，加强主轴上的城镇与昌吉州周边南北地区的联系。

6、多个产城融合发展的新型城镇

设立一些适应产业经济发展的新型城镇区：木垒县、大丰镇、甘河子镇、三台镇等，加强基础设施与公共服务设施建设，优化镇区空间，整合城镇资源，加强环境保护，构建符合产业、城镇发展需求的产城融合发展的新型城镇。

（二）城镇等级结构规划

规划提出将全州城镇划分为中心城市、一般县城、重点镇、一般镇（乡）4 个等级。（表 1）

（三）城镇规模结构规划

依据各县市的发展条件，社会经济和人口发展趋势，以全州人口预测为指导，综合确定各县市主要城镇的人口规模等级结构，控制各级城镇人口规模。

规划到 2030 年，各城镇人口规模如表 2。

（四）职能结构规划

规划昌吉州各城镇的城镇职能划分为：综合型城镇、商贸型城镇、工业型城镇、农牧业服务型城镇和旅游型城镇。（表3）

（五）特色职能城镇规划

规划提出小城镇多元化发展的总体思路，并将部分具有典型发展特征的城镇规划成为特色城镇，加强引导。

1、依托产业园区：产城合一、区镇一体

规划提出以下城镇作为依托产业园区发展的特色城镇。

玛纳斯包家店镇——对应玛纳斯塔河工业园区；呼图壁二十里店镇——对应呼图壁石化工业园区；昌吉市滨湖镇——对应昌吉市临空产业发展区；昌吉市榆树沟镇——对应昌吉国家高新技术产业开发区；昌吉市大西渠镇——对应昌吉市闽昌工业园区；阜康市甘河子镇——对应阜康产业园区（中区）；吉木萨尔三台镇——对应北三台循环经济产业园区。

2、交通节点、商贸型城镇

规划提出将奇台县老奇台镇、昌吉市三工镇、昌吉市滨湖镇、玛纳斯县乐土驿镇、奇台县三个庄子乡、木垒县大石头乡、呼图壁县五工台镇为交通节点、商贸型特色城镇。

3、文化与景观特色城镇

规划提出将奇台县大泉塔塔尔族乡、木垒县大南沟乌孜别克乡、吉木萨尔县北庭镇、阜康市三工河乡、阜康市上户沟乡、昌吉市阿什里乡、玛纳斯塔西河乡、玛纳斯旱卡子滩乡、玛纳斯清水河乡为文化与景观特色城镇，昌吉州文化产业发展的重要支撑点。

4、旅游特色城镇

规划提出将玛纳斯清水河乡、玛纳斯广东地乡、玛纳斯塔西河乡、呼图壁石梯子乡、昌吉市硫磺沟镇、昌吉市二六工镇、昌吉市阿什里乡、吉木萨尔北庭镇、吉木萨尔泉子街镇、奇台县半截沟镇建设成为以旅游为特色的城镇。

五、农村居民点发展指引

（一）统筹城乡发展的原则与要求

1、统筹城乡，规划管理并重

把新农村居民点规划纳入城乡规划管理体系，统筹城乡土地利用，明确县城、镇、村庄的空间布局，形成梯次分明、特色鲜明的城乡空间布局结构体系。

2、分类指引，引导人口集聚

逐步引导农村人口的居住和就业向各级城镇和中心村转移，缩小城乡差距，促进城乡和谐发展。

3、规模控制，引导合理撤并

对人口规模过小、发展条件差的村庄，适当撤并，引导人口合理集聚。

4、生态保育，有序进行生态搬迁

对位于禁止建设区、限制建设区内的村庄，逐步缩减用地规模，进行搬迁撤并。

5、城乡联动，节约集约利用土地

农村居民点用地的减少与城市建设用地的增加紧密联动，农村居民点的退宅还耕与农田的整理复垦紧密结合，高效集约利用土地资源。

（二）村庄分类发展指引

按照改造城中村、建设中心村、治理空心村、培植特色村、合并弱小村、保护历史文化村的要求，突出乡村特色、地方特色和民族特色，规划提出村庄发展的分类指引。

六、产业发展规划

（一）产业发展定位

将昌吉回族自治州建设成为国家级能源储备输出基地和资源转化示范区、面向中亚的出口加工和物流中转基地、新疆重要的新型工业化基地和高新技术产业聚集区、新疆重要的旅游目的地、新疆重要的现代农牧业生产研发和产业化基地、北疆地区重要的现代服务业中心。

1、支柱产业

大力发展农牧产品加工、纺织、煤电煤化工、石油天然气、装备制造和建材、有色金属冶炼六大支柱产业。

2、重点产业

重点发展现代服务产业和战略性新兴产业。现代服务产业包括旅游服务、现代商业、总部服务、外贸服务、商贸物流、商务会展等。战略性新兴产业包括新材料、新能源、生物科技、电子信息等。

3、潜力产业

鼓励和培育教育培训、文化体验、金融服务和空港产业等潜力产业。

（二）产城协调与发展策略

1、产城融合策略；

2、城乡统筹策略；

3、生态保护策略；

4、区域协作策略；

5、产业链延伸策略；

6、培育挖潜策略；

7、区域差异化策略。

（三）产业发展空间布局

规划昌吉州产业形成"一带两心、三轴四区、九个产业园、多个产业基地"的整体

图 7　旅游发展空间布局规划图

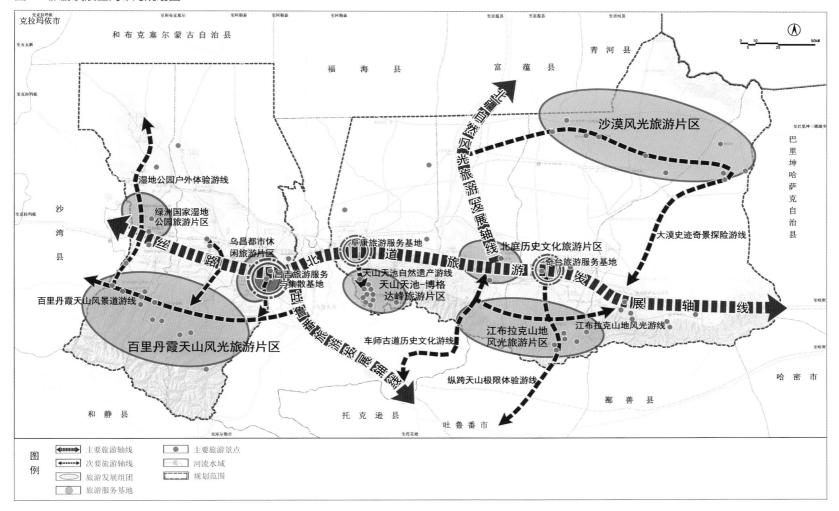

图例
- ◀▐▐▐▐▶ 主要旅游轴线
- ◀----▶ 次要旅游轴线
- ⬭ 旅游发展组团
- ⬤ 旅游服务基地
- ⬤ 主要旅游景点
- ⬔ 河流水域
- ▭ 规划范围

空间结构。

1、一条城镇产业发展带

一条沿天山北坡城镇产业发展带：沿天山北坡，建设以绿洲城市和工业园区为主体的城镇产业发展带，东联吐鲁番、哈密地区，西接石河子及奎克乌苏地区，形成一条连接中亚与内陆地区具有新疆区域特色的资源开发带、城镇发展带和经济产业带。

2、两个现代综合服务中心

（1）昌吉市现代综合服务中心

依托乌鲁木齐市，将昌吉市打造成辐射全疆乃至中亚地区的现代综合服务中心，重点发展总部办公、现代商业、对外贸易服务、金融服务、商业会展、科技研发等现代服务产业。

（2）奇台县现代综合服务中心

依托准东经济技术开发区，将奇台县建设成为昌吉州东部地区重要的现代服务中心，为准东的发展提供支撑，重点发展生活居住，以及休闲娱乐、总部办公、商务会议、现代商业、现代物流等产业。

3、三个产业发展轴

形成延甘莫公路兵团产业发展轴、准东产业发展轴以及南部山区生态农业和观光旅游发展轴，实现区域联动，促进昌吉州各县市之间、县市与兵团之间协调发展。

4、四个产业经济区

培育"乌昌"、"石一玛"、"奇一吉"、"准东"四个各具特色、各有分工的产业经济区。

5、九个产业园

规划建设准东经济技术开发区、昌吉国家高新技术产业开发区、昌吉国家农业科技园区 3 个国家级产业园区以及玛纳斯工业园、呼图壁工业园、阜康产业园、奇台工业园、吉木萨尔工业园、木垒工业园 6 个自治区级产业园区。

图8 综合交通规划图——公路部分

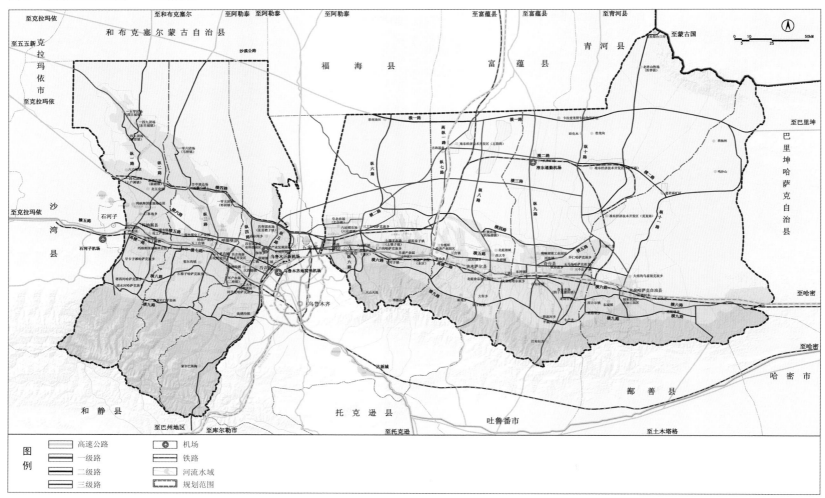

图例
高速公路　机场
一级路　铁路
二级路　河流水域
三级路　规划范围

6、多个产业基地

在各个县市建立现代物流服务基地、出口加工基地、科研孵化基地、果菜供应基地、养老养生基地、奶源和肉源基地、特色农业基地、观光度假基地等多种类型的农业产业化基地和现代服务基地。

七、旅游发展规划

（一）总体定位

昌吉州旅游发展总体定位为：新疆旅游服务与集散的重要基地，集自然、文化、民俗为一体的综合型旅游目的地，乌昌地区的休闲度假基地。

（二）发展目标

充分利用临近乌鲁木齐机场的交通门户地位，发展旅游集散与休闲度假服务，建设全疆旅游服务与集散基地。

充分发挥昌吉州地处天山北坡经济带核心区域的区位优势，利用天山世界遗产、丝路文化古迹等优质旅游资源，适应周边城镇居民休闲度假和国内外赴疆旅游团队的需求，因地制宜地打造各种主题旅游平台，开发多种旅游产品。

至规划期末，昌吉州旅游业可持续发展能力明显增强，旅游服务质量显著提高，市场秩序和发展环境进一步优化，经济效益和社会效益大幅度提升，实现由旅游资源大州向旅游经济强州的跨越。

（三）发展策略

1、旅游产品多样化、差异化；

2、加强宣传，扩大旅游资源知名度；

3、通道型旅游资源开发模式，整合优质资源；

图9　综合交通规划图——铁路与航空部分

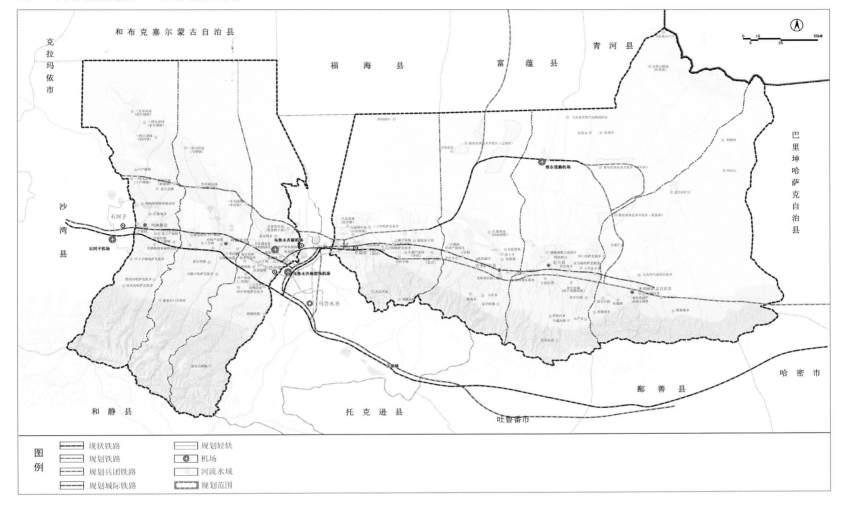

图例

	现状铁路		规划轻轨
	规划铁路		机场
	规划兵团铁路		河流水域
	规划城际铁路		规划范围

4、旅游服务与设施配套跟进，提升旅游服务水平；

5、加强区域联动，强化全自治区旅游枢纽作用。

（四）旅游空间布局

规划昌吉州旅游业发展形成"三轴、六线、三基地、七片区"的空间布局。

1、"三轴"

即"一主两副"三条旅游发展轴线，贯穿昌吉州东西的丝路北道旅游发展轴线作为昌吉州旅游发展主轴线，串联昌吉州主要旅游资源与服务基地。

两条联系疆内主要旅游目的地阿勒泰、吐鲁番的旅游发展轴线，形成昌吉州连接全疆旅游的重要发展脉络。

2、"六线"

即六条主要旅游线路，主要包括：百里丹霞天山风景观赏游线、湿地公园户外体验游线、天山天池世界遗产游线、大漠史迹奇景探险游线、车师古道历史文化游线等。

3、"三基地"

即"一主两副"旅游服务与集散基地。昌吉市旅游服务与集散基地。依托昌吉市便

利的区位交通条件和完善的城市生活、娱乐设施，抓住乌鲁木齐机场改扩建（或新机场建设）的历史机遇，构建辐射全疆的旅游服务与集散基地。

阜康市旅游服务基地、奇台县旅游服务基地。依托核心旅游资源、城市服务设施、交通区位条件，形成辐射周边的旅游服务基地。

4、"七片区"

即旅游资源相对集聚的七大旅游片区，分别是：江布拉克山地风光旅游片区、北庭历史文化旅游片区、沙漠风光旅游片区、天

图10　历史文化遗产保护规划图

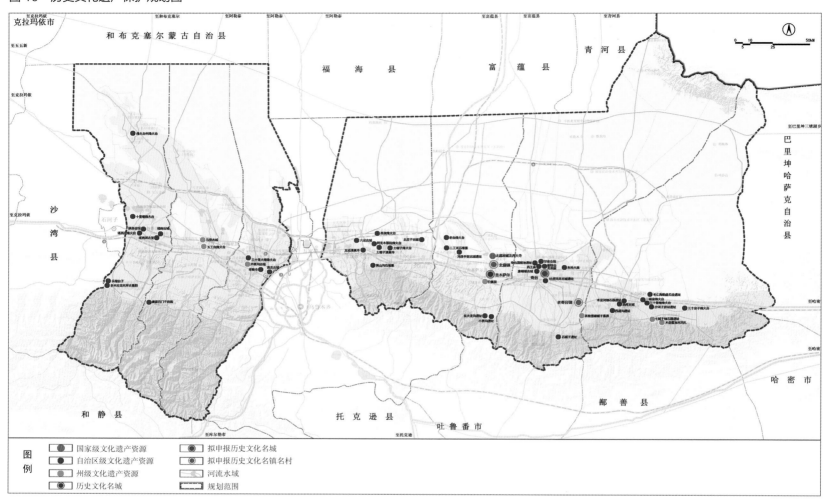

山天池—博格达峰旅游片区、乌昌都市休闲旅游片区、百里丹霞天山风光旅游片区、绿洲国家湿地公园旅游片区。

八、综合交通规划

（一）交通体系发展目标

1、构建快捷、高效、合理的综合交通体系，促进产业布局优化，保障城镇协调发展。至规划期末，初步形成以"九横十一纵"为主骨架的综合交通运输网络。

2、构筑以乌昌都市区为中心的半小时交通圈层（可达呼图壁县、阜康市），1小时圈层（玛纳斯县）、2小时圈层（奇台县）、2.5小时圈层（木垒县），各县市为中心的2小时县域交通圈层。

3、在各城镇组群内建立快速交通体系，形成各自的半小时圈层，促进城镇组群内部社会经济联系进一步强化。

4、初步建成四大交通枢纽，形成五条主要的对外交通通道，提升口岸交通运输的能力，完善普通铁路、城际铁路、城市轻轨的建设。

（二）发展策略

1、干线交通引导城镇空间布局；

2、大型交通设施区域共享；

3、城际交通与城市交通有效衔接。

（三）综合运输通道

构建G335通道、连霍通道、昌吉至福海、昌吉至阿勒泰、昌吉至青河的综合运输通道。

（四）交通枢纽规划

本次规划确定了两个综合交通枢纽：昌

图 11　生态环境保护规划图

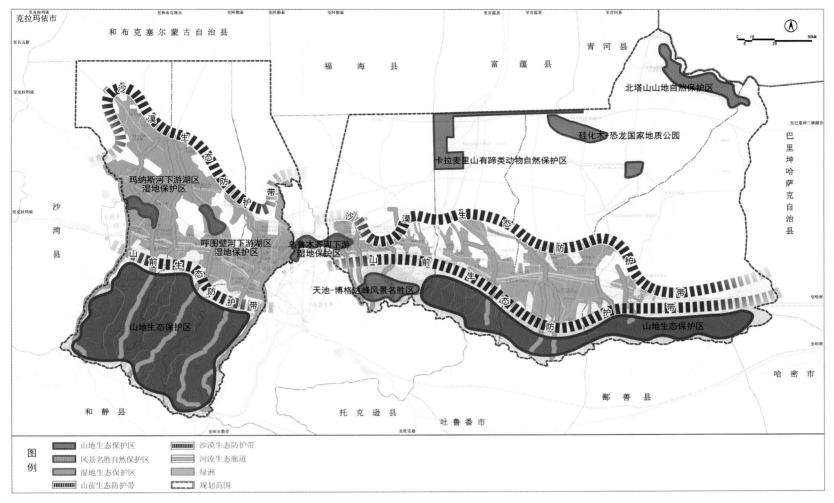

吉市综合枢纽、奇台县综合枢纽，两个货运交通：枢纽阜康市货运交通枢纽、准东开发区（五彩湾）货运交通枢纽。

（五）口岸交通

提升奇台至乌拉斯台口岸的道路等级为二级公路。

（六）公路网规划

1、高速公路

规划形成"两横一纵"的高速公路网。

2、干线公路

规划未来形成以一级、二级公路为主的高等级干线公路网，最终形成"九横十一纵"的干线公路网。

3、重要农村公路网

重点乡镇通二级公路，一般乡镇中心村通三级公路。

（七）铁路

1、普通铁路

完成乌将铁路专线的全线建设，地方铁路、支线铁路的建设。

2、城际铁路

新建石河子市（奎屯）至乌鲁木齐市、乌鲁木齐市至木垒县城际铁路。

3、城市轻轨

新建乌鲁木齐市至昌吉市高新区、乌鲁木齐市至乌鲁木齐市新机场（预留用地）城市轻轨。

（八）航空

规划昌吉州未来主要依托乌鲁木齐地窝堡机场、拟建乌鲁木齐新机场作为航运需求，在昌吉市预留乌鲁木齐新机场发展用地。未来形成州域以乌鲁木齐地窝堡机场、

图12 社会服务设施规划图

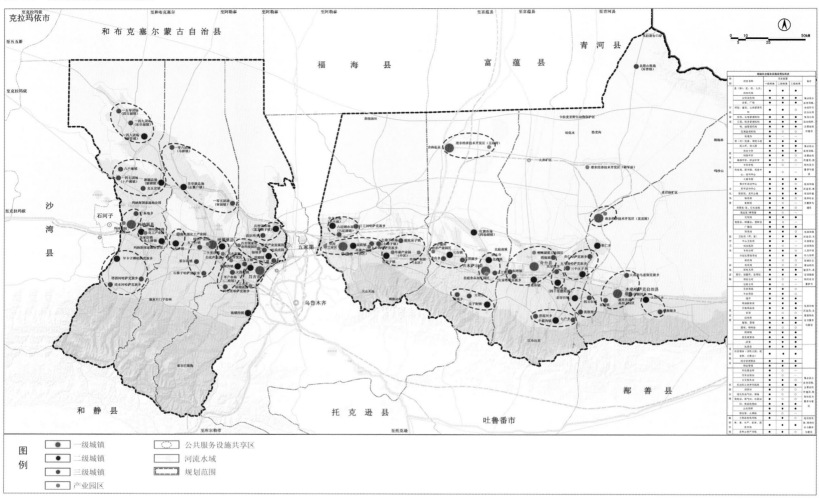

乌鲁木齐新机场（拟建）为主，以石河子市机场为辅的机场衔接利用格局。县市以及重点乡镇通过高速、干线公路与相邻机场道路衔接。

规划在准东五彩湾地区建设准东通勤机场，未来准东开发区部分航运需求可依托准东通勤机场。

九、历史文化遗产保护规划

（一）保护目标

配合丝绸之路新疆段的申遗工作，重点保护昌吉州的丝绸之路和西部庭州特色，结合旅游业的发展，修复或重建具有特色和重大历史价值的古建筑，使昌吉州成为新疆具有鲜明历史文化特色的地州。

（二）保护原则

1、坚持原真性原则；

2、坚持整体性原则；

3、坚持可读性原则；

4、坚持可持续性原则。

（三）历史文化名城、名镇、名村保护

加强吉木萨尔县历史文化名城保护工作，编制历史文化名城保护规划。推动吉木萨尔申报国家级历史文化名城。推动奇台县申报自治区级历史文化名城。

推动历史文化保护相关规划编制工作，以及历史文化街区、历史文化地段的认定与保护。加强镇村历史文化特色保护，做好历史文化保护与规划编制工作，积极组织申报自治区级、国家级历史文化名镇名村。

推动北庭镇、老奇台镇申报历史文化名镇。

（四）历史文化遗产保护措施

1、依据全国第三次文物普查，抓紧文物保护单位申报工作；

2、明确政府职责，加大投入力度；

3、做好文物保护单位的"四有"建设工作；

4、与旅游业发展相结合；

5、加强文物保护部门与其他部门的沟通与协调。

（五）非物质文化遗产的保护与传承

1、建立旅游解说、标识系统；

2、搜集相关物质载体，定期举办展览；

3、建立专题博物馆，记录、展示非物质文化遗产；

4、定期举办摄影展、书画展、艺术展演等活动；

5、鼓励非物质文化遗产发展，建立专项基金支持。

十、生态保护和建设规划

（一）目标

构建"沙漠—绿洲—山地"生态保护体系，加强生态保护，遏制环境恶化趋势。

加强山地林区的生态保育功能和绿洲边缘防护林带建设，构筑绿洲生态环境屏障。

加强绿洲及其周边过渡地带的生态保护，实现生态建设的环境效益、社会效益和经济效益的和谐统一。

将昌吉州建成经济发达、生态文明、环境优美的现代化"生态大州"。

（二）重点领域

按照重点保护、分类实施的建设思路，将生态功能性强、生态作用明显、对生态环境要求高的区域列为本次规划的重点领域，主要包括重点流域、重点区域和重点城市。

1、重点流域

玛纳斯河流域、塔西河流域、呼图壁河流域、三屯河流域、头屯河流域、水磨河流域、三工河流域、白杨河流域（阜康市）、龙口河流域、碧流河流域、东城河流域、木垒河流域。

2、重点区域

山前生态保护带和沙漠生态防护带。

3、重点城市

昌吉市、阜康市、玛纳斯县、木垒县。

（三）区域生态格局保护规划

规划形成"两带、九区、十二廊"的生态格局。

1、"两带"

山前生态保护带和沙漠生态防护带。绿洲南北边缘重要过渡带，生态脆弱，是生态保护的重点区域。

2、"九区"

西部山地生态保护区、东部山地生态保护区、北塔山山地自然保护区、天山世界自然遗产（天池—博格达峰）、卡拉麦里自然保护区、硅化木—恐龙沟风景保护区、玛纳斯河下游湿地保护区、呼图壁河下游湿地保护区、乌鲁木齐河下游湿地保护区。

3、"十二廊"

玛纳斯河流域、塔西河流域、呼图壁河流域、三屯河流域、头屯河流域、水磨河流域、三工河流域、白杨河流域（阜康市）、龙口河流域、碧流河流域、东城河流域、木垒河流域。

十一、社会服务设施规划

（一）社会服务设施配置原则

1、与经济社会发展水平、居民生活质量、消费水平相适应。

2、市级、县级公共服务设施的内容和规模应根据城市发展的阶段目标、总体布局和建设时序，按照城市总规和分区规划确定。

3、坚持因地制宜、分类指导。

4、合理规划，资源整合，实现各区县、产业园区与城镇、兵团与地方的社会服务设施的共建共享，统筹考虑各类公共资源，科学配置，充分利用现有公共设施，避免重复建设。

5、村庄公共服务设施，除学校和卫生室以外，宜集中布置在位置适中、内外联系方便的地段。

（二）城镇公共服务设施配置

按照一级、二级、三级城镇3个层次，确定公共服务设施与基础设施配套标准。

其中，一级城镇包括各县市城区与准东经济技术开发区五彩湾、芨芨湖片区；二级城镇包括前述城镇等级规模结构规划中确定的重点镇与旱卡子滩、硫磺沟、泉子街等旅游城镇；三级城镇包括其他镇（乡）。

（三）乡村公共设施配置

乡村公共服务设施按中心村、基层村选配。经济条件较好的地区，可结合当地情况适当提高标准。

伊犁哈萨克自治州州直城镇体系规划 (2013-2030 年)

伊犁哈萨克自治州位于新疆维吾尔自治区西北部，东与蒙古接壤，南与阿克苏地区、巴音郭楞蒙古自治州、昌吉回族自治州、乌鲁木齐市等相接，西与博尔塔拉蒙古自治州相邻，西北与哈萨克斯坦交接，北与俄罗斯毗邻，内邻克拉玛依市。

伊犁哈萨克自治州是我国唯一的副省级自治州，辖塔城地区、阿勒泰地区，并直辖伊宁市、奎屯市、霍尔果斯市、伊宁县、霍城县、尼勒克县、新源县、巩留县、特克斯县、昭苏县、察布查尔锡伯自治县。

北有阿尔泰山，南有天山，在阿尔泰山和天山之间有准噶尔盆地，其地势由东北向西南倾斜。

伊犁哈萨克自治州州直城镇体系规划（2013-2030 年）

组织编制：伊犁哈萨克自治州人民政府
编制单位：江苏省城市规划设计研究院
批复时间：2014 年 6 月

第一部分 规划概况

为贯彻落实中央对新疆实现跨越式发展和长治久安的总体要求与战略部署，加快培育西部新兴增长极，建设西部经济强区、区域中心城市和向西开放的桥头堡，积极推进新型城镇化，构筑适应伊犁州直特点的城乡协调发展的城镇体系，形成效率与公平兼顾、有序发展的城乡空间布局体系，统筹协调地方、兵团师部、省市对口援疆等城乡规划建设，伊犁哈萨克自治州人民政府委托江苏省城市规划设计研究院开展了伊犁哈萨克自治州州直城镇体系规划的编制工作。

为更好地推进本次城镇体系规划，同步开展了《人口规模与城镇化路径专题研究》、《新型工业化专题研究》、《农牧业发展专题研究》、《旅游规划专题研究》、《生态建设与环境保护专题研究》、《空间优化与机制协调专题研究》等 6 个报告。该规划于 2014 年 6 月 30 日获自治区人民政府批复。

2014 年 9 月 10 日，伊犁州人民政府向自治区人民政府递交了《关于调整〈伊犁州直城镇体系规划（2013-2030 年）〉局部内容的请示》及《关于调整〈伊犁州直城镇体系规划（2013-2030 年）〉局部内容修改的专题报告》；同年 10 月 17 日，自治区住房和城乡建设厅组织有关部门和专家，对以上《专题报告》进行审查，同意修改规划，并提出审查意见。

《体系规划》局部修改后的规划方案，经过公告、公示，征求专家和公众意见，州人大常委会审议，修改完善后由自治区住房和城乡建设厅审查，并依据法定程序上报自治区人民政府审批。

第二部分 主要内容

一、规划范围和期限

（一）规划范围

本规划范围为伊犁州直行政辖区范围，面积 5.64 万平方公里，人口 276.3 万人。

包括两市八县三口岸，即：伊宁市、奎屯市、新源县、伊宁县、霍城县、察布查尔锡伯自治县（以下简称察布查尔县）、尼勒克县、巩留县、昭苏县、特克斯县、霍尔果斯口岸、都拉塔口岸、木扎尔特口岸。

（二）规划期限

规划期限为 2013-2030 年。近期至 2015 年；中期至 2020 年；远期至 2030 年。

二、发展目标与战略

（一）区域定位

亚欧大陆桥上辐射中亚的重要门户，国家向西开放的前沿阵地，天山北坡引领跨越式发展的经济强区，彰显高山草原特色的生态示范区，国际知名的旅游目的地。

（二）总体目标

1、确保到 2015 年伊犁州直城乡居民收入和基本公共服务能力达到西部平均水平，基础设施条件明显改善，自我发展能力明显提高，社会文明明显进步。

2、力争在 2020 年之前在新疆率先实现全面建设小康社会的奋斗目标。

3、展望到 2030 年初具现代化基础，促进伊犁州直人民富裕、生态良好、民族团结、社会稳定、边防巩固、文明进步，成为天山北坡地区重要的跨越式发展增长极和对外开放的桥头堡。

（三）新型城镇化战略

1、产业推动、产城融合

按照"两个可持续"的总体要求，以资源型产业转化为突破，推动经济跨越式发展，以劳动力密集型产业为支撑，拉动地方就业，引导农牧民向城镇集中，以现代农牧业规模化和旅游业特色化保障富民增收。完善工业园区周边的配套设施，增强园区和依托城镇的通道建设和功能分工，促进产城协调发展。

2、中心强化、集聚高效

提升州直中心城市规模和能级，重大基础设施区域共建、重大公共服务设施区域共享，以城镇功能提升强化中心城市集聚能力。

图 1　空间结构规划图

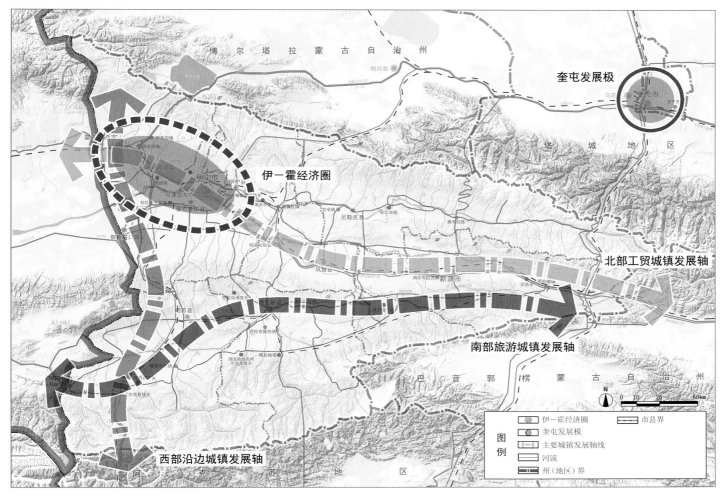

3、质量提升、民生保障

构建城乡统筹的就业培训制度，完善城乡医疗、养老、社会保障体系，合理有序引导农牧民向城镇集聚，以民生保障工程促进民族和谐，以提升城镇化质量，保障人民幸福指数。

4、三化互动、城乡统筹

以新型工业化拉动经济增长和城镇建设；以农牧业现代化解放农村剩余劳动力，促进农牧民富民增收；以新型城镇化和新型工业化反哺农牧业现代化，缩小城乡发展差距，统筹区域城乡发展。

5、差异发展、分类指导

考虑伊犁河谷区域与奎屯市在自然条件、社会、经济发展方面的差异，实行分类指导。河谷地区要促进生产要素和人口资源向伊宁—霍尔果斯和三条城镇发展轴集聚。

同时，突出城镇发展轴在工业集聚、城镇发展、旅游开发、资源保护等方面的不同特色。奎屯市要突出其在奎克乌城镇组群中的核心地位，重点培育国家新型工业化产业示范基地和北疆综合交通枢纽功能，打造天山北坡区域中心城市和州直城镇发展极。

（四）人口及城镇化发展目标

近期 2015 年：州直总人口达 300 万，城镇化水平达 50%；其中，河谷地区总人口约 275 万，奎屯总人口约 25 万。

中期 2020 年：州直总人口达 330 万，城镇化水平达 57%；其中，河谷地区总人口约 290 万，奎屯总人口约 40 万。

远期 2030 年：州直总人口达 390 万，城镇化水平达 70%。其中，河谷地区总人口约 340 万，城镇化水平约 65.3%，奎屯总人口约 50 万，城镇化水平约 98.5%。

三、城镇空间布局结构规划

（一）规划原则

1、培育极核，增强区域综合竞争力

强化以伊宁、霍尔果斯为中心的城镇集聚区整合发展，提升奎屯、新源的发展能级。

2、多轴发展，促进区域整体提升

借助区域交通干线，引导城镇空间、产业空间沿线集聚；依托自然、人文资源，发挥优势，强化特色，整合优化旅游服务空间；借助口岸商贸物流和开放优势，拓展功能辐射效应，带动边境城镇发展。

3、分区引导，协调城镇发展

按照城镇分布、生态资源等差异特征，合理进行分区引导，充分发挥各县（市）比较优势，提高区域发展的整体效益。

（二）城镇空间结构

规划形成"一圈、一极、三轴"的空间布局结构。

1、"一圈"

指伊—霍经济圈，伊犁州直西部现状伊宁市、伊宁县、霍城县、察布查尔县等县（市）域范围，以伊宁市为核心的汽车交通一小时覆盖的、区域经济密集联系、产业分工协作、空间内部集聚的经济组织实体。

2、"一极"

指奎屯发展极，是伊犁州直北部、对接乌鲁木齐都市圈的重要增长极，也是"奎—独—乌金三角地区"的核心，强化区域协作，促进奎独乌区域中心城市的形成。

3、"三轴"

（1）北部工贸城镇发展轴；（2）南部旅游城镇发展轴；（3）西部沿边城镇发展轴。

（三）城镇规模等级结构规划

至 2030 年，伊犁州直形成 1 个大城市（伊宁市：中心城区人口 50 万～100 万人），3 个中等城市（奎屯市中心城区人口 30 万～50 万人，霍尔果斯、新源县中心城区人口 20 万～30 万人）和 8 个小城市。小城市中，10 万～20 万人规模城市 3 个，为伊宁县、巩留县和可克达拉；≤10 万人规模城市 5 个，为尼勒克县、霍城县、察布查尔县、昭苏县和特克斯县。

规划 16 个重点镇，镇区人口在 1 万～3 万人之间；13 个特色乡镇，镇区人口在 0.5 万～1.5 万人之间；67 个一般乡镇，镇区人口在 0.3 万～1 万人之间；除霍尔果斯和可克达拉以外，规划兵团城镇人口 5 万～10 万。（表 1）

（四）城镇职能结构规划

根据各城镇的特点及其在州直经济社会发展中所处的地位和作用，规划将城镇分为 5 个等级，即中心城市、副中心城市、一般县（市）、重点镇（特色乡镇）、一般乡镇。

1、中心城市

伊宁—霍尔果斯

其中，伊宁市为国家向西开放的重要门

伊犁州直城镇规模等级结构一览表　　　　　　　　　　　　　　　　　　　　　　　　　　　　　　　　　　　　　表 1

等级	规模（万人）	数量（个）	县（市）	2010 年（万人）	2015 年（万人）	2030 年（万人）
大城市	50~100	1	伊宁市	31	40~50	50~100
中等城市	20~50	3	奎屯市	17	20~25	30~50
			霍尔果斯	2.3	10~15	20~30
			新源县	7.5	10~15	20~30
小城市	≤20	8	伊宁县	4.5	5~8	10~20
			巩留县	4.6	5~8	10~20
			可克达拉	2.3	5~10	10~20
			尼勒克县	3.5	5~8	≤10
			霍城县	6.3	5~8	≤10
			察布查尔县	2.9	<5	≤10
			昭苏县	2.3	<5	≤10
			特克斯县	3.8	<5	≤10
中心城区人口合计				83.7	115	210
重点镇	1~3	16		-	-	22
特色乡镇	0.5~1.5	13		-	-	10
一般乡镇	0.3~1.0	67		-	-	23
兵团				-	-	5~10
合计				117	150	272

注：1、霍尔果斯中包含清水河镇城镇人口。2、重点镇不包括清水河镇。3、此处兵团为除可克达拉以外的兵团城镇人口。

图2　城镇体系规划图

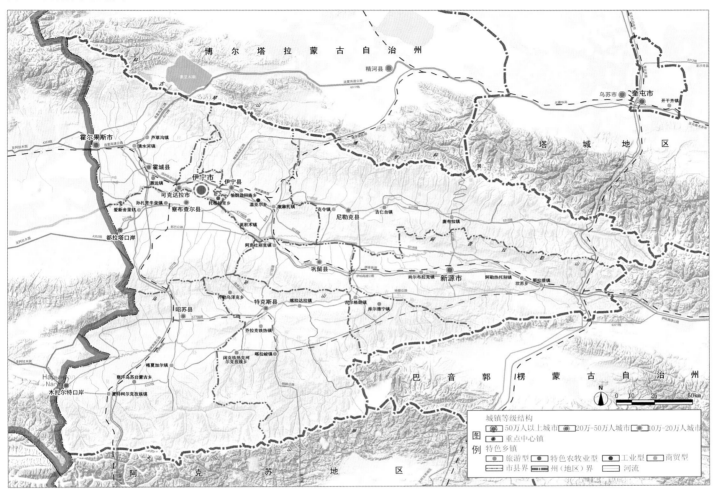

户城市、国家历史文化名城、天山北坡西部中心城市、新疆外向型产业和先进制造业基地和现代服务业中心；霍尔果斯为亚欧大陆桥的综合交通枢纽、国际商贸物流中心、国家向西开放的桥头堡。

2、副中心城市

（1）奎屯市

北疆重要的交通枢纽、国际商贸物流服务中心、国家新型工业化示范基地。

（2）新源县

河谷东部中心城市和物流中心，具有国际影响力的旅游城市，优势资源转化的新型

工业化基地。

3、一般县（市）

（1）伊宁县

伊—霍经济圈重要节点、优势资源转化工业基地、河谷西部物流中心、商贸型城市。

（2）霍城县

伊—霍经济圈重要节点、以历史文化为特色的旅游服务基地、生态宜居城市。

（3）察布查尔县

伊—霍经济圈重要节点、以锡伯文化为特色的旅游服务城市，以及优势资源转化工业基地。

（4）巩留县

片区中心、旅游服务中心、综合型工贸城市。

（5）尼勒克县

片区中心、优势资源转化工业基地、旅游服务城市。

（6）特克斯县

片区中心、国家历史文化名城、生态宜居城市、休闲度假基地、具有国际影响力的旅游城市。

（7）昭苏县

片区中心、以旅游服务和农畜产品加工

31

为特色的、具有国际影响力的旅游城市。

（8）可克达拉

伊—霍经济圈重要节点，农四师行政文化中心，综合型工贸城市。

4、重点镇

依据重点集聚兼顾均衡的原则，从交通区位、现状基础、产业发展潜力、城镇建设水平等方面选择具有良好发展前景的城镇作为重点培育对象。

规划重点镇 16 个，包括清水河镇、芦草沟镇、英塔木镇、墩麻扎镇、克令镇、唐布拉镇、爱新舍里镇、阿克吐别克镇、吉尔格朗镇、肖尔布拉克镇、那拉提镇、夏特柯尔克孜族镇、喀夏加尔镇、喀拉达拉镇、乔拉克铁热克镇、开干齐镇。

5、特色乡镇

特色乡镇指人口规模介于重点镇和一般乡镇之间，拥有优良的自然人文旅游资源或特色产业发展潜力的乡镇。

规划 4 大类特色乡镇 13 个。

（1）旅游型

喀拉峻镇、坎苏乡、吉仁台镇、库尔德宁镇、齐勒乌泽克乡、惠远镇、孙扎齐牛录乡、察汗乌苏台蒙古乡、阔克铁热克柯尔克孜族乡。

（2）农牧业型

托格拉克乡。

（3）工业型

温亚尔乡。

（4）商贸型

愉群翁回族乡、阿热勒托别镇。

6、一般乡镇

规划一般乡镇 67 个，承担辐射农村地区、提供基本公共服务的职能。

（五）兵团城镇体系规划

规划形成"兵团城市—重点团镇——一般团镇—中心连队"四级城镇体系。

1、兵团城市

按照伊—霍经济圈的建设要求，推进可克达拉城市基础设施建设，加强与伊宁中心城市的共享发展，建设集兵团服务、边境贸易、生态旅游、农副产品加工等产业聚集的军垦都市。

2、重点团镇

规划重点团镇 8 个，分别为伊力特镇（72 团）、阔克托别镇（77 团）、金边镇（62 团）、可克达拉 64 团、斐新哈莎镇（67 团）、谊群镇（70 团）、霍斯乌特开勒镇（71 团）、阔尔吉勒尕镇（73 团）。各团镇发挥自身优势条件，参与区域分工协作，成为有地区特色的垦区团镇。

3、一般团镇

规划一般团镇 8 个，分别为阿力玛里镇（61 团）、榆树庄镇（63 团）、哈海镇（69 团）、坡马镇（74 团）、浩特浩尔镇（75 团）、吐尔根布拉克镇（76 团）、阿热勒镇（78 团）、则库镇（79 团）。

4、中心连队

规划 71 个连队，其中中心连队 4 个。

四、产业发展与布局规划

（一）发展目标与路径

1、发展目标

坚持"环保优先、生态立州"，以提高区域综合竞争力为核心，以产业结构调整为主线，以科技进步和创新为支撑，促进优势产业、传统产业、新兴产业的全面发展。坚持以旅游业为支柱，先进制造业为支撑，现代农牧业为基础，实现新型工业化、服务业特色化、农牧业现代化、城镇信息化的联动发展。着力构建结构优化、技术先进、集约高效、生态环保的现代产业体系，率先实现经济跨越式发展。

2、发展路径

（1）产业发展，绿色低碳；（2）产业结构，优化提升；（3）产业布局，北优南控；（4）惠及民生、促进就业。

（二）产业发展引导

1、现代农牧业发展引导

规划形成"七大特色产业基地"，包括：（1）以伊犁种马场、伊犁昭苏马场为核心，辐射周边县（市）的马产业基地；（2）以伊宁市为中心，伊宁县、察布查尔县、霍城县为补充的温室蔬菜生产基地；（3）以霍城县为中心形成的薰衣草基地，打造"东方普罗旺斯"；（4）以新源县为中心形成的酒产业基地，打造"新疆白酒第一县"；（5）以巩留县、尼勒克县为中心形成的蜂产业基地；（6）以特克斯县为中心形成的设施农业基地；（7）以昭苏县为中心形成的马铃薯、油菜基地。

2、新型工业发展引导

（1）产业集群

优化提升传统优势产业，积极培育战略性新兴产业，形成 7 大传统优势产业集群、4 大新兴产业集聚区。

7 大传统优势产业集群：现代石油石化工业产业集群、现代食品工业产业集群、现代钢铁工业产业集群、生物科技产业集群、现代煤电煤化工产业集群、绿色建材产业集群、现代纺织产业集群。

4 大新兴产业集聚区：高新技术、新材料、新能源、装备制造业产业集聚区。

（2）空间布局

规划形成"13 个工业园区和若干产城融合型城镇工业用地"的空间布局结构。

13 个工业园区：包括 3 个国家级经济开

图3　产业布局规划图

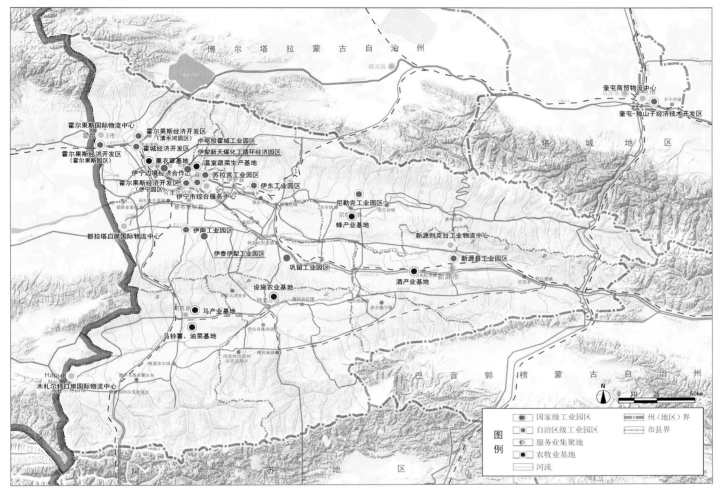

发区、10个自治区级工业园区。

城镇工业用地：应相对集中，规模适度，与城镇生活区融合布局。

3、现代服务业发展引导

规划形成"一核、三极、五中心"的空间布局结构。

（1）一核

伊宁—霍尔果斯区域综合服务核。

（2）三极

那拉提、巩留—特克斯—昭苏、霍尔果斯口岸3个区域旅游增长极。

（3）五中心

霍尔果斯国际物流中心、伊宁国际物流中心、都拉塔口岸国际物流中心、奎屯商贸物流中心、新源则克台工业物流中心。

五、生态保护与建设

（一）规划目标与原则

有效保护伊犁河谷重要生态空间，完善区内外生态格局结构，提高生物多样性；修复伊犁河流域湿地景观，合理开发利用生态资源，以发展促保护，充分考虑生态绿化的重要性，实现城镇发展与生态保护相互协调。

（二）生态空间结构

规划形成"三带两廊一片"的生态网络结构。

1、"三带"

（1）天山生物多样性保育带与科古琴博罗科努山生物多样性保育带

天山生物多样性保育带与科古琴博罗科努山生物多样性保育带由分布于伊犁河谷南北部山体构成，分布有果子沟森林公园、四爪陆龟自然保护区、阿吾赞沟森林公园、伊犁黑蜂自然保护区、唐布拉国家森林公园、那拉提国家森林公园、恰普草甸草原自然保

图4　生态保护与建设规划图

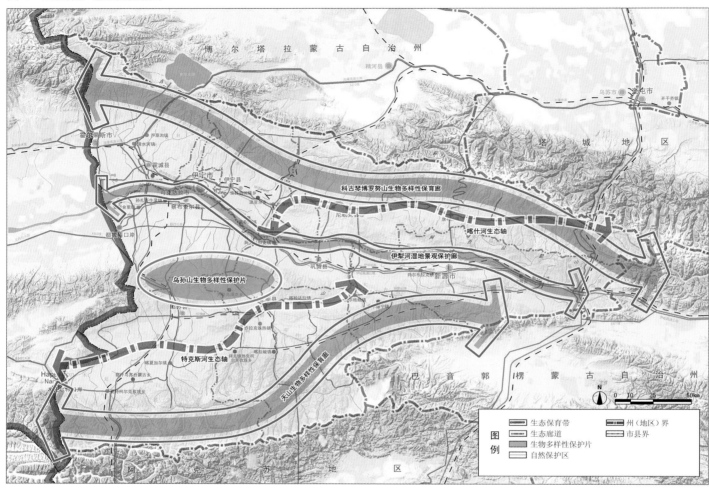

护区、西天山自然保护区、恰西国家森林公园、科桑溶洞国家森林公园等众多自然保护区、森林公园等，是伊犁州直区域生物多样性保育的重点地区。

（2）湿地景观保护带

以伊犁河本底形成的伊犁河湿地景观保护带，拥有伊犁河森林公园等生态功能区。

2、"两廊"

喀什河、特克斯河是伊犁河的两大支流，作为两条生态廊道，在保证生态系统内外的物质流、信息流、能量流之间的相互交换上发挥重要作用。

3、"一片"

即乌孙山生物多样性保护片。

（三）生态建设措施

1、保护生态空间

严格保护现有自然保护区、森林公园、风景名胜区、湿地、天山西部水源涵养林、水源保护地、集中大片分布的林地以及草地、森林生态系统过渡地区；积极升级、筹建自然保护区，形成生物多样性保护的示范地区。

2、合理开发利用

合理利用风景名胜区、森林公园、湿地

等具有开发潜质的生态资源，在保护的同时根据资源承载力在核心区以外的地区适度开展生态旅游；深入发掘特色林果业资源优势。

3、加强生态修复

加快建设综合生态防护林体系；开展伊犁河流域湿地保护与恢复工程；采取工程措施与生物措施相结合，植树造林、围栏封育，控制图开沙漠的扩展；加强因公路建设、城镇建设、水电、矿产开发建设造成的生态破坏地区的修复。

4、完善保护体系

开展野生植物资源调查，掌握资源状况、

物种、数量建立资源档案；建立野生动物救护中心和鸟类环志站，加大对濒危珍稀动物的保护；在新源、察布查尔县、巩留等创建野生动物疫源疫病监测站。

5、开展示范创建

加大生态市、生态县（区）、生态乡（镇）以及生态工业园区、循环经济园创建工作力度，做好生态文明建设试点工作，积极推进伊宁市建设国家级生市、奎屯市建设国家级生态示范区。

六、文化保护与发展

(一)规划目标

以现代文化为引领，保持和发挥伊犁文化资源优势，拓展特色文化品牌，形成特色文化产业布局，彰显伊犁地域文化魅力。

(二)历史文化保护

1、保护体系

建立2个部分、3个层次的历史文化保护体系。2个部分指物质文化遗产和非物质文化遗产；3个层次指物质文化遗产中的历史文化名城（镇、村）、历史文化街区与文物古迹。

2、历史文化名城、名镇、名村保护

（1）合理调整城镇总体布局，优化城镇空间结构，保护历史城区，积极建设新区，为进一步控制、疏解历史城区容量提供发展空间。

（2）从维护城镇整体空间格局入手，保护历史城区肌理、格局、结构等，并针对历史城区周边地区、新城区提出控制或引导要求。

（3）控制村落整体风貌形态，梳理村落生态格局，保障村落与其周围自然环境的和谐共存。

3、历史文化街区保护

（1）按照历史文化街区保护要求划定核心保护范围和建设控制地带。

（2）明确街区的功能定位，适当增强文化和旅游功能。

（3）保护、延续历史文化街区的整体风貌，体现传统特色和地方特色。

（4）加强街区内历史环境要素的保护与整治，提出街区内传统街巷、河道、桥梁、古树名木等保护措施与要求。

4、文物古迹保护

（1）文物保护工作贯彻保护为主、抢救第一、合理利用、加强管理的方针。

（2）划定文物保护单位具体界线，在保护范围以外划定建设控制地带的界线。如有必要，可在建设控制地带以外划定环境协调区的界线。

（3）提出对文物保护单位进行修缮和相关环境整治的技术措施。包括日常保养、防护整治、现状修整、重点修复等。

（4）从保护历史环境完整性的视角出发，对文物保护单位周边环境提出相应的保护要求。

5、非物质文化遗产保护

（1）按照"保护为主、抢救第一、合理利用、传承发展"的方针，对非物质文化遗产开展全面普查，进行真实、系统、全面的记录，建立保护名录。（表2）

（2）健全已有的非物质文化遗产代表作名录体系，逐步建立和形成非物质文化遗产

伊犁州直自治区级非物质文化遗产一览表　　表2

序号	类型	数量	名称
1	民间文学	10	维吾尔族谚语、古榆匾的传说（满族）、天女的传说（满族）、哈萨克族黑萨、格萨尔王传、海兰格格的传说、伊犁回族歌谣、哈萨克族民间谜语、伊犁维吾尔族歌谣、哈萨克族民间谜语
2	民间音乐	12	哈萨克族阔麦依、萨拉族民歌、锡伯族"依尔根吾春"、维吾尔弹拨尔艺术、伊犁回族歌谣、哈萨克族斯布孜额、哈萨克族巴尔布特、哈萨克族杰特根、俄罗斯巴扬手风琴艺术、维吾尔族萨塔尔艺术、新疆蒙古族长调民歌、蒙古族托布秀尔
3	民间舞蹈	3	维吾尔族跳蚤舞、维吾尔族顶碗盘子舞、伊犁维吾尔族赛乃姆
4	曲艺	2	哈萨克族阿依特斯、将军征伊犁
5	杂技与竞技	3	哈萨克族姑娘追、哈萨克族沃尔铁克（山羊舞）、王氏三门拳
6	民间美术	5	剪纸艺术、麦秸画、麦秸粒画、哈萨克民间绘画、犁木刻版画、维吾尔族沙粒画艺术
7	传统手工技艺	10	哈萨克族阿克哈勒帕克（白毡帽）制作技艺、蒙古族骨雕制作技艺、哈萨克族纺织技艺、哈萨克族首饰制作技艺、塔塔尔族刺绣、双面剪纸、哈萨克族民间弹拨、器制作技艺、哈萨克族黑宰式头饰制作技艺、哈萨克族马肠子制作技艺、蒙古族玉孙阿日可（奶酒）酿造技艺
8	传统医药	3	哈萨克族妇幼保健习俗、哈萨克医药（肝包虫制剂制作技艺）、金针灸
9	民俗	12	锡伯族西迁节、萨克族别塔夏尔（揭面纱）、达斡尔族沃其贝节、霍城县大西沟福寿山庙会、民间社火、俄罗斯帕斯喀节、满族家谱、蒙古族敖包节、哈萨克族家谱、哈萨克族待客礼俗、哈萨克族恰喜吾、哈萨克族牧马文化

的分级保护制度；建立非物质文化遗产保护中心，加强对非物质文化遗产的研究、认定、保护和继承工作。

（3）保护非物质文化遗产，培养传承人，鼓励和保障传承人开展传习活动，培训当地居民继承延续传统手工技艺。

（4）树立保护宣传意识，组织传统文化交流和特色民间节庆活动，恢复和发扬传统文化。

（5）建立非遗的文化承载空间体系，鼓励和支持建立私人博物馆和家庭作坊式的传统工艺店、饮食店等。严格保护传统地名、老字号，不得随意更改。

七、现代文化发展

（一）文化事业建设

1、加强"州、市（县）、乡（镇）、村"四级公共文化服务基础设施建设，进一步完善公共文化服务网络。

2、以城市为核心，大力倡导"包容、开拓、创新"的现代城市文化，把伊宁市、奎屯市等培育为文化强市，各县（市）努力培育自身文化品牌，成为文化事业大发展的重要基地。

3、推进广播电视村村通、农家书屋工程、文化资源共享工程、农村数字电影放映工程、东风工程等重点文化惠民工程。

4、建立民间文化发展奖励机制，深入挖掘民间艺术艺人，鼓励和支持富有伊犁特色的民间艺术发展。

（二）文化产业建设

1、推进文化产业与旅游产业的联动发展，明确文化内涵定位，增强旅游产业的文化底蕴，借助文化元素提升旅游品位。

2、大力发展具有民族歌舞表演、民俗风

情展示、民族特色餐饮等文化产业项目，提升项目策划和包装水平。

3、依托伊宁市、奎屯市，加快培育文化创意、数字传输、视觉艺术、信息服务等新兴文化产业，加快启动文化创意园建设。

4、利用霍尔果斯及其他对外开放窗口，开展多层次、多形式、多渠道的对外文化交流与合作，推动伊犁文化走出新疆、走向世界。

5、鼓励和支持伊犁油画等文化艺术作品创作，培育特色文化产品展览、销售市场，完善相关文化产业设施建设。

（三）文化城镇建设

1、历史文化名城、名镇（村）：应按照《历史文化名城名镇名村保护条例》要求开展各项保护工作，充分展示历史文化内涵和特色风貌；新区建设与历史地段空间上应注重过渡与协调，打造鲜明的城市文化品牌。

2、旅游城镇：充分挖掘和尊重地方历史文化特征和自然环境特征，确定城镇风貌建设方向，形成与其特色旅游资源相匹配的城镇特色风貌。

3、其余县（市）：继承和提升城市的文化特色，塑造统一、协调的城市空间形象，推动文化设施建设及文化活动开展，进一步充实、丰富城市文化内涵。

4、兵团城镇：突出军垦文化特色，重视兵团历史建筑的保护、纪念性场所的建设，与垦区绿洲景观有机结合，充分利用好林、田、渠、路等绿洲景观要素，创造规整有序、开敞大方的景观风貌格局，建设生态文明的人居环境。

八、旅游发展规划

（一）规划目标

1、充分发挥旅游开发带来的社会效益、经济效益、生态效益、文化效益、教育效益的潜能，提高旅游发展的起点，全面提升旅游核心竞争力。

2、整合州直旅游资源，将旅游业培育成国民经济的重要支柱产业，使伊犁州直成为全疆的旅游强州，打造"伊犁国家生态旅游示范区"、世界级精品旅游目的地和国际一流的休闲度假胜地。

（二）规划策略

1、品牌强化策略；

2、保护开发策略；

3、立体交通策略；

4、管理优化策略；

5、旅游富民策略。

（三）旅游空间结构

1、二廊辐射

构建伊犁河谷文化景观长廊和天山北麓自然景观廊道，其中重点打造草原旅游景观带、伊犁河旅游景观带、边疆旅游景观带。

2、四点支撑

将伊宁—霍尔果斯打造为国际旅游集散中心；将奎屯、新源、昭苏培育为州直旅游集散中心。

3、四片联动

以西域天府为形象名片，以伊宁市、伊宁县、察布查尔县为核心的文化风貌旅游片区；以神圣国土为形象名片，以霍尔果斯、霍城县为依托的边境商务旅游片区；以天马草原为形象名片，以特克斯县、昭苏县、巩留县为中心的天山北麓雪山草原生态度假旅游片区；以牧歌天山为形象名片，以尼勒克县、那拉提镇为中心的民族风情立体草原休闲旅游片区。

图 5　旅游服务基地规划图

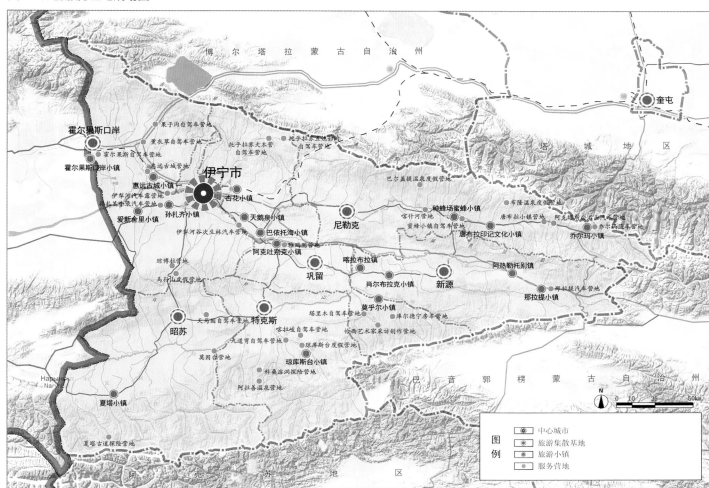

（四）旅游服务体系

总体上构筑"一个中心、七个集散基地、十八个风情小镇、多个旅游村及服务营地"的旅游服务体系。

九、综合交通规划

（一）规划目标

在维护生态环境的前提下，高标准规划、快速度建设，构建公、铁、空、管道等多种运输方式相协调的，高效率、一体化的综合交通运输体系，支撑和引导城镇空间良性发展，

为农牧业、工业和旅游业提供可靠的设施支撑，实现伊犁州直跨越式发展目标。

（二）系统框架构建

1、交通分区

规划将州直范围内划分为 4 类交通分区，分别为交通核心放射状地区、交通走廊发展地区、交通优化发展地区、交通区域网络化地区。（表 3）

2、交通走廊

根据国际层面、全国层面和新疆维吾尔自治区层面交通运输通道的分析，综合考虑

城镇发展趋势，规划伊犁州直内形成五条交通运输通道，分别为路桥通道、南北疆通道、河谷通道、沿边通道、南部通道。（表 4）

3、交通枢纽

重点打造 1 个国际综合交通枢纽，即霍尔果斯国际综合交通枢纽；2 个区域综合交通枢纽，即大伊宁和奎屯综合交通枢纽；2 个片区综合枢纽，即新源和昭苏综合交通枢纽。（表 5）

（三）体系规划

1、口岸交通衔接

伊犁州直交通分区划分一览表　　　　　　　　　　　　　　　　　　　　　　　　　　　　　　　　　　　表3

交通分区	区域范围	区域空间发展要求
交通核心放射状地区	伊—霍经济圈	以伊宁市周边半小时通勤圈为核心，向外形成"放射状＋圈层"的空间组织结构
交通走廊发展地区	沿东西城发展轴（霍尔果斯—新源）	沿东西城镇发展轴形成以霍尔果斯、大伊宁经济圈、新源为核心的布局结构
交通优化发展地区	昭苏、特克斯及沿三山自然风景区	城镇据点发展，保持自然生态原貌
交通区域网络化地区	奎屯市	强化中心，与乌苏、独山子形成城镇组群

伊犁州直交通走廊功能定位一览表　　　　　　　　　　　　　　　　　　　　　　　　　　　　　　　　　表4

走廊名称	主要节点	功能定位	交通方式
路桥通道	奎屯、伊宁市、霍城、清水河、伊宁县、察布查尔、霍尔果斯口岸、都拉塔口岸	中亚国际运输通道组成部分；国家东西向综合交通运输大通道；新疆维吾尔自治区东西向联系的主通道	公路、铁路、管道
南北疆通道	奎屯、新源	新疆维吾尔自治区贯通南北疆、整合南北疆旅游资源的主通道之一；奎屯与伊犁河谷东部联系的主要通道	公路、铁路
河谷通道	霍尔果斯口岸、清水河、霍城、伊宁市、霍城、伊宁县、察布查尔、尼勒克、巩留、新源	路桥通道的重要辅助通道；伊犁州直东部出州主通道；沿伊犁河谷城镇发展带的复合型交通走廊	公路、铁路
沿边通道	霍城、伊宁县、察布查尔、昭苏、特克斯、木扎尔特口岸	伊犁州直沿边及南北疆沟通的重要运输通道	公路、铁路
南部通道	昭苏、特克斯、新源	伊犁州直南部东西向交通联系的交通通道	公路、铁路

伊犁州直交通枢纽一览表　　　　　　　　　　　　　　　　　　　　　　　　　　　　　　　　　　　　表5

交通枢纽名称	功能定位
霍尔果斯国际综合交通枢	充分利用口岸优势，依托中哈国际铁路、高速公路、管道等国际运输通道，形成多种运输方式的综合协调，打造欧亚大陆桥中部，面向国际和国内重要的国际客货运集散中心
大伊宁综合交通枢纽	重点发展公路、铁路、航空等运输方式。依托伊宁铁路站和公路站，加强公路、铁路运输一体化整合，打造伊犁州直公铁综合客运枢纽和物流中心。通过开通伊宁机场与疆内主要城市环疆航线及增加直达国内主要城市的航线，提高航空运输的便捷性、通达性，打造为北疆地区重要的支线机场。考虑开辟国际航线的可行性，打造我国西部重要的国际航运集散点和国际航空货运集散中心
奎屯综合交通枢纽	充分利用其优越的交通区位优势，发挥沟通南北、连接东西的枢纽作用，依托铁路枢纽，打造综合物流中心
新源综合交通枢纽	主要服务于伊犁河谷东部片区的客货运需求，近期以公路运输为主，远期结合铁路建设打造综合客运枢纽和物流中心。结合那拉提机场打造旅游集散中心，提供旅游客流服务
昭苏综合交通枢纽	主要服务于伊犁河谷南部片区的客运需求，依托机场和铁路的建设，打造旅游集散中心，促进地区旅游业的发展

图6　综合交通规划图

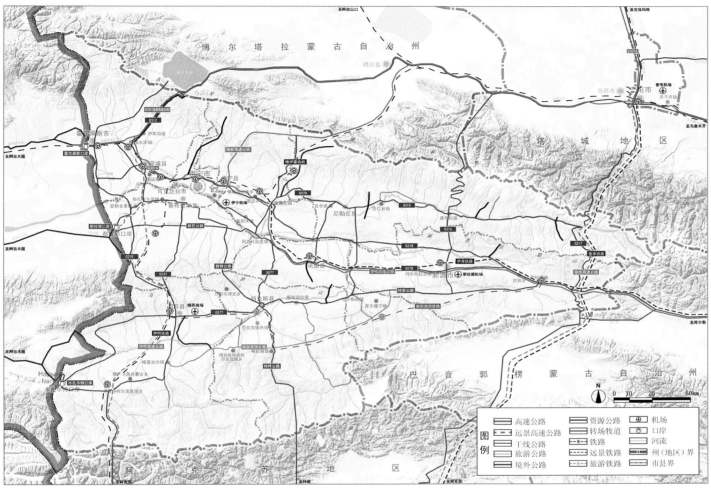

（1）加快完善口岸与边境城镇及腹地中心城市之间的快速交通通道建设，扩展通道运能。加强霍尔果斯口岸对外交通通道建设，积极推进与哈萨克斯坦干线铁路、干线公路网络的对接，同步推进新公路口岸联检设施建设。加快推进都拉塔口岸对外通道建设，规划新建精都高速公路、口岸铁路支线。提升木扎尔特对外交通条件，提高现状公路等级，预控口岸高速公路连接线。

（2）加强口岸之间的交通联系，形成互动协作，提升整体运输能力和可靠性。重点推进沿边公路建设，实现沿边口岸之间快速便捷的联系。

（3）加强口岸综合交通枢纽建设，以公路、铁路站场为核心，形成综合交通枢纽，以枢纽为支撑发展现代物流业，进一步带动相关产业发展。

（4）加快完善机场口岸功能，提高伊宁机场运输能力，开辟国际客货运航线，充分发挥伊宁机场一类口岸功能。加强伊宁机场与霍尔果斯口岸的交通联系，提高物流转换效率。在口岸设置直升机机场，完善航空交通方式。

2、公路系统规划

（1）高速公路

整体形成"三横三纵"高速公路网。

（2）干线公路

"六横九纵"的干线公路网络。

（3）县乡公路

积极推进县乡道路的改造建设，完善农村公路网基本骨架、优化公路网络布局、提升县乡道路技术等级。结合旅游景点分布，规划旅游景点与临近城镇之间，旅游景点之间，以及景点与临近干线公路的联系道路。规划矿区与主要园区之间设置联系道路，提高矿产资源可达性，支持园区发展。

3、铁路系统规划

（1）干线铁路

干线铁路 4 条。规划预控和适时建设伊库铁路、奎库铁路和南部旅游铁路。

（2）支线铁路

规划通达主要矿产资源和旅游资源的铁路支线系统。

4、航空港规划

规划形成"一主三辅多点"的机场布局。"一主"为伊宁机场，"三辅"为新源机场、昭苏机场、奎屯机场，"多点"为结合其他县（市）设置的通勤机场。

5、管道系统与资源型连接道路规划

（1）区域干线管道

规划西气东输五线；奎屯境内规划预留独乌成品油管道等通道。

（2）集疏运管道

规划在主要工业园区与干线管道之间设置煤制气支线管道，矿区与园区之间鼓励采用管道运输方式进行煤炭等资源运输。

（3）资源型连接道路

包括景区公路、转场牧道、矿区道路。

6、综合枢纽城市规划

重点打造伊宁（霍尔果斯）、奎屯两个综合枢纽城市。

（1）伊宁（霍尔果斯）为新疆维吾尔自治区区域性综合交通枢纽，应重点发展航空、铁路、公路等多种运输方式。

（2）奎屯为新疆维吾尔自治区地区性综合交通枢纽，应重点发展铁路、公路运输方式，积极引入航空运输。

7、客运枢纽规划

（1）国际综合客运枢纽

伊宁机场、霍尔果斯国际客运站、都拉塔口岸国际公路客运站。

（2）区域综合客运枢纽

伊宁综合客运枢纽、奎屯综合客运枢纽、那拉提机场、昭苏机场、新源客运中心和昭苏客运中心。

（3）片区客运枢纽

巩留客运中心、尼勒克客运中心、特克斯客运中心、伊宁县客运中心、察布查尔县客运中心、可克达拉客运中心、霍城客运中心、清水河客运中心等。

（4）一般客运场站

结合城市组团及其他乡镇设置的公路客运站点，以服务于城乡客运联系为主。

8、货运枢纽规划

（1）综合物流园区

伊宁、霍尔果斯、新源、奎屯物流园区。

（2）物流中心

清水河物流中心、尼勒克物流中心、伊南物流中心、伊东物流中心、都拉塔口岸物流中心、木扎尔特口岸物流中心。

（3）配送中心

结合城市空间进行布局，保障货运效率，减少与城市交通的干扰。

十、公共服务设施规划

（一）发展目标

构建覆盖城乡的教育、医疗、文化、体育、社会保障等基本公共服务体系，重视城市社区和乡镇（村）等基层公共服务载体的建设，使公共设施建设达到国家标准和全面建设小康目标要求，公共设施使用效率保持在较高水平，全面提升州直社会发展环境。

（二）社会保障体系

建立完善的住房保障体系、失业保障体系、医疗保障体系、社会救助体系和养老服务体系。

十一、空间管制与区域协调

（一）空间管制

将伊犁州直空间划分为禁建区、限建区、适建区和已建区。

1、禁建区

主要包括自然遗产保护地、县（市）级以上自然保护区核心区、风景名胜区核心景区、森林公园划定的生态保护区、饮用水源地一级保护区、基本农田保护区、重要区域安全保障区（包括滑坡、崩塌、泥石流、地面塌陷灾害重点防治区、河流蓄滞洪区的行洪通道等）、天然草场、文物保护单位、国家重点生态公益林等。

2、限建区

主要为其他生态保育空间、一般区域安全保障区、区域性敏感基础设施的控制地带、区域性交通设施走廊、重要水体的控制协调地带、地下文物埋藏区等。

3、适建区

指规划确定的适宜建设区域，是城镇和农村建设发展的优先选择地区。

4、已建区

指现状已形成的城乡建设空间和各类基础设施、公共设施建设空间。

（二）区域协调

1、国际合作

包括边境自由贸易区建设、交通及能源通道衔接、技术与文化交流和资源合作开发、跨境旅游合作等。

2、与博尔塔拉蒙古自治州

包括交通体系衔接、旅游和资源合作开发、口岸发展协调、合力打造"伊宁—霍尔果斯"经济圈以及重大事件的协调机制、重大区域性基础设施的协调。

图 7　空间管制规划图

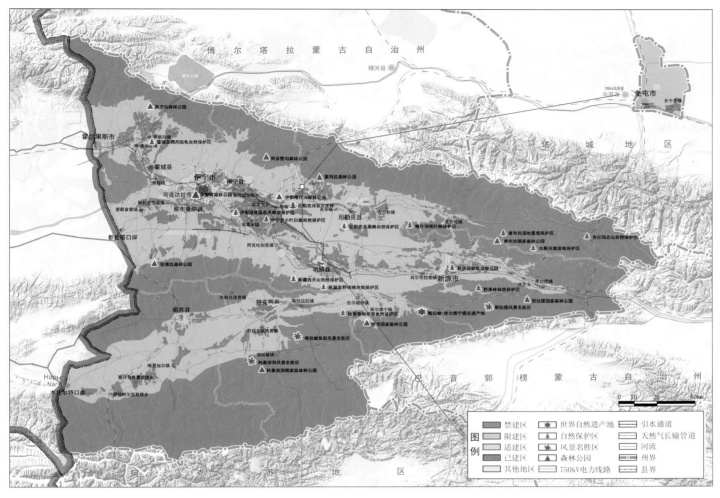

3、与巴音郭楞蒙古自治州

包括交通体系衔接、水资源利用与流域治污、旅游和矿产资源合作开发。

4、与阿克苏地区

打通河谷沟通南疆的重要通道，加强旅游资源开发、农副产品生产加工、矿产资源开发等方面的合作，共同加强天山沿线地区生态环境保护。

5、与塔城地区

一是交通同网，实现公路体系一体化建设。二是资源同体，共同促进区域水资源的合理供给，实现区域水资源对城市未来发展的均衡性利用，以及建设强大、安全、可靠的能源供应体系。三是信息同享，推进基础通信网、无线宽带网、应急指挥通信网、数字电视网等基础设施的融合。四是生态同建，

形成奎独乌一体化的生态环境安全保障体系。五是环境同治，探索建立生态资源补偿机制，改善区域整体环境质量。

塔城地区城镇体系规划（2015-2030 年）

塔城地区位于新疆维吾尔自治区西北部，伊犁哈萨克自治州中部，横跨准噶尔盆地西北地带及准噶尔西部山区。西北与哈萨克斯坦接壤，东北与阿勒泰地区相连，东南与昌吉回族自治州、巴音郭楞蒙古自治州、石河子市相望，西南与博尔塔拉蒙古自治州毗邻；内与克拉玛依市、奎屯市相交。

塔城地区隶属伊犁哈萨克自治州，辖塔城市、乌苏市、额敏县、沙湾县、托里县、裕民县、和布克赛尔蒙古自治县。

地势南北高、中部低，南部是天山北坡山前冲击平原，北部是塔尔巴哈台山区、萨吾尔山区、塔额盆地，东部是古尔班通古特沙漠，西部是巴尔鲁克山区。

塔城地区城镇体系规划（2015-2030年）

组织编制：塔城地区行政公署
编制单位：辽宁省城乡建设规划设计院
批复时间：2016年3月

第一部分 规划概况

为了科学地建设和促进塔城地区经济社会发展、合理地利用土地和空间资源、实现地区经济发展目标，依据《中华人民共和国城乡规划法》，按照《省域城镇体系规划编制审批办法》、《城市规划编制办法》的要求，塔城地区行政公署委托辽宁省城乡建设规划设计院启动开展了《哈密地区城镇体系规划（2013-2030年）》的编制工作。

为更好地推进城镇体系规划的编制，项目组针对地区特点，开展了《塔城地区城镇体系规划（2008-2020年）实施情况评价报告》、《人口与新型城镇化专题研究》、《塔城地区产业发展专题研究》、《塔城地区水资源论证报告》、《塔城地区城镇体系规划环境影响专题研究》5个专题研究。该规划于2016年3月获自治区人民政府批复。

第二部分 主要内容

一、规划范围和期限

（一）规划范围

规划范围为塔城地区行政辖区，分为地区和兵团两部分，总面积为10.45万平方公里。

地区部分包括塔城市、乌苏市、沙湾县、额敏县、裕民县、托里县、和布克赛尔蒙古自治县；兵团部分包括兵团九师的全部和兵团七师、兵团八师、兵团十师在塔城地区地域范围内的团场和连队。

（二）规划期限

本次规划期限为2015-2030年，近期为2015-2020年，中期为2021-2025年，远期为2026-2030年。

二、发展目标和城乡统筹战略

（一）地区发展定位

充分发挥向西开放枢纽、口岸绿色通道、矿产资源富集、农牧产品丰富、文化底蕴深厚和交通区位便利等比较优势，围绕社会长治久安，紧抓新疆全面对外开放和"一带一路"建设及新一轮援疆发展的历史机遇，加快优势资源开发转化力度，努力把塔城地区建设成为：中国面向中亚、西亚、欧洲大通道和丝绸之路经济带上的新兴战略节点；新疆西北部重要的对外开放通道；新疆乃至国内重要的能源和煤化盐化产业基地；北疆重要的绿色农牧产品生产加工基地；生态边境旅游与地域文化并举、兵地融合与社会和谐共存的生态文明先行区、融合发展示范区，中哈合作示范区，多元文化荟萃区，和谐发展模范区。

（二）城镇发展目标

根据优先发展地区中心和副中心，积极发展中心镇，适度发展一般镇的指导思想，规划将塔城地区城镇等级结构分为地区中心、副中心、区域中心城镇、中心镇、一般镇（乡）5个等级。又根据人口规模将地区城镇分为6个等级。

城镇空间布局形成"一主一副多点，一带三轴三组群"的空间布局结构。

（三）城乡统筹发展总目标

以科学发展观与和谐社会为指导，制定城乡统筹发展的有效措施，努力实现经济实力雄厚、社会事业进步、人民生活富裕、生态环境良好、兵地油地融合的城乡统筹发展新格局。

（四）城乡统筹发展战略

按照科学规划、分类指导、突出重点、有序推进的方针，强化城市功能，提高城镇集聚能力和建设水平，以中心集聚、点面扩展的原则，进一步优化城镇发展的空间布局结构，不断加快新型城镇化建设，统筹城乡一体化发展。

三、区域协调发展规划

（一）边境协调发展

1、推动重点边境口岸发展

适时设立塔城综合保税区，强化开放型产业基础，加快对外贸易向国际化战略转化；鼓励、引导和支持内地企业与边境地区企业联合参与对外投资、对外承包工程和对外劳务合作，进一步扩大对内对外开放。

2、拓展国际大通道

借助波罗的海至太平洋通道建设，实施面向中亚的扩大对外开放战略，建设中国向西出口商品加工基地、进口能源的国际大通道及开拓国际市场的新亚欧大陆桥。加快建设面向哈东北地区的铁路大通道。适时开通塔城至中亚的国际航线，设立塔城机场口岸。

3、加快中哈合作示范区建设

加快综合交通战略通道建设，成为"交通枢纽中心"的重要节点。进一步健全铁路、公路、航空三位一体的综合交通运输网，强化与中亚国家的联系和交流。提升经贸合作水平，做大做强以中哈巴克图—巴克特农副产品绿色通关、塔城市边民互市为全疆重要的商贸物流集散平台，加快国际物流园、综合保税区进出口加工交易中心建设。加强中哈医疗合作。

（二）与周边地区的协调发展

1、与周边地州协调发展

加强塔城地区和阿勒泰地区、博尔塔拉蒙古自治州、克拉玛依市和奎屯市之间的联系，增强交通通达性，完善塔城地区与周边各地州的通道建设。加快经济联系，加强产业协作，充分利用克拉玛依经济优势，错位发展。注重生态环境保护，加强对林地和草场植被涵养功能的修复，以及与沙漠交接地带防护功能的修复。

2、奎独乌地区

奎独乌地区应加快区域一体化发展，推动奎独乌地区同城化建设、合理配置水资源、协调产业园区建设。

3、与克拉玛依的协调发展

加强和丰工业园区与克拉玛依工业园区的煤化工和盐化工产业协调。加强托里准噶尔工业区的路网及各项市政基础设施建设与克拉玛依市的衔接。加强乌苏产业园与独山子产业一体化发展。

4、与兵团的协调发展

推进基础设施共享，兵地相邻的城镇基础设施应统筹规划，合理布局，共同建设。加快产业协同发展，整合区域农业资源，衔接好工业园区规划设计和配套设施建设，加快兵地旅游资源整合。

（三）与援建省市对接

重点抓好富民安居工作，加大改善民生力度，深化经济技术合作，加强人才援疆工作，加强产业援疆工作，提升就业能力建设，积极搭建平台。

（四）区内重点协调引导的地区

协调发展塔额盆地城镇组群：城镇组群作为腹地要充分支持巴克图口岸、塔城机场口岸职能的发挥。统筹城镇组群内部产业园区布局，鼓励各县市特色产业发展。统筹水资源分配，加强流域内城镇和农业节水。

四、人口发展与新型城镇化

（一）人口发展预测

预测到 2015 年塔城地区总人口为 152.5 万，近期 2020 年为 164 万 ~170 万，到 2030 年为 193 万 ~203 万人。

地方 2015 年 113 万人，2020 年 122 万 ~128 万人，2030 年 145 万 ~155 万人；兵团 2020 年 42 万人，2030 年 48 万人。

（二）城镇化发展目标

建立起与资源环境承载力相适应，城镇综合承载力高，与新型工业化和农牧业现代化互动推进的城镇化发展格局；构筑相对均衡的城镇发展格局；不断提高城镇化发展质量。城镇综合承载能力与辐射影响力显著提升；不断提高城镇化水平。

2020 年地区城镇化水平为 50%~60%，其中地方为 55%~60%，兵团为 67%~69%。

2030 年地区城镇化水平为 69%~72%，其中地方为 67%~70%，兵团为 78%~80%。

（三）新型城镇化发展战略

1、构筑"开放高效、相对均衡"的发展新格局；

2、打造城乡协调和可持续发展的城乡体系；

3、加快推进产业多元化、促进"产、城"融合；

4、促进多元一体文化繁荣与和谐美好社区建设；

5、大力推进兵团城镇化、加强兵地互补融合发展。

（四）城镇化政策分区

塔城地区划分为西北沿边地区、中部谷地地区、天山北坡地区三大城镇化政策分区。其中，天山北坡地区为城镇化优化提升区域，西北沿边地区为城镇化特色开发地区，中部谷地地区为城镇化重点开发地区。

五、城镇体系规划

（一）城镇等级结构

规划根据各乡镇经济、社会联系情况，适当进行乡镇合并发展与兵团设市设镇。（表1）

图1 城镇化政策分区规划图

乡镇发展方向一览表 表1

县市	乡镇发展方向规划
乌苏	将八十四户乡并入市区，甘家湖牧场和车排子镇合并为车排子新城，百泉镇、哈图布呼镇合并，白杨沟镇合并到乌苏市区，皇宫镇、九间楼乡合并
塔城	将恰合吉牧场合并到博孜达克农场，二工镇并入市区，窝依加依劳牧场并入也门勒乡
裕民	将哈拉布拉乡、江格斯乡、吉兰德牧场、新地乡、161团纳入城区，统一规划
额敏	将郊区乡并入县城并与兵团九师师部朝阳区联合发展
和布克赛尔	巴尔乌图布拉格牧场与伊克乌图布拉克牧场统筹发展
沙湾	将大泉乡、金沟河镇纳入城市总体规划建设用地范围内，下野地设镇
兵团九师	新建小白杨市（拟名）

图 2 城镇等级结构规划图

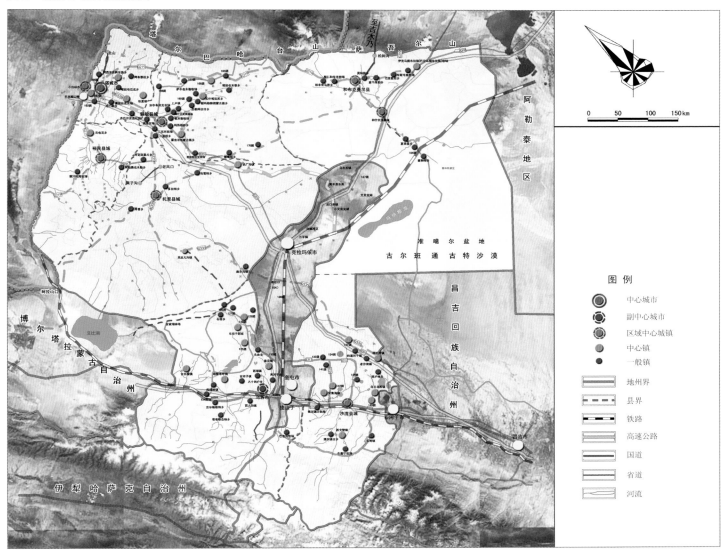

城镇等级结构规划一览表 表 2

序号	等级	数量	名称
I	中心	1	塔城市
II	副中心	1	乌苏市
III	区域中心城镇	7	沙湾县、和布克赛尔蒙古自治县、额敏县、裕民县、托里县、小白杨市（拟名）、和什托洛盖镇
IV	中心镇（集镇）	25	哈图布呼镇、车排子新城、铁厂沟镇、阿西尔乡、恰夏镇、西戈壁镇、柳毛湾镇、乌兰乌苏镇、玉什喀拉苏镇、吉也克镇、皇宫镇、古尔图镇、伊克乌图布拉格牧场、博孜达克农场、安集海镇、霍吉尔特蒙古民族乡、121 团、123 团、124 团、125 团、134 团、142 团、143 团、168 团、163 团
V	一般镇（乡）	64	查和特乡、夏孜盖乡、铁布肯乌散乡、查干库勒乡、莫特格乡、那仁和布克牧场、布斯屯格牧场、巴音傲瓦乡、库甫乡、庙尔沟镇、多拉特乡、乌雪特乡、阿克别里斗乡、阿不都拉乡、齐巴尔吉迭社区、喀拉哈巴克乡、也门勒乡、西大沟镇、甘河子镇、西湖镇、石桥乡、头台乡、四棵树镇、塔布勒合特乡、吉尔格勒特乡、巴音沟牧场、夹河子乡、上户镇、玛热勒苏镇、杰勒阿尕什镇、额玛勒郭楞蒙古民族乡、喀拉也木勒镇、二道桥乡、喇嘛昭乡、阔什比克良种场、加布尔拉克农场、也木勒牧场、二支河牧场、萨尔也木勒牧场、乌宗布拉克牧场、四道河子镇、老沙湾镇、东湾镇、商户地乡、博尔通古乡、牛圈子牧场、博尔通古牧场、察汗托海牧场、阿勒腾也木勒乡、126 团、127 团、128 团、133 团、134 团、141 团、144 团、162 团、164 团、165 团、166 团、167 团、169 团、170 团、184 团、团结农场

各乡镇场主导职能及产业发展方向一览表 表3

名称	职能类型	主导职能及产业发展方向
塔城市区	综合型	塔城地区政治、文化、边境贸易中心；以文化旅游为主导产业，发展农牧业、农副产品深加工、装备制造业、现代商贸物流业
乌苏市区	综合型	塔城地区副中心城市，乌苏市文化、经济、信息中心；以农副产品加工、装备制造、建材、石化产业为主，积极发展第三产业，成为地区经济中心
沙湾县城	综合型	塔城地区南部次中心，沙湾县政治、经济、文化中心；以绿色食品、新型建材、特色旅游等产业为主的综合型宜居生态园林城市
额敏县城	综合型	塔城地区重点城镇，额敏县及兵团九师政治、经济、文化中心；规划加强基础设施建设，拓展农副产品深加工和建材产业规模，积极发展商贸服务业
托里县城	综合型	托里县的政治、经济、文化中心；充分发挥矿产资源优势，拓展矿产加工和建材产业链，加快发展农牧产品深加工，特色种植和旅游，积极推进商饮服务业等第三产业
裕民县城	综合型	裕民县的政治、经济、文化中心；规划加强基础设施建设，形成农副产品深加工中心，积极发展旅游业和服务业等第三产业
和布克赛尔蒙古自治县城	综合型	和布克赛尔蒙古自治县政治、文化中心。以行政办公、文化教育、旅游服务业及商业贸易为主，发展农牧产品加工业
和什托洛盖镇	工贸型	塔城地区重点城镇，和布克赛尔蒙古自治县的经济中心。以煤炭、电力、建材、轻工和石化产业为主，积极发展第三产业与旅游业
夏孜盖乡	农贸型	以棉花种植和农副产品加工为主，发展盐业加工
伊克乌图布拉格牧场	农贸旅游型	县域东北片区中心城镇；以农牧产品加工为主，发展旅游和商贸物流业
查和特乡	农贸型	县域次南片区中心城镇；生态农业示范基地，以农副产品加工、盐业加工为主，积极发展观光农业
莫特格乡	农贸型	以农牧产品加工为主
铁布肯乌散乡	农贸型	以农牧产品加工为主
查干库勒乡	农贸型	以农牧产品加工为主
巴音傲瓦乡	农贸型	以农牧产品加工为主
那仁和布克牧场	农贸型	以农牧产品生产加工为主
布斯屯格牧场	农贸型	以农牧产品生产加工为主
哈图布呼镇	综合型	乌苏市域西部中心城镇；以棉花种植、畜牧业、农副产品加工和商贸物流业为主，发展服务业
车排子新城	综合型	乌苏市北部区域的经济、商贸、科技信息中心；以棉花深加工、农副产品深加工为主，同时发展建材、商贸服务业，建成乌苏市域北部次中心
西大沟镇	旅游服务型	以生态旅游和旅游服务业为主，发展西红柿种植业
皇宫镇	综合型	以农业种植与牛羊育肥为主，发展农副产品加工和商贸服务业
古尔图镇	旅游服务型	以生态旅游及旅游服务业为主，适当发展农牧业
夹河子乡	农业型	以棉花、粮食种植为主，牛羊育肥
石桥子乡	农业型	以棉花种植为主
西湖镇	综合型	以棉花、粮食和蔬菜种植为主，同时发展牛羊育肥
甘河子镇	农业型	以粮食种植与牛羊育肥为主
四棵树镇	综合型	以水稻种植为主，牛羊育肥
头台乡	农业型	以棉花和粮食种植与牛羊育肥为主
巴音沟牧场	牧业型	牧业为主，发展旅游业
塔布勒合特民族乡	牧业型	以牧业为主
吉尔格勒特乡	牧业型	以牧业为主
西戈壁镇（含牛圈子牧场）	旅游服务型	集旅游、饮食、商贸为一体的南部山区中心镇，沙湾主要旅游资源富集区和水源涵养区，重点发展以旅游和畜牧为主的特色经济、打造北疆生态型旅游重镇
柳毛湾镇	工贸型	沙湾北部增长极，以农业为基础、以工业为主导，以第三产业为依托的工贸型小城镇
安集海镇（含博尔通古牧场）	综合型	城郊综合型小城镇，集工业、商贸、服务、流通仓储为一体的县域次中心城镇。沙湾县优势特色农产品种植、加工和销售基地。镇区是哈拉干德综合工业园区生活服务基地
乌兰乌苏镇	农贸型	以农业、商贸业为主导产业，积极发展特色农业，建成具有良好居住环境的花园城镇
四道河子镇	农贸型	以农业为基础，农资、农副产品加工为补充，依托当地资源发展特色旅游
老沙湾镇	农牧型	以现代农业为依托，发展休闲农业旅游
东湾镇	农贸型	以农牧业发展为主，发展农牧业下游产品加工，积极发展旅游业
博尔通古乡	旅游型	依托鹿角湾打造沙湾南部生态农牧旅游城镇，大力发展绿色农业和特色养殖业
商户地乡	农牧型	以特色农产品生产和加工为主，旅游业、商业服务业等多行业发展
铁厂沟镇	工贸型	塔城地区重要的交通枢纽，以矿产加工业和交通运输业为主，塔城地区矿产开采与加工和能源生产基地
庙尔沟镇	工贸型	以农牧产品加工和矿产开采加工与贸易为主，积极发展第三产业
库甫乡	农牧型	以农牧产品加工为主，以民族特色农牧产品生产和深加工为重点，大力发展旅游业等第三产业
阿克别里斗乡	农牧型	以特色农牧产品生产和加工为重点，大力发展第三产业
多拉特乡	农牧型	农业畜牧业产品加工为主，以林果种植、特色种植、交通运输业、民族手工刺绣为辅，建设县域重要的生态农业示范基地、畜牧业基地、塔尔米产地以及主要的蔬菜基地，大力发展旅游业等第三产业

名称	职能类型	主导职能及产业发展方向
乌雪特乡	农牧型	以特色养殖业和种植业为主，发展生态旅游和民族手工艺品加工业
恰夏镇	农贸型	以农业、畜牧业和农副产品加工、畜产品加工为主，发展旅游业和机场服务产业
阿西尔乡	旅游、农牧型	以文化旅游为主，粮食、蔬菜、林果种植和畜牧养殖业为辅，适当发展农副产品加工业
阿不都拉乡	农牧型	以粮食、蔬菜、林果种植及旅游业为主，畜牧业为辅
齐巴尔吉迭社区	牧业型	以畜牧业及农产品加工业为主，发展民俗旅游
也门勒乡	农牧型	以畜牧业、农产品加工、旅游业为主，粮食种植及特色种植为辅
喀拉哈巴克乡	旅游、农牧型	以特色种植、旅游业为主，粮食、林果种植、畜牧业为辅
博孜达克农场	农牧型	以特色种植、畜牧业、农产品加工为主，积极发展旅游业
玉什喀拉苏镇	农贸型	以农牧产品加工为主，大力发展第三产业、交通运输业
上户乡	农贸型	以农业为基础，发展食品、粮油加工业，同时大力发展第三产业、交通运输业
玛热勒苏乡	农贸型	以农牧业为主，发展农副产品加工
杰勒阿尕什乡	农贸型	优化农牧业，积极发展第三产业
霍吉尔特蒙古乡	农贸型	以农牧业和农牧产品加工为主，积极发展第三产业
喀拉也木勒镇	农贸型	以农牧业为主，积极发展第三产业
额玛勒郭楞蒙古民族乡	农贸型	以农牧业为主，积极发展第三产业
二道桥乡	农贸型	以农牧业为主，积极发展第三产业
喇嘛昭乡	农贸型	以农牧业为主，积极发展第三产业
阔什比克良种场	农贸型	以农牧业为主，积极发展第三产业
加布尔拉克农场	农牧型	以农牧业为主，积极发展第三产业
也木勒牧场	牧业型	以牧业为主，积极发展畜牧产品加工业，发展第三产业
二支河牧场	牧业型	以牧业为主，积极发展第三产业
萨尔也木勒牧场	牧业型	以农牧业为主，积极发展第三产业
乌宗布拉克牧场	牧业型	以畜牧养殖为主，积极发展第三产业
阿勒腾也木勒乡	农牧型	打瓜、红花为主，兼种玉米、小麦等，畜牧并进
吉也克镇	农贸型	县域次中心城镇；高产农业，生态农业示范基地，以农牧产品加工为主，发展特色养殖业和林果业
察汗托海牧场	旅游、畜牧型	以旅游业、畜牧养殖为主，特色林果、种植矿业开发为辅
小白杨市（拟名）	综合型	以农牧产品加工、商贸物流、旅游业为主，发展制药、能源等产业
121 团	综合型	以棉花种植及其产品加工为主，优化农业产业结构，发展农副产品加工业及第三产业
133 团	农业型	以棉花种植为主
134 团	农业型	以棉花种植为主
141 团	农业型	以棉花种植为主
142 团	综合型	发展棉花种植及其产品深加工，同时积极发展第三产业
143 团	农业型	以棉花种植为主
144 团	农业型	以棉花种植为主
123 团	综合型	发展棉花种植及其产品深加工，发展物流业等第三产业，推进农业产业化
124 团	农贸型	以棉花、玉米种植为主，发展农副产品加工业
125 团	农贸型	以棉花、玉米种植为主，发展农副产品加工业
126 团	农业型	以棉花种植为主
127 团	农业型	以棉花种植为主
128 团	农贸型	以棉花种植为主，发展农副产品加工
162 团	农牧型	以粮食种植和畜牧养殖为主，发展特色种植
163 团	综合型	依托巴克图口岸发展边贸经济，配套相关的物流集散基地和工业基地
164 团	农业型	以农业种植为主
165 团	农牧型	以牧业为主，同时发展旅游业
166 团	农业型	以农业种植为主
167 团	农业型	以农业种植为主
168 团	综合型	依托 168 团坚实的基础推进兵团九师农业产业化进程，为兵团九师农副产品加工业提供生产原料
169 团	农贸型	以农牧业为主，发展第三产业
170 团	工贸型	依托便利交通、能源、矿产资源等条件，发展矿产开采，优化畜牧养殖业
184 团	农牧型	以棉业、辣椒、玉米制种业为主，积极发展甘草、畜禽业、果蔬等产业
团结农场	农贸型	以农牧业为主，发展农副产品加工和商贸物流业

图3 城镇规模结构规划图

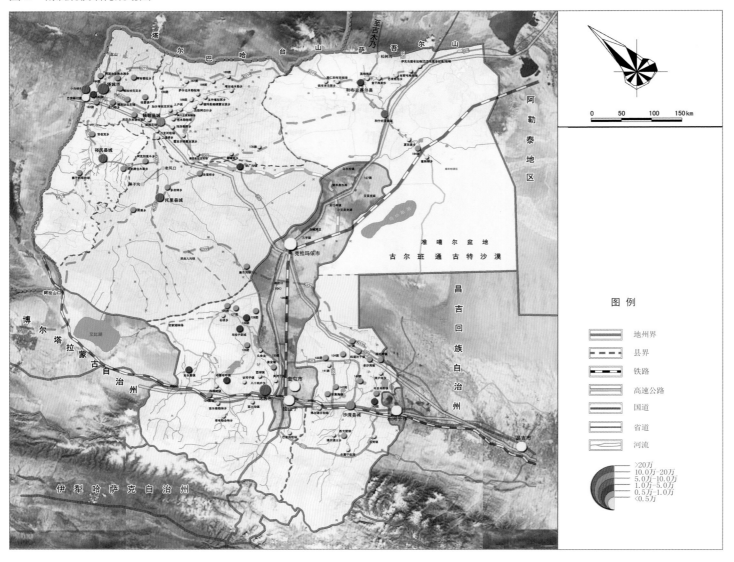

城镇人口规模结构规划一览表

表4

序号	人口规模（万人）	城镇数量（个）	城镇名称
I	>20	2	塔城市、乌苏市
II	10~20	2	额敏县、沙湾县
III	5~10	4	裕民县、托里县、和什托洛盖镇、小白杨市（拟名）
IV	1~5	8	和布克赛尔县、哈图布呼镇、古尔图镇、车排子新城、铁厂沟镇、123团、143团、163团
V	0.5~1.0	35	皇宫镇、安集海镇、西戈壁镇、柳毛湾镇、乌兰乌苏镇、恰夏镇、阿西尔乡、博孜达克农场、庙尔沟镇、吉也克镇、阿勒腾也木勒乡、察汗托海牧场、老沙湾镇、四道河子镇、齐巴尔吉迭社区、喀拉哈巴克乡、阿不都拉乡、也门勒乡、乌雪特乡、库甫乡、多拉特乡、阿克别里斗乡、121团、124团、125团、128团、126团、127团、133团、134团、142团、144团、162团、164团、184团
VI	<0.5	47	西大沟镇、甘河子镇、西湖镇、石桥乡、头台乡、四棵树镇、塔布勒合特乡、吉尔格勒特乡、巴音沟牧场、夹河子乡、玉什喀拉苏镇、霍吉尔特蒙古民族乡、上户镇、玛热勒苏镇、杰勒阿尕什镇、额玛勒郭楞蒙古民族乡、喀拉也木勒乡、二道桥乡、喇嘛昭乡、阔什比克良种场、加布尔拉克农场、也木勒牧场、二支河牧场、萨尔也木勒牧场、乌宗布拉克牧场、团结农场、商户地乡、博尔通古乡、东湾镇、牛圈子牧场、博尔通古牧场、伊克乌图布拉克牧场、查和特乡、莫特格乡、夏孜盖乡、铁布肯乌散乡、查干库勒乡、巴音傲瓦乡、那仁和布克牧场、布斯屯格牧场、141团、165团、167团、168团、170团、166团、169团

图 4   城镇职能结构规划图

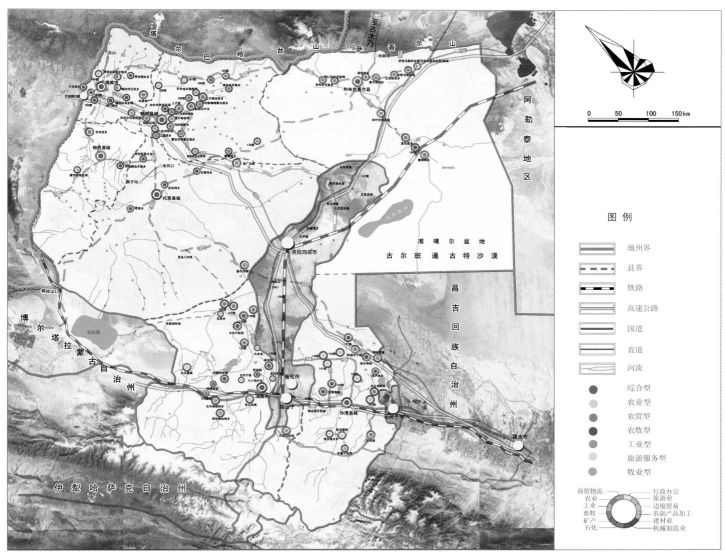

规划将塔城地区城镇等级结构分为地区中心、副中心、区域中心城镇、中心镇、一般镇（乡）5 个等级。（表 2）

（二）城镇规模结构

规划将全区城镇人口分为 6 级。（表 3）

（三）城镇职能结构

明确各乡镇团场的主导方向，并将其纳入到统一协调的城镇职能体系中。各主要城镇职能结构及产业发展方向如表 4。

（四）城镇空间结构

规划塔城地区城镇空间布局形成"一主一副多点，一带三轴三组群"的空间布局结构。

1、"一主"

塔城市区作为全区发展中心，起到辐射带动全区的核心作用。

2、"一副"

乌苏市区作为地区南部发展副中心，辐射带动周边城镇。

3、"多点"

各县市重点发展乡镇。

4、"一带"

即沿边城镇带。

5、"三轴"

沿 312 国道的天山北坡城镇发展轴，沿

图5 空间结构分析图

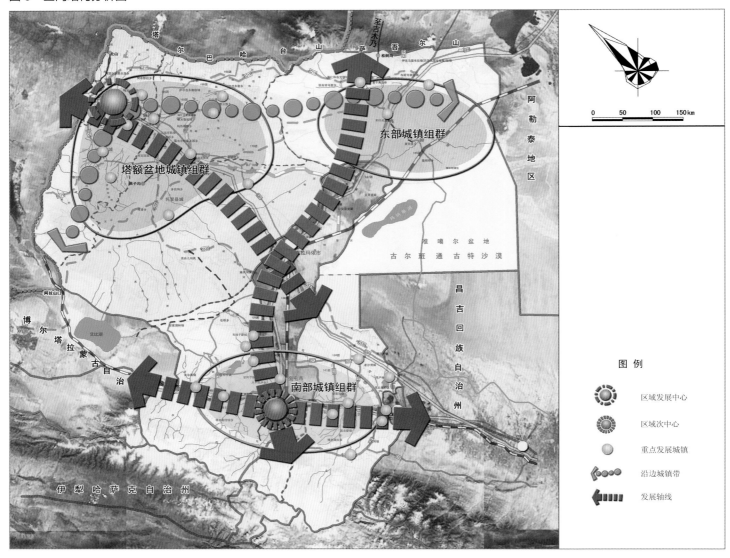

图例

区域发展中心

区域次中心

重点发展城镇

沿边城镇带

发展轴线

217国道布局的城镇发展轴，乌苏—克拉玛依发展轴。

6、"三组群"

塔城、额敏、托里和裕民组成塔额盆地城镇组群，和布克赛尔县及和什托洛盖镇为东部城镇组群，乌苏和沙湾为南部城镇组群。

六、兵团城镇布局与兵地协调发展

（一）兵团人口规模与城镇化水平预测

规划兵团人口近期达到42万人；远期达到48万人。城镇化水平2020年为67%～69%，远期2030年达到78%～80%。

（二）兵团空间格局

塔城地区兵团团场形成塔额盆地和乌

沙两大片区。塔额盆地内的团场主要用于维稳戍边和农垦，乌沙片区的团场主要用于维稳和农垦。

（三）兵团城镇发展规划指引

1、片区发展指引

塔额盆地片区应积极加强与地方城镇协调，加快小白杨市（拟名）建设，推进兵团九师与额敏的城市协调发展。与地区城镇共

图6　兵团团场空间布局规划图

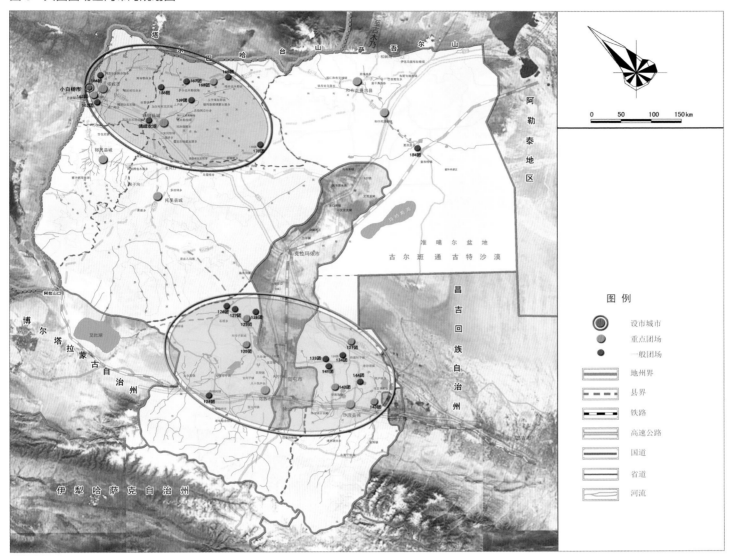

兵团城镇等级结构一览表　　　表5

等级	数量	名称
兵团城市	1	小白杨市（拟名）
中心团场	9	121团、123团、124团、125团、134团、142团、143团、168团、163团
一般团场	15	126团、127团、128团、133团、141团、144团、162团、164团、165团、166团、167团、169团、170团、184团、团结农场

兵团城镇规模结构一览表　　　表6

人口规模（万人）	数量（个）	名称
5~10	2	九师师部、小白杨市（拟名）
1~5	6	121团、123团、125团、142团、143团、163团
0.5~1	10	124团、128团、126团、127团、133团、134团、144团、162团、164团、184团
<0.5	8	141团、165团、167团、168团、170团、166团、169团、团结农场

图7　产业发展格局规划图

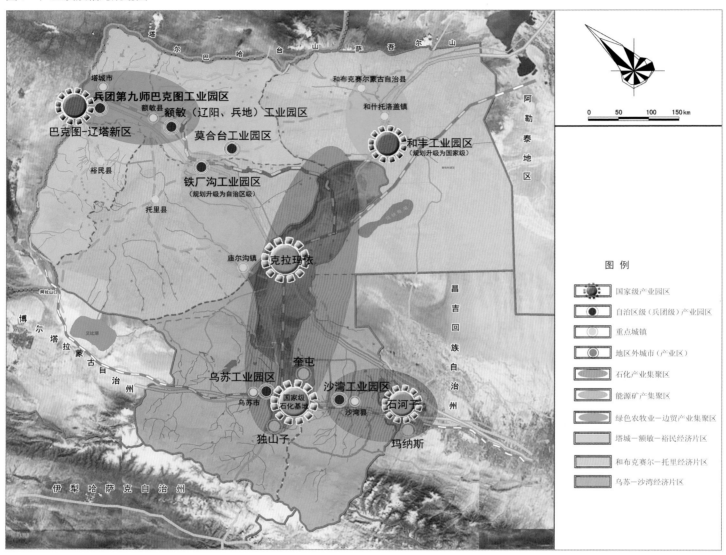

同组建塔额盆地城镇组群。

乌沙片区应推进兵团团场与地方城镇的区域经济一体化，兵团七师参与奎独乌城镇组群建设，兵团八师加快与石玛沙城镇组群的协调，促进天山北坡地区西段建设。

2、等级结构

规划形成"兵团城市—中心团场城镇—一般团场城镇"不同层级的兵团城镇等级结构。（表5）

3、规模结构

兵团城镇规模结构按人口规模分为4级。（表6）

（四）小白杨市与塔城市的协调发展

小白杨市（拟名）应加强与塔额盆地各城镇产业的分工与合作，做到兵地融合发展，建设兵地融合的新城示范区。

重点做好口岸相关功能的协调、产业区

路网和基础设施的协调、城镇公共服务功能、旅游服务功能等方面的协调。

七、产业发展规划

（一）产业发展战略

充分利用对口援疆机遇，走政府引导和市场培育双导向的资源转换产业发展道路。以内地和周边国家市场需求为动力，着力培育优势新兴产业，改造提升传统资源产业；把握政策机遇，改造提升传统服务业；突出绿色有机，发展壮大特色产业，构筑"农牧业现代化、轻重工业协调、服务业特色发展"、吸纳就业能力强、资源节约型和环境友好型的塔城特色现代产业体系。

（二）产业定位和体系

地区产业定位是"五个基地，三个示范区"，即新疆乃至全国重要的新型能源基地、新兴化工基地，新疆重要的有色金属加工基地，北疆重要的绿色农牧业生产加工出口基地和新型建材基地；生态边境旅游示范区、融合经济示范区、地域特色文化示范区。

塔城地区将重点提升现代能源、煤（盐、石油）化工、矿产加工等优势产业的发展，大力培育现代物流、现代服务业等新型产业，稳步推进现代农牧业、特色农产品加工、生态文化旅游等特色产业，积极构筑以优势产业为主导、新型产业为引领、特色产业为支撑的现代产业体系。

未来重点发展三大类型、八大支柱产业，包括优势型的现代能源产业、煤（盐、石油）化工业和矿产加工制造业；新型产业现代物流业、现代服务业；特色型的绿色种植养殖业、绿色农牧产品加工业，以及生态文化旅游产业。

（三）产业空间布局

规划构建"三大经济板块、五大产业集聚区"的产业发展格局。

1、三大经济板块

乌苏—沙湾经济板块、和布克赛尔—托里经济板块、塔城—额敏—裕民经济板块。

2、五大产业集聚区

南部的奎独乌—克拉玛依产业集聚区、石玛沙产业集聚区、西北的塔城—额敏特色产业集聚区、中部的和布克赛尔产业集聚区以及中部的托里产业集聚区。

（四）旅游业发展战略

立足于塔城地区丰富的特色旅游资源，重点发展边境地区和中部落后地区城镇旅游业，积极融入自治区旅游体系，形成旅游业与区域、城市互动发展的良好格局。以"向西开放，区域融合，产业融合，突出特色"为战略，突出"边境、民俗、历史、生态"四大特色，努力把旅游业培育成为改善民生的重要富民产业和人民群众更加满意的现代服务业，把塔城地区建成旅游形象鲜明、文化内涵丰富、旅游设施完善、客源市场活跃的新疆知名旅游大区。

（五）旅游业发展策略

1、与开放援疆战略相结合；

2、与区域统筹合作相结合；

3、与城乡统筹发展相结合；

4、与产业特色化发展相结合；

5、与文化融合发展相结合。

（六）旅游业空间格局

规划提出"一大核心，两个重点，三大片区，五条游线，多个景区"的总体格局。

1、一个旅游核心

塔城市围绕"百年商埠、休闲塔城"，主题形象，发展休闲文化旅游，建设成为塔城地区的核心旅游吸引场。

2、两个重点景区

海航牧场景区和巴尔鲁克山景区，建设5A旅游景区。

3、三大旅游片区

塔额盆地边境绿洲旅游片区、和布克赛尔江格尔文化旅游片区、天北休闲自驾旅游片区。

4、五条主要游线

包括跨境游线、疆内游线以及地区内游线等。

5、14个精品景区

集中打造14个精品景区，分别是：巴克图口岸、塔城市俄罗斯风情街、巴尔鲁克山、乌苏佛山国家森林公园、鹿角湾风景区、沙湾美食城、和布克赛尔江格尔文化旅游景区、乌苏啤酒欢乐谷、乌苏泥火山景区、老风口亚欧大陆地理内心景区、和布克赛尔蒙古自治县龙脊谷景区、和布克赛尔蒙古自治县蒙王府热气泉、额敏河滨河旅游区、莫合台国际狩猎场。

八、历史文化保护规划

（一）地域文化发展目标

大力发展独具塔城特色的戍边文化、口岸文化、包容文化和生态文化，体现"爱国、开放、和谐、发展"的地域文化内涵，推动塔城地区经济社会全面进步。

（二）地域文化建设

进一步弘扬各民族的优秀文化，传承和提升区域特色文化，实现文化产业重点突破，将文化产业列入到地区产业体系当中，面向市场、面向群众，创造出更多好的文化产品，走具有"新疆特色、塔城特点"的文化产业发展之路。

发扬和挖掘各民族的优秀特色文化，保护和传承各民族文化，主动引导各民族文化的融合。

大力发展文化旅游业，将塔城独特的地域文化，如民族民俗文化、戍边文化、口岸

图8 旅游布局结构规划图

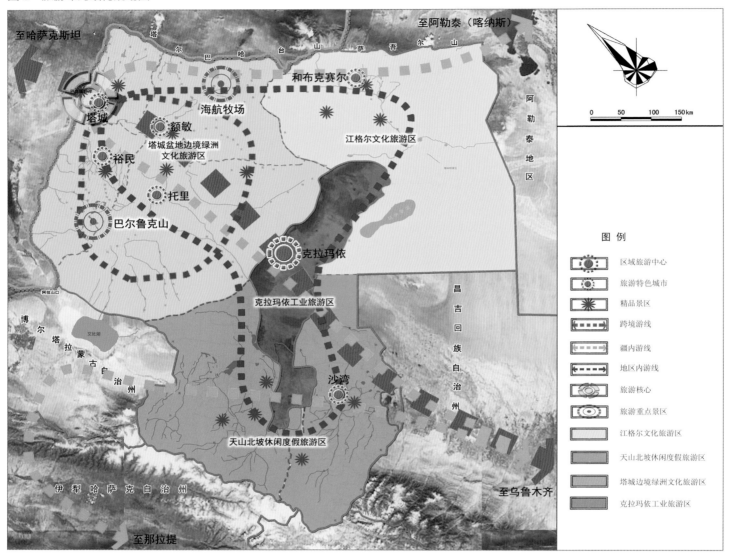

文化、生态文化等，作为发展文化旅游业的重要支撑。以品牌文化活动、优秀文化演出作为文化突破点，形成特色鲜明的旅游文化精品。

（三）文保单位保护规划

贯彻"保护为主，抢救第一，合理利用，加强管理"的方针，按照国家法规要求，对文物保护单位的控制范围、周边高度和文物原真性实施保护工作。

（四）非物质文化遗产保护规划

保护非物质文化遗产的实物与体验场所，推进历史博物馆、非物质文化遗产保护生产性示范基地建设。

政府切实加强对文化工作领导，建立健全非物质文化遗产保护责任制度和责任追究制度。

成立非物质文化遗产保护专家委员会。积极做好非物质文化遗产名录项目建立和申报工作。

（五）历史文化名城、名镇、名村

推进塔城市、和布克赛尔蒙古自治县申报为自治区级历史文化名城，加强城镇历史文化特色的保护工作。

加大对塔城地区传统村落的调查研究，

图 9 综合交通体系规划图

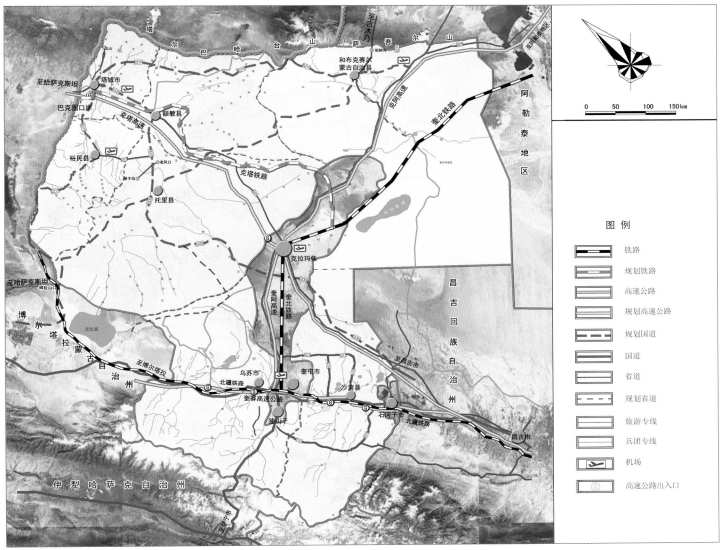

推进符合条件的乡镇、团场、村落申报自治区级历史文化名镇、名村。

九、交通体系规划

（一）发展目标

建成以公路交通建设为基础和重点，铁路、航空为补充，相互协调、快速、安全、四通八达的综合交通网络。建设运输通道，提高综合运输能力为重点，形成干线铁路、高等级公路、干线公路和航空为主骨架，形成干支相连，疏密成网的综合运输体系。

（二）公路规划

1、高速公路

升级改造五工台至克拉玛依（S201）路段，一级路改造为高速公路。

2、公路网建设

公路建设要采取"发展与提高相结合，以提高为主"的方针，以大修、改建和新建为重点，加强公路养护。国省干线公路建设原则：普及与提高相结合，以提高为主；改造与新建相结合，以改造为主。区域国省干线公路达到二级及以上标准。县乡公路建设的原则：通畅与通达相结合，以通畅为主。区域县乡公路达到四级及以上标准。

3、旅游景点公路

改造地区内已有的旅游公路，在规划期内新建以下旅游景点公路，提高塔城地区旅游服务水平及景点通达性。

4、场站规划

新建塔城地区客运中心站，为长途客运站。目前在建乌苏市新区客运站。新建乌苏市哈图布呼西部新城中心客运站、车排子北部新城客运站。

新建货运站场有塔城中心站、巴克图口岸货运站、额敏县中心站、裕民县中心站、托里县中心站、乌苏市物流园区货运站、沙湾县中心站、和布克赛尔县中心站。

加快乡镇客运站建设，规划期末推动客运站建设纳入城镇体系或城乡总体规划，统一规划换乘枢纽和城际、城市、城乡、镇村四级客运网络，以全地区各城市县城客运站、农村客运站和招呼站为节点，完成地区全部乡镇和中心村的农村客运网络化。

（三）铁路规划

加快铁路新线建设，全面提高铁路运输能力。加快完善建设克拉玛依—塔城—巴克图口岸出境铁路线。

完善现有铁路设施用地，预留克塔铁路铁厂沟、额敏、塔城和巴克图站场用地。保留现状和什托洛盖火车站，根据运量要求适时扩建该站。

（四）航空规划

实施塔城机场改扩建项目，进一步完善机场设施设备，增加飞往内地及疆内其他支线机场航线，力争开通至哈萨克斯坦等国际航线，促进地区矿产旅游资源开发利用。

根据地区经济社会发展需求，推进和布克赛尔机场建设项目启动，加快乌苏机场建设，积极争取将裕民支线运输机场纳入《全

国民用机场布局规划（2030）》。

十、公共服务设施规划

（一）目标

按照全面建成小康社会的总体要求，大力推进惠及全地区人民的基本公共服务体系建设，注重保障和改善民生，将基本公共服务作为公共产品向全地区人民提供，保障城乡居民生存发展基本需求，增强服务供给能力，创新体制机制，规划期末，形成政府主导、覆盖城乡、可持续的基本公共服务体系，实现基本公共服务均等化。

（二）基本要求

全面覆盖，保障基本；明确责任，健全机制；统筹城乡，强化基层；创新模式，加强监督。

十一、生态环境保护规划

（一）生态功能区划

立足于塔城地区山地、山前、绿洲、荒漠4大生态系统，按照环境保护"三条红线"和水环境保护"三条红线"要求，提出分区生态管制对策。

分别是：生态保育区——山地森林生态区；生态敏感区——山前丘陵草地戈壁生态区；生态建设区——绿洲农业与城镇生态区；生态恢复区——沙漠荒漠生态区。

（二）环境保护对策措施

（1）开展库鲁斯台草原生态保护与建设工程。

（2）采取多种措施，治理土地荒漠化和盐碱化。

（3）治理超载过牧，加快牧民安居工程建设。

（4）开发区建设和矿产资源开发利用要严格遵守生态环境保护制度。

（5）加强基础设施通道建设环境管理，避免穿越生态敏感地区。

（6）严格控制开荒。

（三）城乡环境保护举措

（1）加快城市环境保护、治理，改善人居环境；

（2）加强节能减排，推进经济增长方式转变；

（3）加大农村环境综合整治力度。

十二、空间管制规划

（一）空间管制分区

规划塔城地区空间划分为禁建区、限建区和适建区三类，分别制定不同的空间管制措施和管制要求。

（二）禁建区

包括塔额盆地，沙湾北部、乌苏东部和184团的基本农田，乌苏甘家湖梭梭林自然保护区，裕民巴尔鲁克野巴旦杏自然保护区，乌苏佛山国家森林公园、沙湾鹿角湾风景区、额敏河防护绿地，额敏河、奎屯河、白杨河、玛纳斯河、和布克河等地表水源一级保护区和核心保护区。

（三）限建区

包括巴克图口岸—塔城—克拉玛依铁路与公路交通通道、巴克图口岸—塔城—阿拉山口口岸通道、巴克图口岸—托里县—和布克赛尔县—吉木乃县（口岸）的边境边防公

图10　公共服务设施规划图

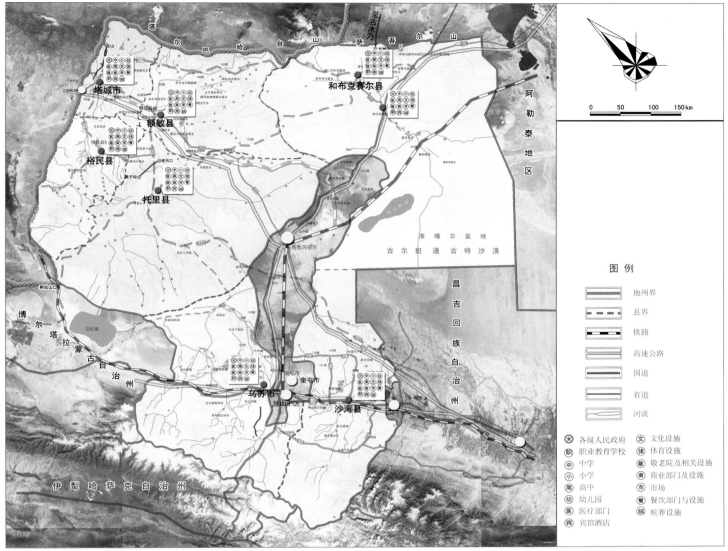

路通道、机场净空限制区等重大交通廊道周边限制建设地区，一般农用地、湿地、沙漠化地区、盐碱化地区等生态敏感区，巴尔鲁克山、乌苏泥火山景区、和布克赛尔蒙古自治县龙脊谷景区、和布克赛尔蒙古自治县蒙王府热气泉、额敏河滨河旅游区等重要风景区，地表水源二级保护区、地下水源防护区等水源涵养区。

（四）适建区

指已划定为城市建设发展用地的范围，需要合理确定开发模式和开发强度，是城镇和农村建设发展优先选择地区。

塔城地区重点管理的适建区有三类：（1）城镇和农村建设用地，主要包括城镇政府所在地、主要农村居民点、兵团九师、小白杨市（拟名）的边境团场城镇；（2）

对于地区社会经济发展具有重要影响的重要产业基地，如辽塔新区、和丰工业园区等；（3）对于新疆或地区发展具有重大影响的综合基础设施用地，如克—塔—哈铁路、克塔高速、750kV 输变电工程等。

阿勒泰地区城镇体系规划（2012-2030 年）

阿勒泰地区位于新疆维吾尔自治区最北部，地处阿尔泰山南麓、准噶尔盆地北缘。南与昌吉回族自治州、乌鲁木齐相连，西南与塔城地区相接，东与蒙古接壤，西北与哈萨克斯坦交界，北与俄罗斯相邻。

阿勒泰地区隶属伊犁哈萨克自治州，辖阿勒泰市、布尔津县、富蕴县、福海县、哈巴河县、青河县、吉木乃县。

地势东北高、西南低，东北部是绵延于中蒙、中俄边界的阿尔泰山，西南部是古尔班通古特沙漠，中部是额尔齐斯河、乌伦古河冲击平原。

阿勒泰地区城镇体系规划（2012-2030 年）

组织编制：阿勒泰地区行政公署
编制单位：新疆维吾尔自治区城乡规划服务中心、中国科学院新疆生态与地理研究所
批复时间：2013 年 6 月

第一部分 规划概况

阿勒泰地区地处我国西北边陲、新疆北端，是我国的重点生态功能区、向西开放的重要门户、重要的能源通道、国内外知名的旅游目的地和新疆的"会客厅"，在国家主体功能区、对外开放、旅游以及能矿资源开发等格局中占据着重要战略地位。

阿勒泰地区新型城镇化发展面临着难得的历史机遇，迫切需要根据地区城镇化发展所处的历史阶段，科学合理地构建城镇体系、制定城镇化和城镇建设方针，把阿勒泰地区建成环阿尔泰山区域经济中心和产业高地，成为新疆经济发展的重要战略支点和增长极。

为全面贯彻科学发展观，按照国家《城乡规划法》和自治区的有关要求，阿勒泰地区行署于 2009 年开展了阿勒泰地区城镇体系规划的编制工作，专门成立了规划编制工作领导小组和办公室，有效保证了此项工作的顺利开展。该规划于 2013 年 6 月获自治区人民政府批复。

第二部分 主要内容

一、规划范围和期限

（一）规划范围

包括 2 个新疆维吾尔自治区县级市（阿勒泰市、北屯市）、6 县（富蕴县、福海县、布尔津县、哈巴河县、吉木乃县和青河县）和新疆生产建设兵团农十师在阿勒泰地区境内的团场，总面积 11.80 万平方公里。

（二）规划期限

本规划期限 2012-2030 年，近期 2012-2015 年，中期 2016-2020 年，展望到 2030 年。

二、区域和城镇化发展战略

（一）区域战略定位

阿勒泰地区是新疆资源开发可持续和生态环境可持续发展的"两个可持续"示范区，中国对外开放的重要门户和高端旅游目的地。

（二）区域发展战略与布局

1、发展战略

（1）生态立区战略
加强生态环境建设保护，改善人居环境。
（2）富民强区战略
加快基础设施建设，推进"三化"协调发展。
（3）全方位开放战略
发挥地缘优势，发展"双向式"经济。
（4）科教兴区战略
大力发展教育，科教与经济良性循环。

2、空间布局

（1）北部生态发展区
包括阿尔泰山北部山区，发展以现代草原畜牧业、生态旅游业和水电为主的生态产业，主要提供生态产品，强化生态功能。
（2）中部重点开发区
包括中部沿阿尔泰山及额尔齐斯河、乌伦古河流域的城镇化地区和农牧区，发展以特色农业、高端装备制造业、新材料、风电、特色农产品加工等为主的生态农业和加工制造业。覆盖地区主要城镇，其中加工制造业主要分布在县域内的工业园区，特色农业主要分布在农牧区乡镇。
（3）南部生态与资源开发拓展区
包括乌伦古河以南的荒漠区，必须注重荒漠区的生态保护。在矿产资源富集区可点状布局资源开采和加工业，但必须在充分考虑资源环境承载力的前提下适度发展。主要分布在福海县、富蕴县和青河县南部地区。

（三）区域发展战略目标

把阿勒泰地区建成环阿尔泰山区域经济中心和产业高地，建设成新疆"会客厅"，成为新疆"两个可持续发展"示范区，成为新疆经济发展的重要战略支点和增长极。

（四）城镇化战略方针

阿勒泰地区城镇化发展的战略方针是"点轴开发，中心聚集，组团发展"。限制开

图1 城镇职能组合结构规划图

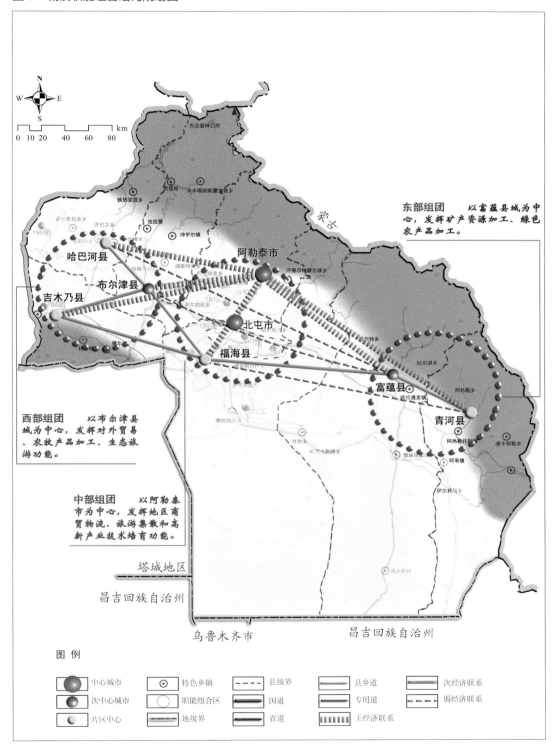

发强度，保持必要的绿色和生态空间，以城镇和产业区为主的"点"联结发展轴带。

结合阿尔泰山和额尔齐斯河流域地域特点，沿交通线和旅游景点形成多条地域性城镇产业发展轴带，向口岸延伸和拓展。

强化地区中心城市阿勒泰市的集聚及其辐射带动作用，加快培育区域次中心城市，借助口岸优势联动发展边境城市，发挥各城镇的经济集聚效益，形成有机联系的区域经济网络，推进新型城镇化进程，以重点特色乡镇发展带动乡村发展，促进城乡协调，提高地区社会经济和生态环境效益。

（五）城镇化战略目标

提升城镇化水平和质量，改善城市和重点乡镇基础设施与公共服务设施建设水平，增强城市综合竞争力。

1、符合国家和新疆对阿勒泰地区全面建设小康社会目标的要求，与阿勒泰地区国家重点生态功能区相适应、与阿勒泰地区新型工业化和农牧业现代化相互促进的城镇化发展格局。

2、构筑城乡协调和可持续发展的科学试验区。依托阿勒泰地区特色资源开发和多元跨国合作，把阿勒泰城镇群建设成为新疆主要的城镇群和国家向西开放的重要物流通道。构筑"两极、两轴、三组团"的城镇体系空间结构。

3、提升地区城镇化水平和质量，建设国家级生态园林城市、宜居城市、特色边境城市和生态旅游城市。构筑阿勒泰地区"中心城市—次中心城市—片区中心城市—重点特色乡镇——一般乡镇"城镇体系结构，形成城镇空间布局合理、功能互补、等级合理、基础设施完善、生态环境良好的城乡一体化的发展格局。

4、人口城镇化率 2015 年、2020 年和 2030 年分别达到 52%、57% 和 65% 左右。

三、产业发展

（一）产业发展目标

1、新型工业化、农牧业现代化和新型城镇化"三化"联动，实施"强工兴贸"和"资源进口、商品出口"两头在外的产业发展方针。

2、实施优势产业优先发展、优化提升传统产业、积极培育战略性新兴产业、积极推动产业集群化发展和园区强镇集聚发展战略，依托工业园区建设，搭建新兴工业化带动新型城镇化的综合平台。

3、加强口岸经济与地方经济的互动发展，发展外向型经济。

4、形成以传统特色农业为基础的第一产业，以特色的矿产资源和进口资源加工为主的第二产业和以旅游、对外贸易、战略性信息产业为带动的外向型经济的第三产业，三位一体的现代化产业发展体系。

（二）重点产业空间布局

包括农牧业生产基地（农业生产基地、特色畜产品基地、特色渔业养殖基地）、有色和稀有金属采选与加工、煤电、现代煤化工生产、石油天然气开采和深加工产业、钢铁产业、水电能源产业、建材业、战略性新兴产业、特色农副产品加工以及打造阿勒泰"千里旅游画廊"、现代物流网络体系和信息技术服务业。

形成口岸—腹地—中心城市的三级外向型网络发展的格局。优先发展吉木乃口岸、塔克什肯口岸；实现红山嘴口岸向第三国开放，阿黑土别克口岸得到有效利用；开通中俄吉克普林口岸。

图 2　旅游资源分布图

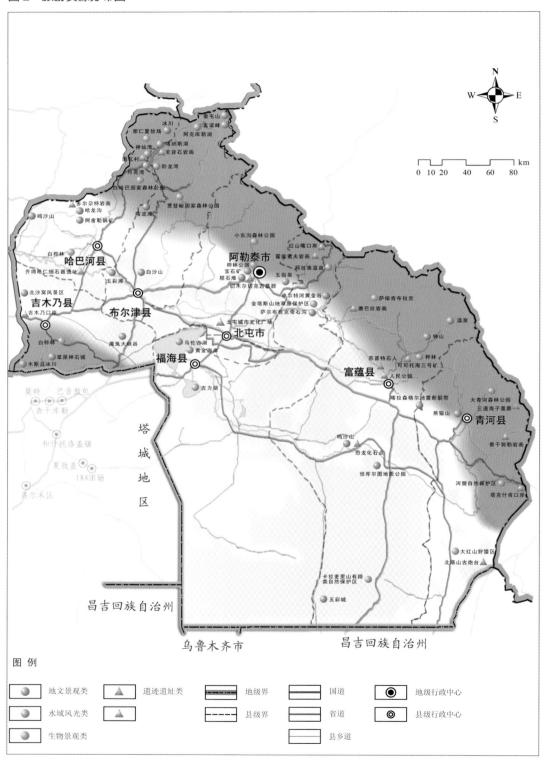

图 3 旅游发展规划图

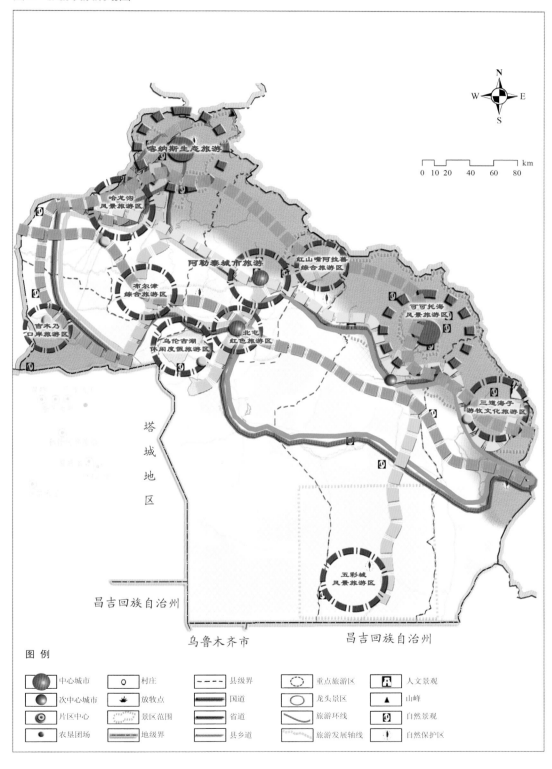

（三）旅游城镇发展格局

1、3 个旅游辐射带动区重点城镇：阿勒泰市、布尔津县城、富蕴县城。建设布尔津、哈巴河、青河、阿勒泰市等旅居之城。阿勒泰市旅游休闲宜居城市旅游名城；布尔津和富蕴县城建设成为阿勒泰千里旅游画廊重要支点，新疆旅游目的地；哈巴河中国西部塞外边城；福海新疆旅游名城；青河、吉木乃边境旅游城市。

2、全国特色景观旅游名镇（村）建设：布尔津县布尔津镇和冲乎尔镇，哈巴河县阿克齐镇，富蕴县可可托海镇，喀纳斯景区的禾木村、白哈巴村、贾登峪和铁热克提乡等全国特色旅游景观名镇（村）。

四、城镇体系规划

（一）城镇体系职能结构

阿勒泰地区城镇体系结构：中心城市、次中心城市、片区中心城市、重点特色乡镇、一般乡镇。（表1）

（二）城镇体系规模结构

近期，城镇人口大于 10 万人的城市 2 个（阿勒泰市和北屯市）；5 万~10 万人口规模的小城镇 4 个（库额尔齐斯镇、阿克齐镇、布尔津镇、福海镇）；1 万~3 万人的小城镇 2 个（青河镇、托普铁热克镇）。

中远期，城镇人口大于等于 20 万人的中等城市 2 个；5 万~10 万人规模的小城市 4 个；3 万~5 万人的小城市 2 个。（表 2）

（三）城镇体系等级结构

阿勒泰地区城镇体系等级结构规划分为五级。（表 3）

（四）城镇体系空间发展

构筑"两极、两轴、三组团"的城镇化空间发展格局。

1、"两极"

阿勒泰市和北屯市两个增长极。提升中心城市综合竞争力,健全综合交通枢纽体系,与次中心城市、片区中心城市、重点特色乡镇和一般乡镇形成不同等级的人口、产业集聚区。

2、"两轴"

带动整个地区发展的十字形两条发展主轴。

（1）依托地区一级综合交通运输廊道形成的南北向"红山嘴口岸—阿勒泰市—北屯市—福海县城—克拉玛依市"。

（2）沿额尔齐斯河东西向"塔克什肯口岸—青河县城—富蕴县城—北屯市—布尔津县城—哈巴河县城—阿黑土别克口岸"两条发展主轴。

并与区域空间发展相适宜,形成三条发展带。

（1）北部依托千里旅游画廊沿"阿黑土别克口岸—阿舍勒铜矿—铁热克提—贾登峪—禾木—小东沟—阿勒泰市—达热—沙依恒布拉克—可可托海镇—吐尔洪—喀拉乔拉—青河县城—三道海子"形成的北部生态旅游发展带。

（2）沿"吉木乃口岸—吉木乃县城—喀尔交—福海县城—喀拉玛盖—杜热—喀拉布勒根—恰库尔图镇—萨尔托海—青河县城"形成的乡镇相对集聚的南部乡镇发展带。

（3）吉克普林口岸—贾登峪—布尔津县城—吉木乃县城—吉木乃口岸的沿边发展带。

3、"三组团"

建设以中部阿勒泰市—北屯市—福海县

图 4 城镇职能规划图

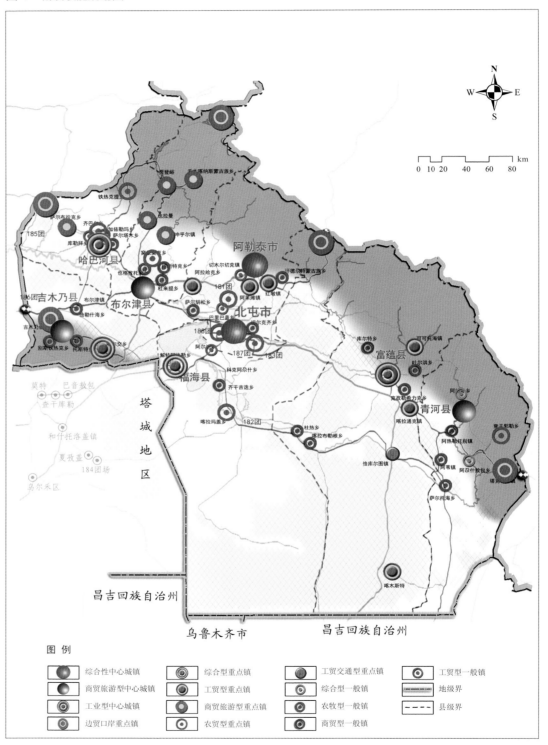

城镇体系职能结构规划一览表 表 1

等级	城镇数		城镇名称
中心城市	2		阿勒泰市（中心城区）：政治文化中心、旅游节点、绿色产业和科教基地
			北屯市：物流商贸中心，农十师的政治、经济、文化、信息中心
次中心城市	2		布尔津镇：旅游服务基地，国家级园林城镇，布尔津县政治、经济、文化中心
			库额尔齐斯镇（富蕴县城）：新型工业化基地，矿业城市，富蕴县政治、经济、文化中心
片区中心城市	4		阿克齐镇（哈巴河县城）：生态旅游型城市，哈巴河县政治、经济、文化中心
			福海镇：农牧渔业开发示范区，综合型城市，福海县政治、经济、文化中心
			青河镇：以农牧促工商的生态型边境城市，青河县政治、经济、文化中心
			托普铁热克镇（吉木乃县城）：边贸旅游城市，吉木乃县政治、经济、文化中心
重点特色乡镇	38	阿勒泰市	北屯镇：商贸物流型；红墩镇：特色农产品加工贸易型；阿苇滩镇：综合型；切木尔切克镇：工贸型；阿拉哈克镇：工贸型
		布尔津县	冲乎尔镇：工贸旅游型；禾木喀纳斯蒙古族乡：特色旅游型；贾登峪镇：旅游型；也拉曼镇：旅游型；窝依莫克镇：农工贸型；吉克普林口岸：口岸型
		富蕴县	可可托海镇：矿业旅游型；恰库尔图镇：商贸交通服务型；喀拉通克镇：工矿型；喀木斯特镇：特色工矿型；杜热乡：特色农牧型
		福海县	阿尔达乡：特色工业型；解特阿热勒乡：城郊型；喀拉玛盖镇：农牧集贸型；红山嘴口岸：口岸旅游型
		哈巴河县	萨尔布拉克镇：商贸旅游型；库勒拜乡：城郊型；铁热克提镇：旅游型；阿黑土别克口岸：口岸型
		青河县	塔克什肯镇：口岸旅游型；阿热勒托别镇：城郊型；阿苇镇：农牧服务型；查干郭勒乡：边境旅游型
		吉木乃县	吉木乃镇：口岸旅游型；托斯特乡：农牧型；喀尔交镇：工贸交通型
		北屯市	187 团：农牧服务型；188 团：农牧服务型；183 团：综合型
		农十师	181 团：农牧服务型；182 团：农牧型；185 团：旅游型；186 团：旅游型
一般乡镇	21	阿勒泰市	萨尔胡松乡（C）、巴里巴盖乡（C）、切尔克齐乡（C）、汗德尕特蒙古族乡（E）
		布尔津县	也格孜托别乡（B）、杜来提镇（B）、阔斯特克乡（B）
		富蕴县	吐尔洪乡（B）、库尔特乡（C）、喀拉布勒根乡（B）、克孜勒希力克乡（B）
		福海县	阔克阿尕什乡（B）、齐干吉迭乡（B）
		哈巴河县	加依勒玛乡（B）、齐巴尔乡（B）、萨尔格木乡（B）
		青河县	萨尔托海乡（B）、阿热勒乡（A）、阿尕什敖包乡（A）
		吉木乃县	恰勒什海乡（B）、别斯铁热克乡（B）

注：职能分类，A-综合型 B-农牧型 C-集贸型 D-工贸型 E-旅游型；不含农十师 184 团和和什煤矿。

城镇体系规模结构规划一览表 表 2

等级	城镇人口（万人）	城镇数（个）	城镇名称
中等城市	≥ 20	2	阿勒泰市、北屯市
小城市	5~10	4	库额尔齐斯镇（富蕴县城）、阿克齐镇（哈巴河县城）、布尔津镇、福海镇
	3~5	2	青河镇、托普铁热克镇（吉木乃县城）
重点镇乡镇	0.5~1	1	阿勒泰市北屯镇
	0.3~0.5	5	富蕴县可可托海镇；阿勒泰市红墩镇、切木尔切克镇；布尔津县冲乎尔镇；青河县阿热勒托别镇
	< 0.3	32	阿勒泰市阿苇滩镇、阿拉哈克镇；布尔津县禾木喀纳斯蒙古族乡、贾登峪镇、也拉曼镇、窝依莫克镇；富蕴县恰库尔图镇、喀拉通克镇、喀木斯特镇、杜热乡；福海县阿尔达乡、解特阿热勒乡、喀拉玛盖镇；哈巴河县萨尔布拉克镇、库勒拜乡、铁热克提镇；青河县塔克什肯镇、阿苇镇、查干郭勒乡；吉木乃县吉木乃镇、托斯特乡、喀尔交镇；阿黑土别克口岸、红山嘴口岸、吉克普林口岸；北屯市 187 团、188 团、183 团；农十师 181 团、182 团、185 团、186 团
一般乡镇	< 0.3	21	阿勒泰市萨尔胡松乡、巴里巴盖乡、切尔克齐乡、汗德尕特蒙古族乡；布尔津县也格孜托别乡、杜来提镇、阔斯特克乡；富蕴县库尔特乡、喀拉布勒根乡、克孜勒希力克乡、吐尔洪乡；福海县阔克阿尕什乡、齐干吉迭乡；哈巴河县加依勒玛乡、齐巴尔乡、萨尔格木乡；青河县萨尔托海乡、阿热勒乡、阿尕什敖包乡；吉木乃县恰勒什海乡、别斯铁热克乡

城镇体系等级结构规划一览表 表3

等级	等级结构	城镇数量（个）		城镇名称
一级	中心城市	2		阿勒泰市、北屯市
二级	次中心城	2		库额尔齐斯镇（富蕴县城）、布尔津镇
三级	片区中心城市	4		阿克齐镇（哈巴河县城）、福海镇、青河镇、托普铁热克镇（吉木乃县城）
四级	重点特色乡镇	38	阿勒泰市（5）	北屯镇、红墩镇、阿苇滩镇、切木尔切克镇、阿拉哈克镇
			布尔津县（6）	冲乎尔镇、禾木喀纳斯蒙古族乡、贾登峪镇、也拉曼镇、窝依莫克镇、吉克普林口岸
			富蕴县（5）	可可托海镇、恰库尔图镇、喀拉通克镇、喀木斯特镇、杜热乡
			福海县（4）	阿尔达乡、解特阿热勒乡、喀拉玛盖镇、红山嘴口岸
			哈巴河县（4）	萨尔布拉克镇、库勒拜乡、铁热克提镇、阿黑土别克口岸
			青河县（4）	塔克什肯镇、阿热勒托别镇、阿苇镇、查干郭勒乡
			吉木乃县（3）	吉木乃镇、托斯特乡、喀尔交镇
			北屯市（3）	187团、188团、183团
			农十师（4）	181团、182团、185团、186团
五级	一般乡镇	21	阿勒泰市（4）	萨尔胡松乡、巴里巴盖乡、切尔克齐乡、汗德尔特蒙古族乡
			布尔津县（3）	也格孜托别乡、杜来提镇、阔斯特克乡
			富蕴县（4）	库尔特乡、喀拉布勒根乡、克孜勒希力克乡、吐尔洪乡
			福海县（2）	阔克阿尔什乡、齐干吉迭乡
			哈巴河县（3）	加依勒玛乡、齐巴尔乡、萨尔格木乡
			青河县（3）	萨尔托海乡、阿热勒乡、阿尔什敖包乡
			吉木乃县（2）	恰勒什海乡、别斯铁热克乡

城、西部布尔津—哈巴河—吉木乃县城和东部富蕴县—青河县城组成的地区三个城镇组团。

（1）中部组团

以阿勒泰市为中心，发挥地区商贸物流、旅游集散和高新产业技术培育功能。

（2）西部组团

以布尔津县城为中心，发挥对外贸易、农牧产品加工、生态旅游功能。

（3）东部组团

以富蕴县城为中心，发挥矿产资源加工、绿色农产品加工。

五、区域协调发展与空间管制

（一）区域协调发展

1、与周边国家发展的协调

借助金山阿勒泰世界自然遗产地，发展跨国旅游。加快与俄罗斯经贸合作，尽快开通中俄吉克普林口岸。通过已建立的国际研讨会等平台、已有合作成果以及有关协议，不断深化合作，进而推动建立中俄哈蒙阿尔泰区域合作经济圈，促进区域共同发展。

2、与塔城地区和布克赛尔蒙古自治县发展的协调

通过重大基础设施的建设，加强与布克赛尔和阿勒泰地区产业、物流、服务业和旅游业发展之间的联系，促进阿勒泰地区与天山北坡经济带的对接。

3、与昌吉回族自治州县市发展的协调

建设北屯市—富蕴—阜康铁路、福海接受来自天山北坡经济带的辐射作用，通过梯度转移和资源转换战略，与天山北坡经济带进行产业上的协调与关联，承接转移产业，发挥自身优势，实现自身经济结构和产业结构的调整，加快物流、商贸业的发展，促进能源矿产、旅游企业的发展，盘活民营经济。

4、与兵团农十师发展的协调

依托农十师的农业、工业发展的优势，

图5 城镇等级规模规划图

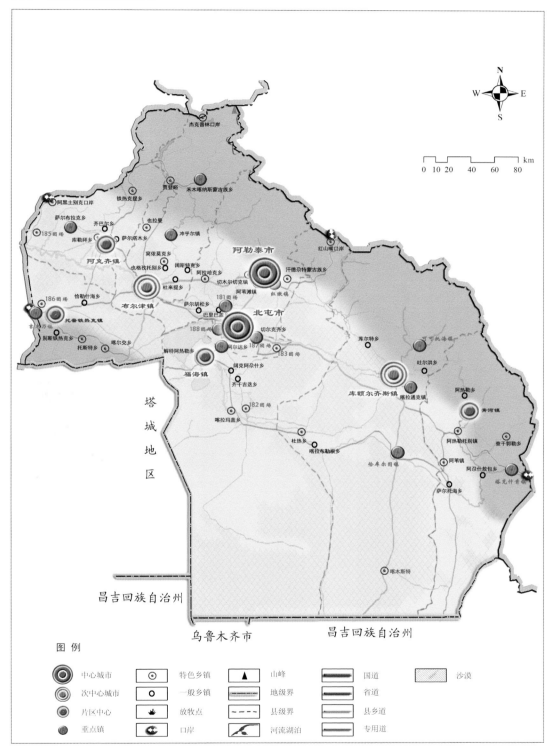

建立协作机制和信息交流渠道，加强在交通建设、农垦开发、环境保护等方面的发展。

加强与兵团规划的衔接，加快北屯市的建设，并依托物流业、仓储业的优势，发挥其交通枢纽的作用，强化地方城镇与兵团城镇之间的经济贸易联系，以及通过兵团中心城市的交通区位，强化地方城镇之间的交通往来，逐步实现地方和兵团城镇的融合式发展，充分利用地方城镇和兵团城镇两种不同管理方式的优点，克服不同管理体制下衔接的困难，共同促进区域经济更好更快的发展，提升区域整体发展水平。

（二）空间管制区划分

1、禁建区

各类自然保护区、风景名胜区、森林公园、水源保护地等的核心区、基本农田保护区、湿地保护区、历史文化遗迹保护区、一级重点公益林保护区和民用机场净空保护区域规定范围等。

2、限建区

生态旅游开发保护区（北部的阿尔泰山和西南部的萨吾尔山，喀纳斯生态旅游开发保护区）、地质灾害综合防治控制区以及各类自然保护区、森林公园、水源保护地等的缓冲区和试验示范区。此类地区有的是受自然条件的限制不宜建设，有的是受人类对资源环境需求的制约，需要重点保护而限制开发建设。

3、适建区

城市建设控制区（阿勒泰市和北屯市区，富蕴、布尔津、福海、吉木乃、哈巴河和青河等县城），各乡镇镇区以及农十师的团场、产业园区和独立工矿区，村镇居民点、口岸和交通用地。

空间管制分区一览表   表4

分区名	分区方案
禁建区	水源保护区（阿尔泰山和萨吾尔山水源涵养区、两河河床、一级城镇水源地等）湿地
	自然保护区（喀纳斯国家自然保护区、新疆卡拉麦里山有蹄类自然保护区、新疆布尔根河狸自然保护区、新疆阿勒泰科克苏湿地保护区、额尔齐斯河科克托海湿地自然保护区、新疆阿尔泰山两河源头自然生态保护区、新疆金塔斯草原自然保护区、乌伦古湖湿地保护区、吉力湖湿地保护区、阿勒泰市乌奇里克河源湿地公园）核心区、森林公园、风景名胜区和一级重点公益林保护区
	阿尔泰山草地保护区
	基本农田保护区
	历史文化遗迹保护区
	民用机场净空保护区域规定范围
限建区	喀纳斯生态旅游开发保护区
	阿尔泰山中部矿业开发生态保护区
	三道海子生态旅游开发保护区
	额尔齐斯河、乌伦古河两河流域综合开发保护区
	陆梁—黄花沟荒漠生态农业开发保护区
	沙漠景观功能区（地区西南古尔班通古特沙漠，吉木乃北沙窝，哈巴河鸣沙山）
适建区	重点开发区（城市建设控制区、产业园区、交通用地、边境经济合作区）
	乡镇居民点建设区
	口岸建设区（吉木乃、红山嘴、塔克什肯、阿黑土别克和拟建的中俄吉克普林）

（三）空间管制措施和要求

针对阿勒泰地区空间管制的禁建区、限建区、适建区提出分区方案。（表4）

六、综合交通

（一）交通发展目标

发挥阿勒泰新疆"会客厅"的战略区位优势，促进通道建设，把阿勒泰地区从新疆和全国交通网络末端建设形成集交通、能源、贸易为一体的综合运输门户和枢纽，成为新疆综合交通运输大通道的重要组成部分。

强化交通运输对阿勒泰地区城镇化及产业发展的引导和支撑作用，合理发挥公路、铁路、航空等运输方式的比较优势和组合效率，形成结构合理、布局优化、能力充分、衔接顺畅、安全高效的现代化综合交通运输体系。

加强交通运输服务对民生改善的作用，提高乡村道路、城乡客运站点的覆盖率和可达性。

（二）运输通道

在空间发展指导下，综合考虑战略需求、口岸贸易、地区交流、运输需求和历史因素等方面，确定阿勒泰地区综合运输网络发展形成"两级九走廊"的格局。

1、一级走廊

一级走廊是促进地区交流、对外开放和联接口岸贸易的综合性走廊，共2条。

2、二级走廊

二级走廊是交通运输辅助走廊，分别具有引导空间结构、构筑"阿勒泰千里旅游画廊"、穿越准噶尔盆地沙漠、联接乌鲁木齐都市圈及天山北坡经济带、沟通边境口岸等主导功能，共7条。

图 6　空间结构规划图

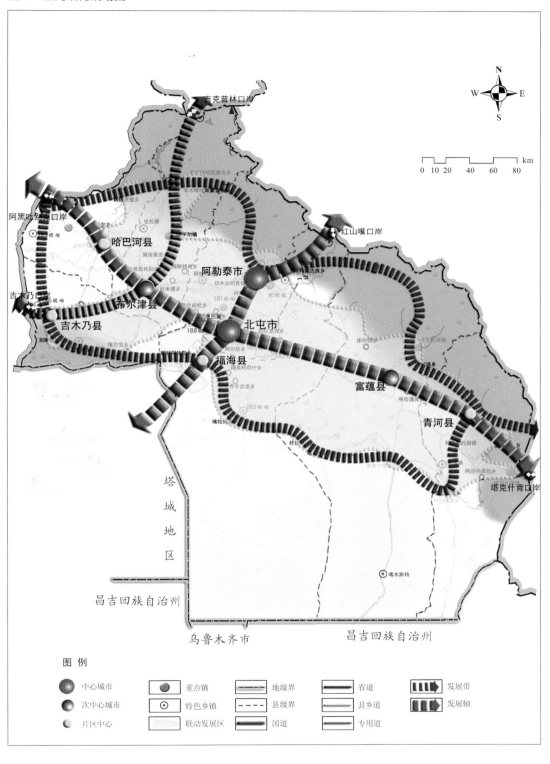

图　例

● 中心城市　　⬤ 重点镇　　▬▬▬ 地级界　　▬▬▬ 省道　　◧◧◧▶ 发展带

● 次中心城市　◎ 特色乡镇　　▬ ▬ ▬ 县级界　　▬▬▬ 县乡道　　◧◧◧▶ 发展轴

● 片区中心　　　联动发展区　　▬▬▬ 国道　　▬▬▬ 专用道

（三）交通枢纽

与"两极、两轴、三组团"地区城镇体系格局相适应，综合交通枢纽布局由现在单一节点（阿勒泰）向多节点、多通道转变，提升阿勒泰地区交通、能源、贸易综合运输能力和区域性枢纽功能。

形成阿勒泰市、北屯市 2 个一级交通枢纽，布尔津、福海和富蕴县城共 3 个二级交通枢纽，以及哈巴河、吉木乃和青河县城 3 个三级交通枢纽。

（四）公路

1、在新疆交通运输"57712"工程和农村（牧区）"畅通富民"工程的指导下，大力推进阿勒泰地区国道主干线、省际公路通道和高速公路的建设，新增与已建公路共同构成地区"五纵四横"公路网。

2、加快口岸公路建设，争取尽快实施中俄国际公路建设工程。

3、加快以阿勒泰市为中心的地区交通枢纽建设。

4、重点加强不通公路建制村公路建设，近期实现所有乡镇通沥青路，等级为三级或四级；部分自然村、重要的矿产资源、旅游资源、水能资源、农业开发区、林区、牧民定居通等级公路。

5、加快北部沿阿尔泰山经济带通道建设，构筑阿勒泰"千里旅游画廊"，提升重点旅游景区道路通达条件，做好二级旅游服务基地的旅游通道标识系统、旅游接待服务设施和公共服务设施建设。

6、加快中部穿越准噶尔盆地通道建设，开通北疆准噶尔盆地沙漠公路，建设沿边高寒区与乌鲁木齐都市圈快速联接通道。

7、加快西部吉克普林口岸—哈巴河—吉木乃至巴克图口岸沿边通道和东部青河—

奇台沿边通道建设。

8、远期,市县、县乡镇和乡村、团场和连队的通达率达到 100%,建制村通油路率达到 90% 以上。

9、建设阿勒泰市和北屯市 2 个一级客运站,富蕴、布尔津、哈巴河、吉木乃、福海和青河县等 9 个二级客运站,规划新建 81 个等级站、379 个简易站。

(五)铁路

1、加快北屯—布尔津—哈巴河—阿黑土别克口岸和北屯—吉克普林口岸铁路规划研究。

2、加快北屯—富蕴—准东铁路前期工作;积极开展北屯—阿勒泰铁路、吉木乃和塔克什肯口岸后方铁路的规划研究。

3、建设北屯—富蕴—准东、富蕴—塔克什肯口岸铁路和北屯客、货运枢纽站,形成北疆铁路环线。

(六)民航

1、近期迁建富蕴机场,增加阿勒泰地区民用机场密度。建设北屯、福海、吉木乃、青河、哈巴河(185 团)通勤机场,开展通勤机场建设前期工作,及早规划、科学选址,预留机场用地和净空保护区。

2、以阿勒泰、喀纳斯、富蕴民用机场为主干,北屯、福海、吉木乃、青河、哈巴河(185 团)通勤机场为补充,构建布局合理的机场网络。

3、逐步完善阿勒泰地区环绕旅游航线,形成连接顺畅的航空运输体系。

4、建设完善航路,建设阿勒泰市通往全国重要省会城市、周边国家的空中通道。

图 7 空间管制规划图

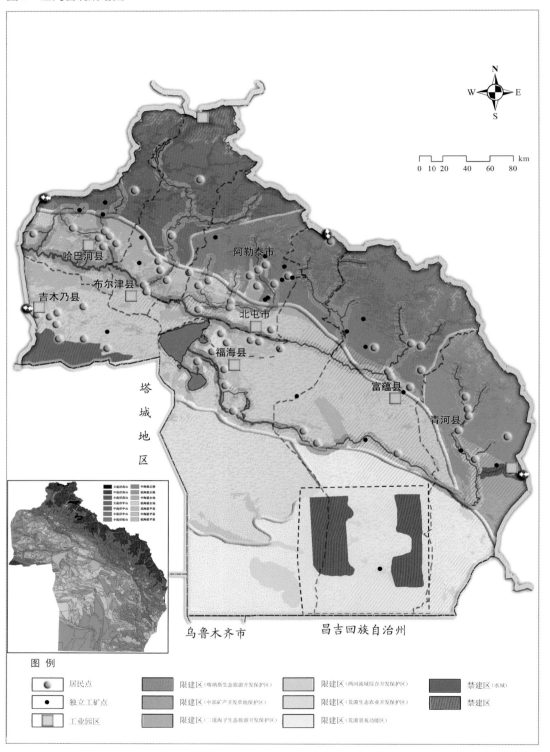

图 8　综合交通规划图

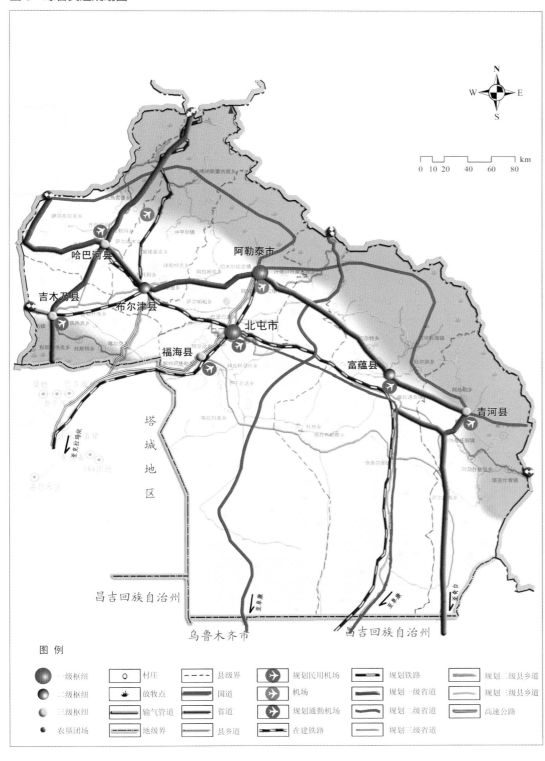

图 例

一级枢纽	村庄	县级界	规划民用机场	规划铁路	规划二级县乡道
二级枢纽	放牧点	国道	机场	规划一级省道	规划三级县乡道
三级枢纽	输气管道	省道	规划通勤机场	规划二级省道	高速公路
农垦团场	地级界	县乡道	在建铁路	规划三级省道	

（七）管道运输

1、完成新疆吉木乃广汇液化天然气输气管道项目。推进新疆广汇集团斋桑原油资源综合利用，原油综合加工利用能力进一步提升。

2、推进中俄（喀纳斯达坂—托普色克套山—苏木河—禾木河—禾木—土尔盖特—齐背岭—阿勒泰西）天然气、中哈输油管道项目建设。

3、建设克拉美丽气田管道。

（八）口岸

1、开通阿黑土别克陆运（公路）口岸。

2、完善吉木乃国家级边境经济合作区基础设施和配套设施建设。

3、规划首次开设中国—俄罗斯吉克普林口岸。

七、公共服务设施

（一）规划原则

1、远近结合，目标明确；

2、统一规划，分期实施；

3、层次分明，分级配置；

4、内容全面，大小兼顾。

（二）空间层级配置

1、中心城市（镇）

设置辐射范围大，对整个地区有重大影响的大型公共服务设施。考虑服务面积的均衡性，在地区经济中心和旅游中心等生态开敞空间，配建高档次、现代化的公建设施，包括银行、医院、学校、科研机构、文体活动中心、商场、会展中心、酒店等，将中心级服务中心打造成现代化的公共服务中心，展示地区形象。

2、重点特色乡镇

主要布置组团级的公共服务设施,考虑中心级服务设施对两边用地辐射能力的逐步减弱,在城郊接合部和城市内部空间设置组团级服务中心,配建管理机构、小学、储蓄所、超市、户外体育活动场所等中等规模的公共服务设施,作为次级辐射中心。

重点镇是连接城市和广大农村地域的桥梁,满足农村市场和服务需求。主要布置满足居民生活需求的服务设施,体现其布局的网络化覆盖特色。

3、一般乡镇

配建较完善的能满足内部居民物质与文化生活需要的公共服务设施。

八、历史文化与生态环境

(一)历史文化

全国文物保护单位 2 处,保护面积共 59.95 平方公里;自治区级文物保护单位 15 处,保护面积共 27.87 平方公里。保护控制范围分为重点保护区、建设控制地带、环境协调区。

积极申报阿勒泰市国家历史文化名城。为充分体现阿勒泰地区草原文化,应逐步将一批文化底蕴深厚、文物古迹分布集中和具有代表性的村镇,如代表切木尔切克古代文化的切木尔切克镇、代表蒙古族图瓦文化的禾木村等积极申报为历史文化名镇名村。

(二)生态环境

1、生态环境保护要求

坚持"环保优先、生态立区",通过绿色发展、循环发展和低碳发展,大力推进生态文明建设,以维系生态系统健康、促进人与自然和谐、改善环境质量为目标,

图9 生态功能区划图

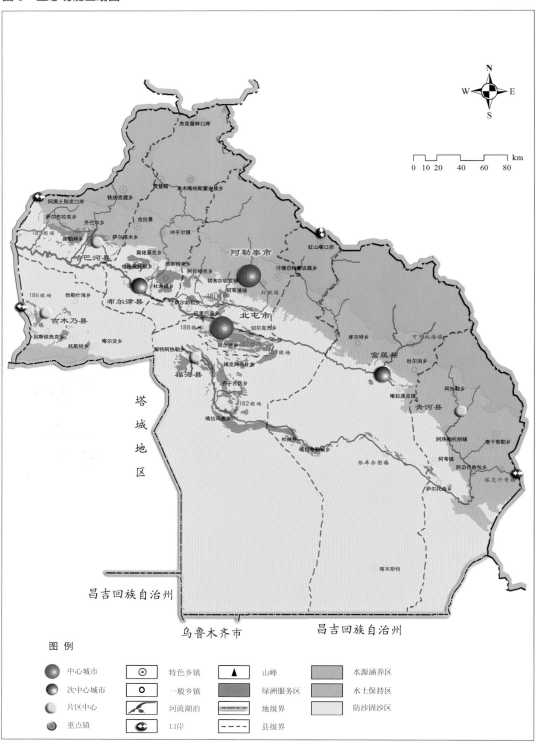

生态功能分区及县市空间分布一览表 表5

生态环境功能区名称	分布县市	主要生态环境压力
阿勒泰山水源涵养区	哈巴河县、布尔津县、阿勒泰市、吉木乃县、福海县、富蕴县、青河县、北屯市	草原放牧，旅游矿产开发，水资源开发及人为破坏
阿勒泰山水土保持区	哈巴河县、布尔津县、阿勒泰市、吉木乃县、福海县、富蕴县、青河县、北屯市	草原放牧，铁矿、沙石等矿产资源开发，水利工程、道路等基础设施建设
额尔齐斯河流域绿洲服务区	哈巴河县、布尔津县、阿勒泰市、吉木乃县、福海县、富蕴县、青河县、北屯市	农业生产，城镇发展和工业生产、有色金属冶炼等
额尔齐斯河流域防风固沙区	哈巴河县、布尔津县、阿勒泰市、吉木乃县、福海县、富蕴县、青河县、北屯市	荒漠草场放牧，开荒，有色金属、石材等矿产资源开发及道路等工程建设
额尔齐斯河流域地表水源区	哈巴河县、布尔津县、阿勒泰市、吉木乃县、福海县、富蕴县、青河县、北屯市	选矿厂、依河尾矿、沿河和河道淘金等水环境重金属污染；农牧业开发、饲草料基地建设、牧民定居等造成的草场退化，水土流失；傍水而居的放牧点、集中禽畜养殖和农业排水影响地表水质；水利水电交通等基础设施建设改变河道水文情势影响水生态环境；天然洪峰量减少，影响河谷林繁育；沿河分布的城镇生活、工业等污染源造成地表水源环境安全隐患
额尔齐斯河流域地下水源区	额尔齐斯河流域地下水源区	水利工程建设、上游尾矿库存在污染风险
特殊保护功能区	喀纳斯国家级自然保护区、布尔根河狸保护区、阿尔泰山两河源头保护区、科克苏湿地保护区、喀纳斯风景名胜区、贾登峪国家森林公园、白哈巴国家森林公园、阿尔泰山温泉国家森林公园、阿勒泰小东沟森林公园、富蕴神钟山森林公园、额尔齐斯河北屯森林公园、布尔津森林公园、福海森林公园、青格里森林公园、喀纳斯国家地质公园、可可托海国家地质公园、乌齐里克湿地公园、克兰河湿地公园、福海乌伦古湖国家湿地公园	

以维护各民族群众健康和环境权益为宗旨，以环境功能区划为导向，以加强环保能力建设为重点，逐步建立全防、全控的污染防控体系，为阿勒泰地区全面实现小康社会提供环境基础保障，实现地区的可持续发展。

2、生态环境建设目标

到 2030 年完善城市环境保护基础设施体系，实现工业污染全面达标，将阿勒泰地区城镇建成国家级生态城市、国家级园林城市、国家环境模范城市和国家级卫生城市。实施生态县生态示范区、生态乡和文明生态村"三级创建"，实施现有"绿色学校"、"绿色社区"升级。

3、生态环境功能区划

针对阿勒泰地区生态环境功能分区及县市空间分布，明确各自主要生态环境压力。（表5）

博尔塔拉蒙古自治州城镇体系规划（2014-2030 年）

博尔塔拉蒙古自治州位于新疆维吾尔自治区西北部，地处准噶尔盆地西南边缘，天山西段北麓。北、西分别以阿拉套山、别珍套山西段山脊为界，与哈萨克斯坦接壤；东、东北分别与塔城地区的乌苏县、托里县相连；南以天山山峰之隔，与伊犁哈萨克自治州的尼勒克、伊宁、霍城三县相邻。

下辖博乐市、阿拉山口市、精河县、温泉县。

地势南北高、中间低，北部为阿拉套山，南部为科古琴山和赛里木湖区，中部为博尔塔拉河冲积平原。

博尔塔拉蒙古自治州城镇体系规划（2014-2030年）

组织编制：博尔塔拉蒙古自治州人民政府

编制单位：湖北省城市规划设计研究院

批复时间：2015年9月

第一部分 规划概况

为贯彻中央新疆工作会议精神，积极推进新型城镇化，构建符合博州实际、体现博州特色、具有时代特征的城镇体系构架，支撑博州国民经济的发展和社会事业的进步，全面建设小康社会，根据《中华人民共和国城乡规划法》、《城市规划编制办法》及国家相关法律、法规和规范，编制了《博尔塔拉蒙古自治州城镇体系规划（2014-2030）》。

该规划于2013年由湖北省城市规划设计研究院开始编制，期间同步开展了《博州新型城镇化与城镇化战略研究》、《博州产业发展与空间布局研究》、《博州水资源规划专题研究》3个专题研究。

第二部分 主要内容

一、规划范围和期限

（一）规划范围

规划范围为博尔塔拉蒙古自治州行政区范围及新疆建设兵团第五师师域辖区范围，总面积2.7万平方公里。

（二）规划期限

规划期限为2014-2030年。其中近期为2014-2020年，远期为2021-2030年。

二、发展战略与定位

（一）发展目标

经济跨越式发展，民生明显改善，社会长治久安。其内涵包括：实现经济赶超，打造具有区域竞争优势的经济高地；东联西出、西来东去，构建丝绸之路经济带核心区西端重要的进出口服务基地；统筹城乡发展，走出一条具有博州特色的城镇化道路；保持多元特色，塑造多民族融合发展的魅力博州；注重保护生态，构建可持续发展的生态安全示范区。

（二）总体发展战略

1、口岸强州——通道经济到综合区域经济

充分利用"丝绸之路经济带"的发展机遇，利用好国际国内两个市场、两种资源，东联西出、西来东去，加大招商引资力度，努力构建以贸促工促农、以工促贸、以农兴贸发展新格局，实现对外开放新突破，不断提升外向型经济发展水平，努力变交通末端为向西开放前沿。

2、四化同步——城镇化带动

深入实施城镇化带动战略，突出特色和产业支撑，全力打造州域中心城市，加快各县（市）和小城镇发展，构建健全的州域城镇体系，打造州域城镇化跨越发展的平台，提高城镇综合承载能力，增强辐射带动力和可持续发展能力，促进城镇化和新农村建设良性互动。以新型城镇化为动力，拉动和推进博州新型工业化、农牧业现代化和现代服务业的快速发展。

3、以人为本——完善社会保障体系

落实促进就业、稳定就业岗位以及鼓励劳动者自主创业的各项优惠政策，多途径促进城乡统筹就业。

4、中心回归——从边缘到中心

采取积极措施，实施"回归中心"的城市发展战略，把博州中心城市建成新的经济中心作为博州未来的战略发展目标，并以此提升自身地位，带动和促进博州全州经济社会的全面发展。

5、协同发展——区域分工与合作

建立兵地协调发展机制，统筹区域资源利用、区域产业和设施布局。在产业上，以差异化策略，形成互补发展、互动发展格局，在设施上，统筹区域基础设施、公共设施布局，提升服务标准，避免重复建设。通过空间的合理布局促进各产业的集聚发展，重点加强优势资源工业、旅游业、特色农业的发展，同时构筑区域协调体系，降低空间与基础设施建设成本，避免资源低效组合配置而造成的生产重复，实现城镇体系内部空间的和谐共生。

（三）区域发展定位

"丝绸之路经济带"核心区内向西开放

图 1　城镇规模等级规划图

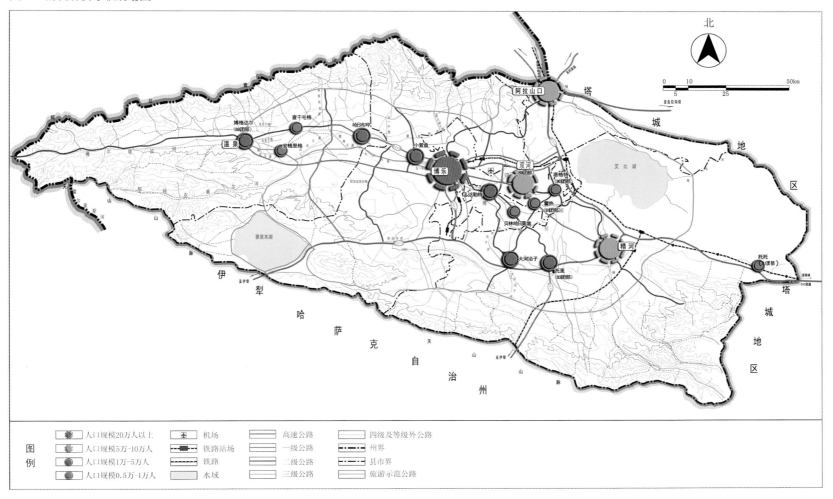

城镇规模规划一览表　　　表 1

规模序列	城镇数（个）	城镇人口（万人）	城镇人口数（万人）	比重（%）	城镇名称
>20 万	1	21	21.0	37.5	博乐市（含青得里乡、乌图布拉格镇、85 团蒙古庙镇、86 团青达拉镇、84 团托里镇）
5 万~10 万	3	7~8	19.0~21.0	37.5	精河县（含八家户农场、芒丁乡、82 团蘑菇滩镇）
		7~8			双河市
		5			阿拉山口市
2 万~5 万	5	2	10.0	17.9	博格达尔镇（含 88 团、扎勒木特乡、昆得仑牧场）
		2			哈日布呼镇（含 87 团）
		2			小营盘镇
		2			托里镇（含沙山子）
		2			大河沿子镇（含阿合其农场）
<2 万	7	1.0	4.0	7.1	达勒特镇
		0.5			安格里格镇
		0.6			81 团霍热镇
		0.6			90 团塔格特镇
		0.5			托托镇（含 91 团）
		0.5			查干屯格镇
		0.5			贝林哈日莫墩镇
合计	16	54~56	100.0	--	

图2　城镇职能结构规划图

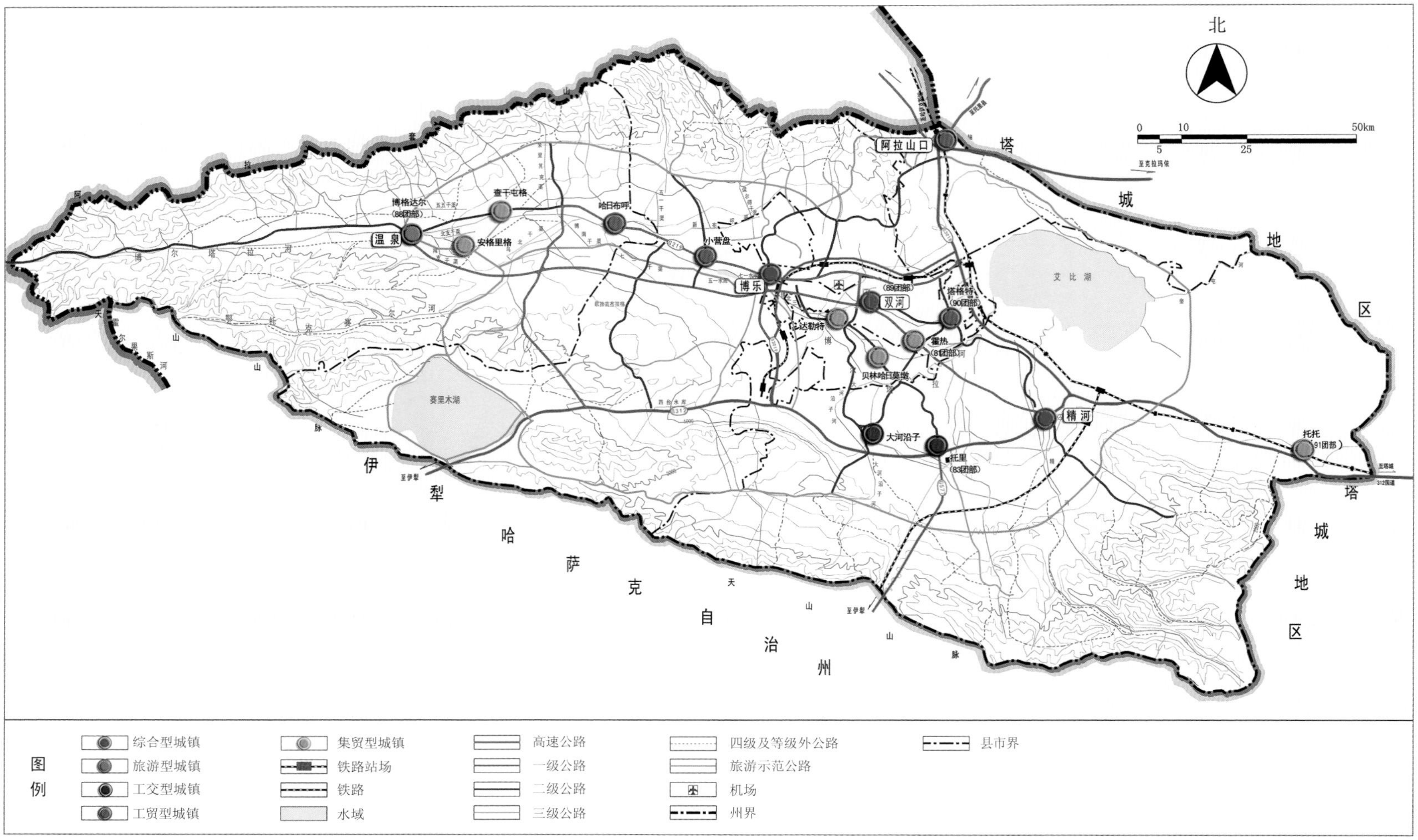

的桥头堡,重要的国际物流、贸易中心,能源互联互通纽带,现代生态农业和区域生态旅游业示范区,新疆重要的碳酸钙转化基地。

三、城镇化与城镇发展策略

(一)城镇化发展目标

立足博州现实,把握战略机遇,城镇化推进走在北疆前列,开创一条在新疆具有示范意义的城镇化路径。

(二)城镇化与城镇发展策略

1、主动城镇化,创新城镇化模式

坚持以政府为主导,以市场为基础,积极实施亲市场战略;坚持以城市为先导,强化产业和人口政策的协同配套;坚持以生态为引导,率先进入低碳城镇化发展道路。

2、因地制宜,差异化政策引导

差异城镇化通过聚焦重点、分类指导,最终实现有序协调、疏密有致的国土开发格局。规划将博州划定为三类城镇化地区,分别是:人口重点集聚区、人口适度集聚区和人口外迁区。

3、兵地协同,形成多元化空间承载

首先要充分发挥区域性中心城市的核心集聚的功能,把中心城市做大做强;其次要重视城镇与乡村地区的纽带联系,积极发挥服务农村生产和生活的功能;最后要加强重点农业小城镇的建设,结合农业生产和农业产业链延伸,推动城乡生产要素有机结合,突出特色产业和比较优势,让农牧民充分就地就业。

4、绿色集约,支撑城乡可持续发展

绿色集约,构筑城乡生态安全格局;坚持生态立州,提升城乡宜居环境,走可持续

城镇五种基本类型一览表 表2

类型	主要内容
综合型	职能等级较高，具有工业、商贸、社会服务、交通及旅游服务等多样职能的城镇
旅游型	主要旅游资源及旅游产业布局地，以旅游产业为主的城镇
工交型	交通区位良好，是主要工业生产基地的城镇
工贸型	有一定工业基础，边境贸易发展较好的城镇
集贸型	农产品生产及初加工基地，并提供社会服务功能的城镇

城镇职能结构规划一览表 表3

等级	名称	主要职能	职能类型
州域中心城市	博乐市（含青得里乡、乌图布拉格镇、86团青达拉镇、84团托里镇）	主要发展棉纺、建材、食品加工业、进出口加工业、旅游业	综合型
县（市）域城市	精河县（含八家户农场、芒丁乡、82团蘑菇滩镇）	主要发展矿产开发、盐化工、农副产品加工业、商贸物流业	综合型
	双河市	主要发展农副产品加工、棉纺织、塑料制品业	综合型
	阿拉山口市	主要发展边境贸易、仓储运输、落地货物加工、清洁能源、旅游业	工贸型
中心镇	博格达尔镇（含88团、扎勒木特乡、昆得仑牧场）	西部旅游服务基地，休闲、疗养、避暑胜地	旅游型
	哈日布呼镇（含87团）	农副产品加工业、商贸物流业	工贸型
	小营盘镇	博州农副产品生产、加工基地	工贸型
	托里镇（含沙山子）	商贸、物流、枸杞、棉花等农副土特产品加工业	工交型
	大河沿子镇（含阿合其农场）	棉花、葡萄等农副产品加工业、设施农业、精河县重要的商品集散地	工交型
一般镇	达勒特镇	生态农业、棉纺织加工业	集贸型
	安格里格镇	农牧产品生产、加工	集贸型
	81团霍热镇	农副产品生产、加工	集贸型
	90团塔格特镇	农副产品加工、口岸贸易	工贸型
	托托镇（含91团）	精河县生态农牧业、特色种植业生产基地	集贸型
	查干屯格镇	农牧产品生产、加工	集贸型
	贝林哈日莫墩镇	农副产品生产、加工	集贸型

城镇化道路；以现代文化为引领，以地域文化为特色，建设特色文化城镇和乡村；乡村绿色发展，构建和谐的城乡空间关系。

5、多途径城镇化道路

充分利用对口援建力量，加快城镇化进程；利用国家政策，抢抓发展机遇、积极发展二、三产业，通过产业发展拉动城镇发展；以就业和教育为导向促进人口有序流动，吸引各类人才和劳动力，增强城镇化长期发展动力。

四、城镇体系规划

（一）城镇等级规模结构规划

规划将州域城镇划分为四级：

1、一级城镇

州域中心城市，人口20万人以上。

2、二级城镇

县（市）域中心城市：人口5万~10万人。

3、三级城镇

中心镇，人口2万~5万人；

4、四级城镇

一般镇，人口2万人以下。

2030 年全州城镇总数为 16 个。其中人口规模 20 万~50 万的城市 1 个，5 万~10 万城市 3 个，建制镇 12 座。（表1）

（二）城镇职能结构规划

规划将全州城镇划分为综合型、旅游型、工交型、工贸型、集贸型等 5 种基本类型。（表 2，表 3）

（三）城乡地域空间组织结构

1、城乡空间分区

构建"一群三区"的州域城乡空间结构。

图3 城乡空间分区规划图——"一群三区"

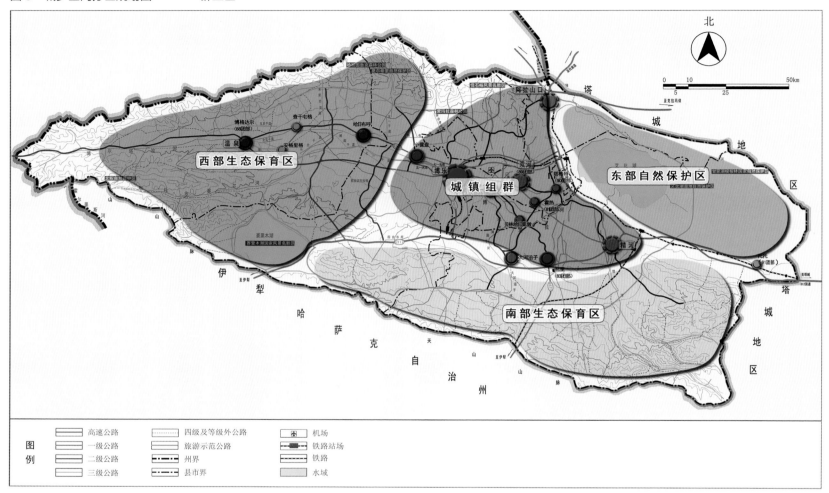

(1)"一群"

博乐—阿拉山口—精河城镇组群。包括博乐市区、阿拉山口市区、精河县城、双河市区以及由此围合的建制镇、团场等。本地区是博州最适宜城镇建设的地区，是博州集中城镇化地区，承担着未来博州城镇化的重任。

(2)"三区"

西部农牧业及生态保育区、东北部生态保护区和南部牧业及生态保育区，以农牧业及生态保育为主。

西部农牧业及生态保育区：包括博乐市西部地区及温泉县全部。本区沿博温公路沿

线可适当进行城镇建设活动，以据点式发展为主；其他地区主要为农牧业、旅游业及生态用地。

东北部生态保护区：包括艾比湖湿地国家级自然保护区、甘家湖梭梭林国家级自然保护区及托托乡大部。本地区生态脆弱，是全州的保护重点，以生态保育为主，除局部地区(乡镇区)外，禁止开发建设活动。

南部牧业及生态保育区：精河县312国道以南地区。本区具有比较丰富的草场资源和一定的矿产资源，同时也是重要的水源涵养区和生态屏障，适宜发展牧业及休闲度假

等旅游业，严格限制各类开发和建设。

2、城镇空间结构

规划州域城镇空间结构为：一带两轴、一心四片。

(1)"一带"

即横贯博州东西的沿博温、博精公路城镇密集分布带。本密集带集中了博州的主要城镇，包括精河县城区、双河市城区、博乐市城区、温泉县城区及博州和第五师主要建制镇、团场。

(2)"两轴"

两条区域性发展轴线，也是新疆维吾尔

图4 城镇体系空间结构图——"一带二轴"

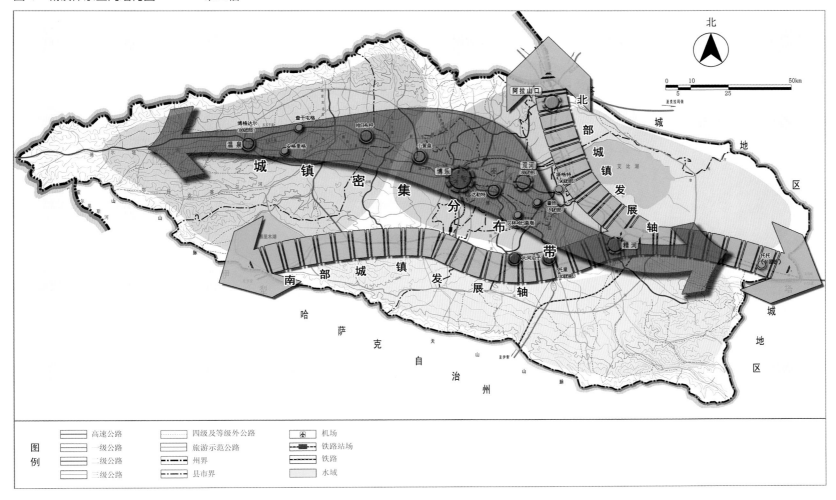

自治区的主要发展轴线，分别为沿奎赛高等级公路发展轴和精阿铁路、精阿高速公路组成的发展轴线。

（3）"一心"

博州中心城市。

（4）"四片"

4个城镇片区。以精河城区为中心、包括托里（沙山子）和大河沿子等城镇的东部片区；以第五师双河市为中心，包括81团、90团团部及达勒特镇、贝林哈日莫墩镇等的中部片区；以温泉县城为中心，包括哈日布呼、安格里格及查干屯格等城镇的西部片区；以阿拉山口市和金三角工业园为主体的北部片区。

五、城乡统筹发展导引

（一）指导思想与基本原则

1、优先推进城镇化

优先进城、合理集聚、因地制宜、集约经营。

2、城乡特色差异化

产业差异、文化差异、景观差异。

3、基本公共服务均等化

同城均等、城乡均等、方便可靠、有序推进。

4、乡村发展多元化

区位多样、建设多样、风貌多样、产业多样、文化多样。

（二）城镇发展策略和技术政策

1、大力提升中心城市，特别是中心城区功能。

2、积极培育小城镇，特别是重点镇。

3、引导城镇密集地区发展，提高区域综合实力。

图5 州域城镇体系空间结构图——"一心四片"

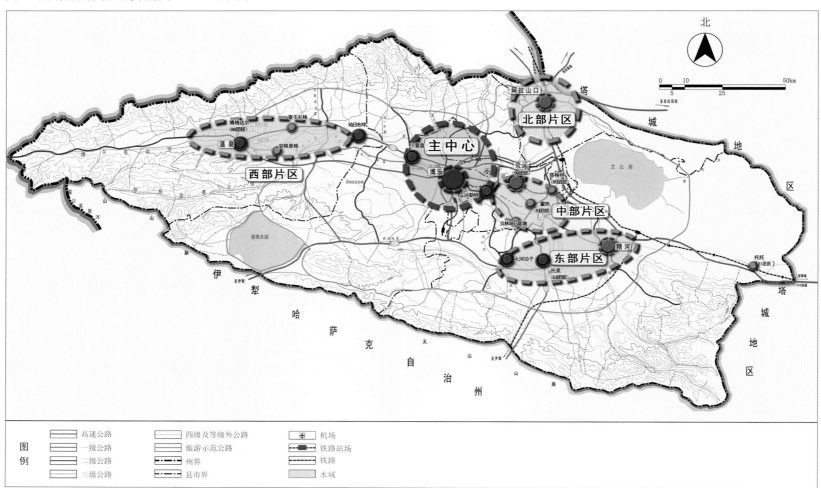

4、改善城镇支撑条件，提升城镇设施水平。

5、以产业聚集带动城镇发展，以产业化促进城镇化。

6、统筹城乡劳动力结构和优化人口布局，促进城乡劳动就业一体化。

（三）乡村发展策略和技术政策

1、加强村庄环境整治，推进中心村和农村新社区建设。

2、加强农业设施建设，提高农业综合生产能力。

3、大力发展农村公共事业，改善广大农村生产生活条件和整体面貌。

4、坚持"多予少取放活"，加大各级政府对农业和农村投入的力度。

5、城乡公共财政和社会管理体系合一，促进城乡经济社会体制一体化。

六、产业发展规划

（一）产业发展战略

1、产业发展方向

农副产品深加工、纺织业、盐化工和新型建材产业；边际贸易、物流及石油加工业；清洁能源生产，包括风能、太阳能和水能等；旅游产业。博州生态脆弱，应禁止高耗能、高耗水、高污染工业企业在本地区发展。

2、产业发展目标

提升工业经济实力，优化博州产业结构；实现产业园区化，增强产业集聚效应；健全产业支撑体系，提高区域综合竞争力；突出循环经济特色，形成分工合理、特色明显的循环经济产业格局。

3、产业发展战略

（1）区域协作战略；（2）产业联动战略；

图6 产业空间分布规划图

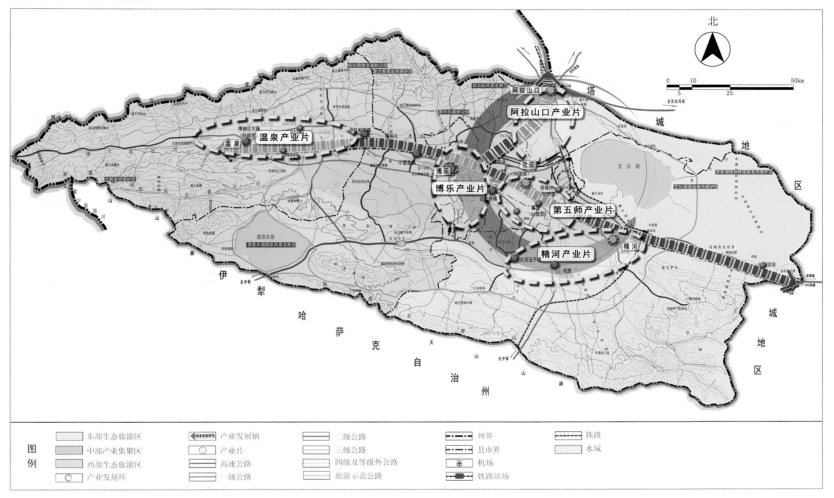

（3）品牌共建战略；（4）精细发展战略；（5）循环经济发展战略；（6）产城融合发展战略。

（二）产业空间布局

规划形成"一环二轴三区五片"的产业空间布局结构。

1、"一环"

博—精—阿产业发展环，充分依托以博乐为中心的城市组群，集中建设以多个工业园区为主导的博州产业集中分布区。

2、"二轴"

博温—博精产业发展轴和博—阿产业发展轴。

博温—博精产业发展轴：依托博温—博精公路，贯穿全州，穿越第五师广大区域，形成的一条兵地共融的综合型产业发展轴线。

博—阿产业发展轴：沿着S205线，联接博州主要工业园区，形成的一条主要发展对外贸易加工业，区域物流业的外向型产业发展轴。

3、"三区"

东部生态旅游区、中部产业集聚区和西部生态旅游区。

4、"五片"

以博乐市为中心的中部产业片区，以精河城区为中心的东部产业片区，以阿拉山口为主的北部产业片区，以温泉县城和哈尔布呼镇为中心的西部产业片区和第五师产业片区。

七、旅游业发展规划

（一）总体目标及发展策略

1、发展目标

完善旅游发展规划，整合旅游资源，优

图 7 旅游体系结构规划图

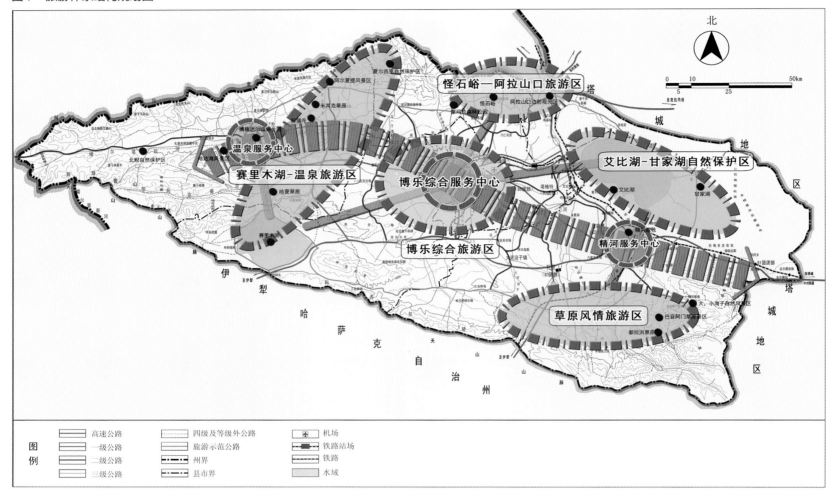

化旅游发展环境，通过区域合作，打造区域旅游品牌，建成国内外知名的旅游目的地。

2、发展策略

（1）融入新疆旅游体系，做大做强旅游产业。

（2）突出特色，打造优质景区。

（3）加强旅游服务中心建设。

（4）提升旅游业发展地位。

（二）总体规划布局

1、规划结构

规划形成"一轴、三心、五区"的空间结构形式。

2、旅游发展轴线

以博精、博温公路作为主要旅游交通线、以博尔塔拉河作为自然景观线，共同构建博州旅游发展轴线。本轴线串起 3 个旅游服务中心和 6 个景区，是联系服务中心和景区的主要通道。

3、博乐、温泉、精河三个旅游服务中心

博乐市是中国优秀旅游城市、是新疆维吾尔自治区城镇体系规划确定的旅游中心城市，温泉是旅游强县，精河县旅游资源丰富，区位条件优越。其中以博乐为旅游中心

城市，加强综合服务配套设施建设，提升旅游管理服务质量，提升综合接待能力和水平，提高市场影响力和竞争力，打造成新疆重要的旅游集散地和目的地。

4、五个各具特色的旅游景区

以赛里木湖—温泉休闲度假旅游区和博乐—阿拉山口边境旅游区为重点，加强旅游接待服务体系、旅游基础设施建设，优化旅游线路组织形式。

充分发挥旅游节点作用，提升旅游综合接待能力和服务水平，突出地域文化特色，注重城市品牌形象塑造，建设中部综合旅游

区、怪石峪—阿拉山口旅游区、艾比湖—甘家湖生态旅游区、草原风情旅游区、赛里木湖—温泉旅游区 5 个各具特色的旅游景区。

（三）景观资源保护

博州的景观资源包括自然景观和人文景观两大类。自然景观资源可分为原生态自然资源和自然遗产、风景区资源两小类。人文景观资源可分为历史文化名镇、名村及其他历史文化资源等两小类。

保护生态本底、尊重生态格局，建构与自然环境有机结合的景观系统。旅游区的环境质量在旅游开发的同时得到保护和改善，总体环境质量保持良好，旅游业与环境保护协调、持续发展，确保山川秀美、绿洲常在。

注重物质文化遗产与非物质文化遗产的保护并重，继承和发扬少数民族的历史文化内涵。

1、原生态自然资源的保护

博州的原生态自然资源主要包括湿地、荒地、河谷林地、河滩等资源，在旅游开发建设中，应减少对这些资源的干扰和破坏。包括注重湿地保护与修复、加强河谷林地、河滩等资源的保护；严格控制开荒。

2、自然遗产和风景区保护

甘家湖梭梭林自然保护区、阿尔夏提森林公园、赛里木湖风景名胜区、怪石峪风景名胜区、艾比湖风景区、哈达海风景区、博格达尔森林公园、博格达尔温泉以及其他有关有价值的自然景观资源等。

3、历史文化资源保护

保护内容包括古城遗址、古墓群等国家级或自治区级文物保护单位。

保护要求：（1）划定保护范围及保护要求；（2）文物保护单位的修缮；（3）文物保护单位的合理利用和展示；（4）文物

保护单位的管理。

依托现有的历史文化遗址，在博乐、精河、温泉及双河各挖掘培育一座具有浓郁历史文化气息的特色古镇、村落。注重保护历史文化古镇、村的自然环境，控制建设规模，以自然风貌衬托镇、村依托自然山水的地方特色。

规划依托历史文化遗迹、历史文化名镇、名村以发展旅游业及旅游服务业为主，将其纳入全州旅游产品组织体系中，形成旅游景点沿线特色村落群。重点开展小规模的观光、体验旅游，推进集农业手工艺、农事参与体验于一体的乡村旅游，发展民族文化特色的富有浓郁地方特色、产业特色的农业旅游项目。旅游特色镇、村应充分挖掘和尊重地方历史文化和自然环境特征，确定城镇及村的风貌建设方向，形成与其特色旅游资源相匹配的城镇和村庄的特色风貌。

八、综合交通体系规划

（一）发展目标

到 2030 年，形成一个以公路交通为主，铁路为辅，航空为补充的覆盖全州、通向全疆、连接中西亚的综合交通网络。

构建城镇密集地区快速通达、转换便捷的综合交通网，形成 1 小时生活圈，率先实现交通现代化。

提升等级、扩大规模、协调发展。高等级公路占总里程应达到 20.0% 左右，主要铁路站场应不低于三级，航空机场应增开航线。

打造特色旅游公路，改造完善专用公路（边防公路）。

（二）发展战略

1、拓展外向通道战略

拓展东西向通道、促进博州融入天山北坡经济带更快发展；扩大南北向通道容量，促进精河逐渐成为中心枢纽城市。

2、强化城镇密集区交通战略

博州城镇密集区在时空距离上基本分布在博乐市为中心 1 小时车程（100 公里范围）内，因此要加强城镇密集区内交通网络建设，加强跨行政区合作，启动交通一体化规划、建设、运营工作，建设"1 小时交通圈"、实现信息互通、管理同步。

3、提升枢纽服务战略

加强各种运输方式交通枢纽的建设，鼓励并支持大型区域交通基础设施共建、共享，强化精河作为 G312、北疆铁路、精伊霍铁路交汇处的枢纽地位，促进交通和经济的快速发展。

4、强化公交发展战略

随着城镇密集区和城市各组团的一体化发展，市县、组团间客运联系强度显著提高，应建设高水平、公交化客运服务系统，加强博州客运向快速化、公交化发展。

5、强化交通衔接战略

作为区域中心城市，博乐市将组织从国家、区域、省域、经济圈、市域、市区等多个层面和范围的交通需求，因此通过政策引导、设施布局使各种层次和需求特征的交通运输需求形成良好衔接，提高交通系统运输效率对博乐城市交通的发展具有重要意义。

6、绿色交通发展战略

在全国节能减排发展要求的大背景下，重视清洁、集约型运输方式（特别是客运）建设，重视交通运输与环境保护协调，提升区域整体建设档次与品位。

（三）公路路网结构

规划州域内形成以国、省道为骨干、县

图8 交通系统规划图

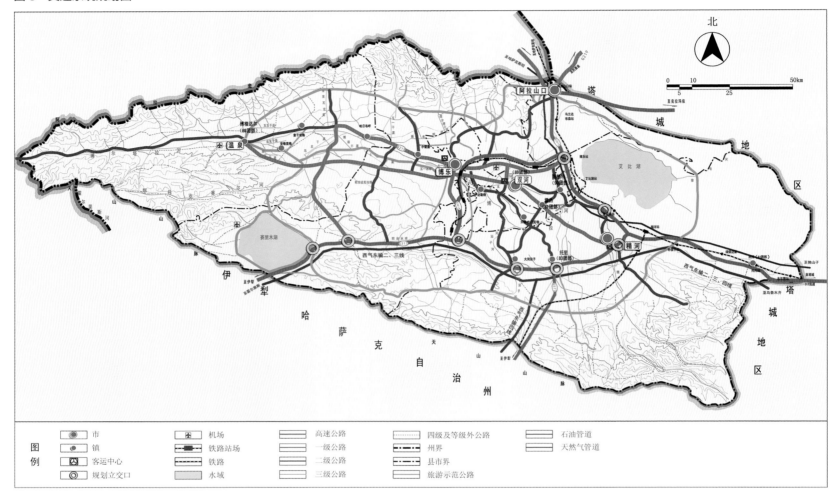

图例

市	机场	高速公路	四级及等级外公路	石油管道
镇	铁路站场	一级公路	州界	天然气管道
客运中心	铁路	二级公路	县市界	
规划立交口	水域	三级公路	旅游示范公路	

乡公路为辅的公路网络,构建州域"三纵三横两环"的公路结构,成为州域内支撑经济社会发展的交通基础。

(四)城镇间公路交通规划

1、建设连接博乐至双河市和精河之间的快速通道。

2、在州域北端靠近山脚处规划一条二级公路,将山脚的牧场、专用公路(边防公路)连接起来。

3、州域内所有的县道应达到二级,个别困难地区应不低于三级;专用公路应达到三级及以上标准,个别困难地区应不低于四级;乡道大部分应达到三级,通村公路应不低于四级。

4、州域内所有县、市之间应通达一级公路或高速公路,县、市与各乡镇之间应通达二级公路(或山区二级),乡镇之间应通达三级以上公路,乡镇与行政村之间大部分通达三级公路,困难地区应通等级公路。

(五)客运中心规划

在博乐市新建一处二级客运站,双河市新建一处三级站。

规划期内精河客运站应达到二级,温泉和阿拉山口等站按二级控制、三级建设。哈日布呼、小营盘、大河沿子镇、托里等城镇客运站按三级控制,四级建设。

在查干屯格乡、安格里格乡、阿热勒·哈牧场、塔格特、霍热等乡镇团场建设四级客运站。其他乡镇可根据客流情况,建设四级站或建设简单的招呼站。

(六)铁路交通

1、新建博乐铁路支线

新建一条从精—阿铁路博乐站引向博乐

图 9　公共服务设施规划图

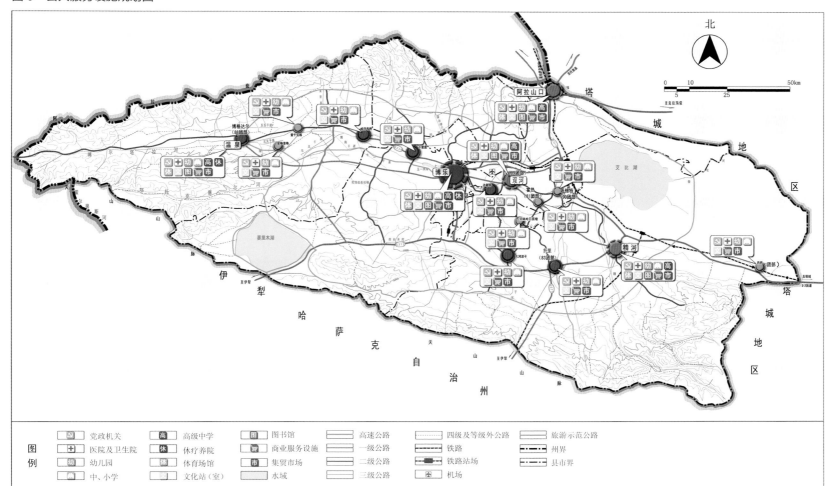

市区的铁路支线。

2、铁路改造升级

规划建设精—阿铁路复线，增建精河至霍尔果斯二线，进一步提升铁路运能。

3、铁路站场规划

规划阿拉山口站按二等客货运站控制与建设，博州站（博乐城区）和精河南站（精—伊—霍铁路上的）按二等控制三等建设。

现状博乐站和精河北站规划为货运站；州域其他车站为四等站和五等站。

（七）航空交通规划

规划期内机场仍为 4C 级，要求控制好机场的端净空和侧净空，以保证升级需要。

规划应协调好与周边机场的关系，争取开辟疆内和国内其他机场之间航线，充分发挥机场的空中优势，构建与疆内和国内快速空中交通走廊。

规划要求加强与该机场快速联系交通的建设，实现便捷的快速交通转换；规划期内州域所有县、市到机场均有一级公路和高速公路连接。

规划在赛里木湖、温泉建 2 个通用机场。

（八）城镇密集地区交通规划

1、构建城镇组群外围的快速交通环线。

2、沿城镇组群核心地带（博州城镇密集分布带中东段）规划一条一级公路连接博乐市城区、双河市和精河城区。在贝林哈日莫敦乡与霍热之间规划一条二级连接公路。

3、本区域内所有乡、镇、团场间均通达二级及以上公路，进入到一级和高速公路的时间在 30 分钟内；区内之间交通出行距不大于 60 分钟。

4、区域内应以博乐市、双河市和精河为中心，开通区内公共交通，形成公交一体化。

图 10　生态环境保护规划图

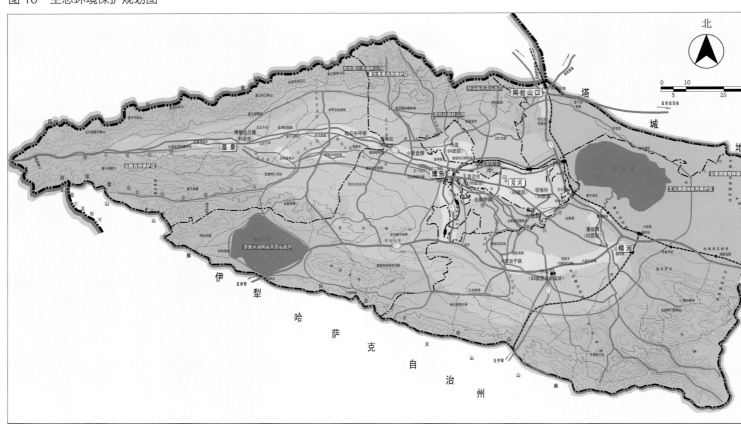

图例

生态构建区	高速公路	四级及等级外公路	机场
生态控制区	一级公路	水域	州界
生态保育区	二级公路	铁路站场	县市界
水系保护区	三级公路	铁路	

　　5、精一阿铁路和规划至博乐的铁路支线呈"T"型服务该区域，并将博乐市城区、和精河县城联系起来。

　　6、博乐市城区、双河市到机场的距离不足 20 公里，精河县通过新规划的一级路到达机场距离在 60 公里内，区域内其他城镇到达机场的时间控制在一个小时内，并且机场与公路、铁路之间形成较好的转换关系。

（九）旅游交通规划

　　规划充分利用北部国防公路、环艾比湖公路、环赛里木湖公路以及州域南部现有公路构筑旅游大环线公路，将州域内主要旅游景点串联起来。该环线为旅游示范公路，规划按二级路标准建设。

（十）物流中心规划

　　构建一个规模效益较完善，与城市主要职能结构相协调的物流储运中心体系，使之成为博州未来经济发展的支柱产业和新的经济增长点。主要包括阿拉山口物流中心、博乐物流中心、精河物流中心。

（十一）石油管道

　　目前博州境内已建有一条石油管道，即中哈原油管道。中哈原油管道是我国首条境外原油运输管道，经过中哈边界的阿拉山口口岸进入我国，最后到达中石油独山子石化分公司。规划将进一步完善中哈原油管道二期工程，提高年输油能力。

（十二）天然气管道

　　博州区域内目前布局有一条天然气输送廊道，共两条输气管道。规划西气东输四线工程干线（西段）。控制好州域内东西向天

图11　第五师团场分布规划图

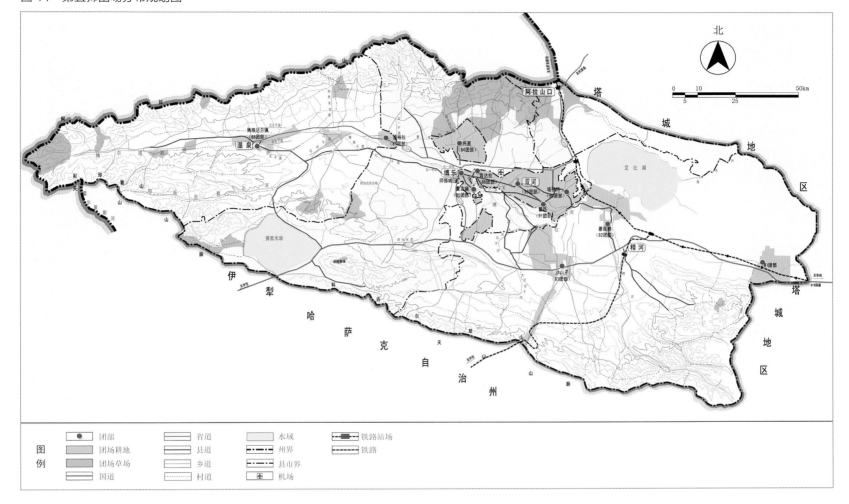

然气输送廊道宽度，为未来发展留有余地。

九、社会服务设施规划

（一）规划目标

构建覆盖城乡、布局合理、运作高效、设施完善的城乡一体化公共服务网络，以城镇、中心村为节点，形成分级配置的城乡公共服务设施网络，覆盖城乡地域。重点加强城镇和农村新社区公共服务设施投入，使城乡居民享受到同等便利的公共服务，满足城乡居民不断提高的物质文化需求，实现城乡基本公共服务均等化。

（二）发展策略

1、完善城乡公共服务专项规划编制；

2、突出设施配置重点，实施分类指导；

3、远近结合，长远谋划。

（三）规划重点

博州城乡公共服务中心体系由四级综合服务中心构成：一是市级综合服务中心，二是区级综合服务中心，三是镇、街道社区级服务中心，四是中心村、居委会基层社区级服务中心。本次规划重点关注镇、街道社区级和中心村、居委会基层社区级公共服务设施配置。

十、生态环境保护规划

（一）生态空间区划

博州生态空间划分为生态构建区、生态控制区、生态保育区和水源保护区四大区域。

1、生态构建区

规划生态构建区主要分布在博州中部环境容量大、适宜城镇建设的地区，主要包

图 12 空间管制规划图

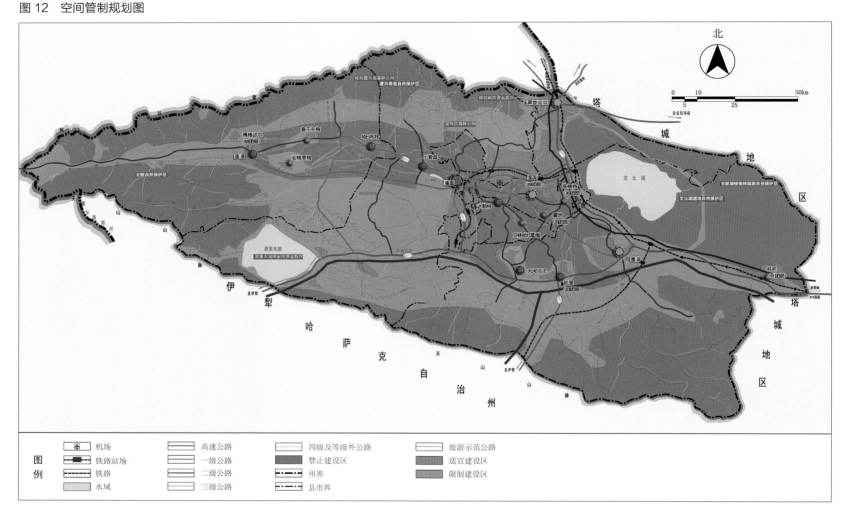

括各城市城区、城镇镇区及各类工业园区。

2、生态控制区

规划生态控制区包括农田、园林绿化和道路绿化。生态控制区是介于生态保育区和生态构建区之间，有着生产生活和生态环境保护的双重作用。

3、生态保育区

规划生态保育区包括博州各级自然保护区、森林山体草场、水源地等。

4、水源保护区

规划水源保护区包括博州各级河流及河流两侧各 20 米内的用地，水库及水库周

边 100 米内的用地。

（二）生态保护对策

1、节水与污水资源化利用；

2、防风治沙；

3、三河下游发展节水农业；

4、博河上游农牧区综合开发；

5、加强污染防治，推广清洁生产；

6、完善基础设施。

十一、区域发展协调规划

（一）区际发展协调

1、加强阿拉山口口岸建设与对接；

2、加强与伊犁州产业发展的协调；

3、加强与周边地区基础设施的协调；

4、加强区域生态保护与利用的协调。

（二）博州地区兵地空间协调

1、区域生态环境协同保护；

2、区域水资源分配协调；

3、区域交通及基础设施布局；

4、区域城市功能协调；

5、区域产业分工；

6、边界地区共同开发。

（三）城镇组群发展协调

1、统筹城镇格局和规划指导；

2、统筹基础设施建设；

3、统筹公共服务设施建设；

4、统筹园区产业发展；

5、统筹土地管理；

6、统筹区域协作。

十二、空间管制规划

规划将州域用地划分为禁止建设区、限制建设区和适宜建设区。

（一）禁止建设区

包括由自然保护区的核心区、地表水水源一级保护区、地下水一级保护区的核心区、风景名胜区的特级保护的核心景观区和生态保育区、重点生态公益林、湿地保护区、基本农田、蓄滞洪区内等构成的生态保护核心区，以及由历史文物保护单位、历史文化名村的核心保护范围以及具有鲜明地方特色人文景观区域的历史风貌核心区。

博州主生态保护区及自然保护区主要包括：

（1）国家级自然保护区

包括甘家湖梭梭林国家级自然保护区（精河）和艾比湖湿地国家级自然保护区（精河）。

（2）自治区级自然保护区

夏尔西里自治区级自然保护区（博乐）和北鲵自治区级自然保护区（温泉）。

（3）国家风景名胜区

赛里木湖国家级风景名胜区（博乐）。

（4）森林公园

包括哈日图热格国家级森林公园（博乐）、博格达尔自治区级森林公园（温泉）和蒙玛拉自治区级森林公园（博乐）。

（二）限制建设区

包括自然保护区的非核心区（缓冲区和试验区）、风景名胜区的一级保护区和二级保护、森林公园的一般游憩区和管理服务区、地表水源二级保护区、地下水源保护区的防护区和补给区、荒漠边缘生态脆弱区、防风林区、一般农田、河流的生态控制地带、乡村风貌保护区、重大交通、能源、电力通讯走廊和区域水资源配置工程通道、机场建设净空控制区域等。

（三）适宜建设区

除禁止建设区和限制建设区以外的地区，主要包括城镇重点发展区、乡村适宜发展区及产业聚集区等。

巴音郭楞蒙古自治州城镇体系规划（2009－2025年）2014年调整

巴音郭楞蒙古自治州位于新疆维吾尔自治区东南部。东邻甘肃省、青海省，南与西藏自治区相接，西连和田地区、阿克苏地区，北与昌吉回族自治州、吐鲁番市、乌鲁木齐市、伊犁哈萨克自治州、哈密市等相连。

辖库尔勒市、轮台县、尉犁县、若羌县、且末县、焉耆回族自治县、和静县、和硕县、博湖县。

地域广大，南部为昆仑山、阿尔金山，中部为塔克拉玛干沙漠，北部为巴音布鲁克草原、库鲁克塔格山前戈壁平原、罗布泊风蚀湖积平原，塔里木盆地面积的一半在境内。

巴音郭楞蒙古自治州城镇体系规划（2009－2025年）2014年调整

组织编制：巴音郭楞蒙古自治州人民政府

编制单位：河北省城乡规划设计研究院、同济大学、中国建筑上海设计研究院有限公司、巴州城乡规划设计研究院

批复时间：2015年6月

第一部分 规划概况

2009版《巴州城镇体系规划》由中国科学院新疆生态与地理研究所于2007年7月开始编制，2009年12月经新疆维吾尔自治区人民政府批准实施。随着《新疆城镇体系规划（2013-2030年）》的修编，新疆"三化"政策、新型城镇化和跨越式发展的提出，在经济产业目标、产业选择和容量控制、职能发展定位、城镇规模结构、空间管制以及重大基础设施布局等方面提出了新的要求。

基于编制背景和依据的变化、巴州各县市自身发展需求与情境的变化，以及国家法规对城镇体系规划的编制内容和成果提出了新的要求等因素，巴音郭楞蒙古自治州人民政府提出对城镇体系规划进行局部调整。

本次规划基本是尊重原有规划对州、市县的产业定位，城镇规模控制，空间结构体系，城镇职能定位等，并未作根本性改动；调整内容主要是对原规划部分内容的补充，以及根据国家和地方新的政策导向、上位规划的变化进行相应调整。

调整的主要内容包括：（1）政策解读；（2）进一步明确巴州的职能定位；（3）水资源承载量预测，在此基础上的产业选择、空间布局；（4）明确各城镇的资源禀赋和区域城镇职能角色；（5）落实新疆城镇体系规划对巴州城镇体系各要素的要求。

第二部分 主要内容

一、规划范围和期限

（一）规划范围

为巴州行政区划范围，辖铁门关市、库尔勒市、轮台县、尉犁县、若羌县、且末县、和静县、和硕县、博湖县、焉耆县，总面积约47.2万平方公里。

（二）规划期限

规划期限是2009-2025年。其中，近期2009-2015年，中期2016-2020年，远期2021-2025年。

二、发展定位与目标

（一）发展定位

国家石油战略资源基地；西部地区重要的农产品加工和绿色能源基地；新疆实现跨越式发展和实践新型城镇化的重要功能节点，南疆生态源；多民族融合共进、三化互促、和谐宜居的现代城市发展示范区。

（二）发展目标

以生态保育为基础，建设符合全面建设小康社会目标要求、与资源环境承载力相适应，与新型工业化和农牧业现代化互动推进城镇化发展格局的"生态保育、三化互促、和谐幸福"的绿洲城镇组群。

到规划期末，把库尔勒城镇组群打造成为南疆重要的城镇群，把库尔勒建设成为大城市，把和静、若羌、轮台打造成巴州重要的增长极，提升中小城市和城镇发展水平，构筑相对均衡的城镇发展格局。

三、城镇化目标与发展战略

（一）人口规模与城镇化水平预测

规划2015年，巴州人口达到144万人，其中城镇人口86.4万人，城镇化率达到60%；规划到2020年，巴州人口达到160万人，其中城镇人口104万人，城镇化率达到65%；规划到2025年，巴州人口达到180万人，其中城镇人口126万人，城镇化率达到70%。

（二）新型城镇化发展战略

1、空间战略——组群架构，均衡发展

打破行政区划，推进区域一体化，强化库尔勒市的大城市建设，形成以库尔勒为首，和静、和硕、焉耆与博湖组成的北四县城镇组群，轮台、尉犁、且末与若羌组成的城镇组群为两翼，互动发展，发挥特色优势，分工协作，形成合力，共同发展。

2、生态战略——固绿护源，低碳高效

加强草原生态建设，根据草场生态承载力适度发展农牧业，引导发展生态农牧业；

图1　分区发展指引图

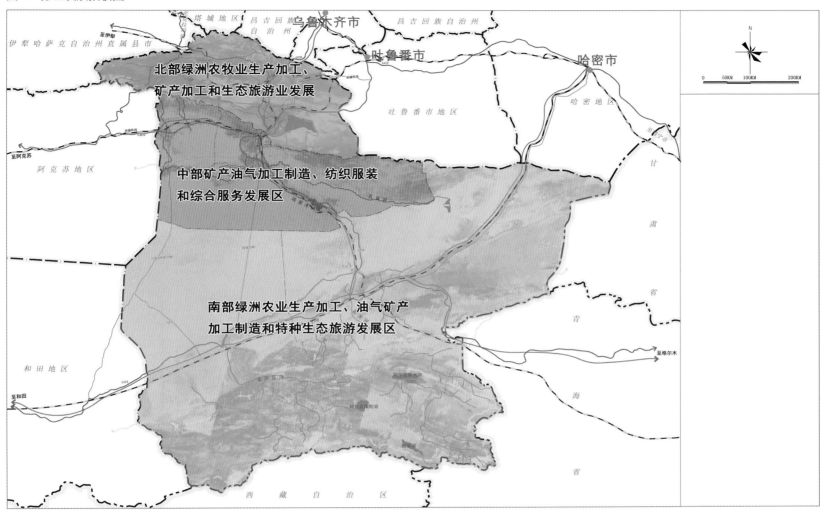

防止草原退化和沙漠化，恢复水土保持能力；保护巴州北部巴音布鲁克世界自然遗产地（天鹅湖自然保护区）、巴音布鲁克大草原、阿尔金及开都河—博斯腾湖—孔雀河、塔河、车儿臣河等生态绿源和生态屏障，持续发挥其对于巴州的基础保障和生态绿源作用。

3、城乡战略——适度聚集，优化级配

发挥巴州村、镇农业资源优势及市、县服务职能，在州域中心城市、副中心城市、县城、重点镇、一般乡镇范围内适度聚集，并对各级城镇职能优化级配。

在"村—乡—镇—市"各级城镇体系形成"原料种植、初加工收集、深加工、销售"完整的产业链条，提升农业产业效能，转移农业剩余劳动力，形成一般乡镇和县域次中心城镇就地城镇化，副中心城市、县城就近、就地城镇化，中心城市就近、异地城镇化的城镇化路径，形成村—镇—城互动共荣的城乡发展新格局。

4、产业战略——集群延伸，能级提升

产业发展战略的前提是三产复合。产业融合发展包括两层含义。

一方面是三次产业的融合，即产业链拓展；另一方面是城乡产业的融合，即产业链衔接，其最终目标是形成产业的集群延伸和产业的能级提升。

四、产业结构优化与布局

（一）产业发展路径

第一产业：由种植业、畜牧业向生态农业、技术农业、农业再深加工业、品牌农业

图2 产业空间结构规划图

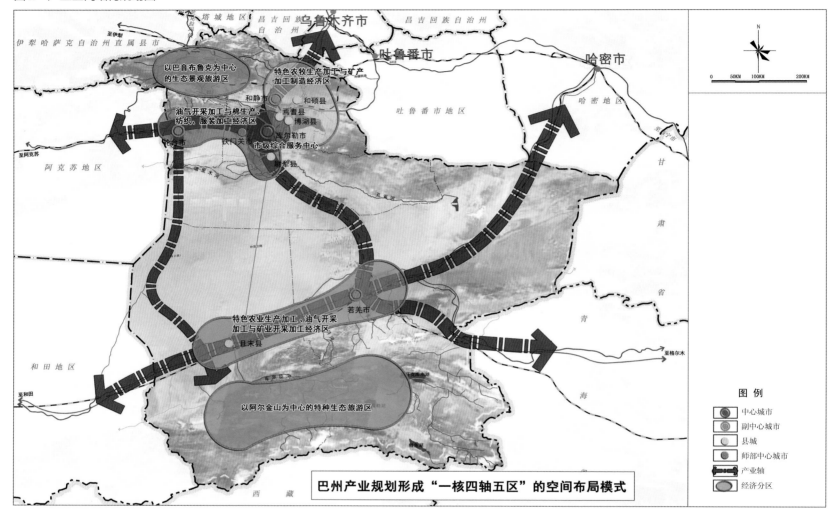

巴州产业规划形成"一核四轴五区"的空间布局模式

转换;

第二产业:由石油石化气化工业、黑色金属、有色金属、非金属加工业、矿产开采加工业向配套服务业产业、低碳能源化工产业转换;

第三产业:改造升级传统产业,完整和健全传统产业的基础性和支撑性,并实现由交通运输、批发零售、餐饮传统服务业向现代物流、展览交易、咨询、旅游、文化等现代服务业的转换。

（二）产业布局结构

巴州产业规划形成"一核、四轴、五区"的空间布局模式。

1、"一核"

以库尔勒为中心的市级综合服务中心;

2、"四轴"

连接且末—若羌的物流通道;和静—焉耆—库尔勒—尉犁—若羌的物流通道;库尔勒—铁门关市—轮台的物流通道;轮台—且末的物流通道;

3、"五区"

（1）以巴音布鲁克为中心的生态景观旅游区;（2）以和静、焉耆、和硕、博湖北四县为片区的特色农牧生产加工与矿产加工制造经济区;（3）以轮台、库尔勒、铁门关市、尉犁为片区的油气开采加工与棉生产、纺织、服装经济区;（4）以若羌和且末为片区的特色农业生产加工、油气开采加工与矿业开采加工经济区;（5）以阿尔金山为中心的特种生态旅游区。

图 3　城镇空间结构规划图

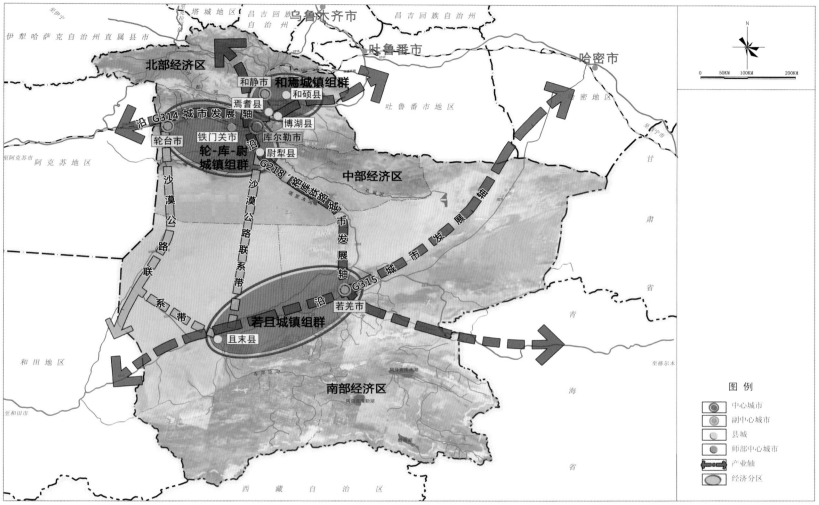

五、城镇体系规划

（一）城镇空间结构规划

规划期末，形成"一主三副、三轴两带三组群"的城镇体系空间结构。

1、"一主"

加强库尔勒区域性交通枢纽和重要商贸、物流中心的职能，推进区域性低碳石化产业和先进装备制造业基地、特色农产品生产加工基地和旅游服务基地的建设，发挥库尔勒的区域中心城市职能，提升巴州在新疆城镇体系中的职能地位与等级规模。

2、"三副"

（1）构筑均衡发展的绿洲城镇组群，形成北部以和静为副中心城市，接受库尔勒辐射，带动北四县经济社会发展．

（2）中部以轮台为副中心城市，协助库尔勒共同带动巴州中部城镇发展．

（3）南部以若羌为副中心城市，发挥交通区位优势，联动且末，带动周边城镇共同发展。

3、"三轴"

依托 G314-G216（南疆铁路）、G218（环塔高速部分段、库格铁路）、G315（环塔高速部分段）和 S235 主骨架带动城镇发展。

4、"两带"

培育新沙漠公路、旧沙漠公路"两带"成为未来城镇发展的重要交通联系带。

5、"三组群"

形成库尉轮城镇组群、和静—焉耆城镇组群和且若城镇组群。

图4　城镇体系规划图

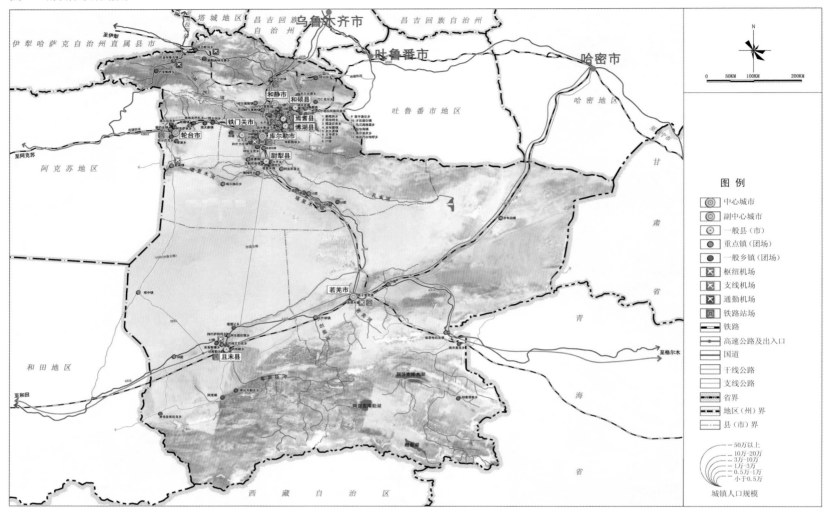

（二）城镇等级结构

极化库尔勒中心城市，大力发展副中心城市和县域中心镇，支持重点镇（团场）和一般乡镇（团场）发展，促使大中小城镇协调发展，构建等级分明的城镇体系。（表1）

（三）城镇规模等级

1、2020年城市与城镇规模等级

到2020年将形成1个大城市，1个10万～20万的城市，8个3万～10万的城镇，16个1万～3万的城镇。（表2）

2、2025年各县市规模等级

到2025年将形成1个大城市，3个10万～20万人城市，6个3万～10万人城镇，20个1万～3万人的城镇。

其中：库尔勒城市人口规模将逼近100万，和静、焉耆、轮台将超过10万，若羌、和硕、尉犁、且末、铁门关在巴州政策扶持下将超过3万。（表3）

（四）城镇职能结构

包括州域中心城市、副中心城市和县域

中心镇三级。（表4）

六、综合交通规划

（一）交通发展目标及重点任务

按照跨越发展的原则，形成东进西出、南北贯通的自治区一级综合交通枢纽和出疆大通道，构建便捷、安全、高效的综合运输体系。

1、建立健全综合交通运输体系，统筹各种交通运输方式的有效衔接，发挥各种交通

城镇等级结构一览表　　表 1

城镇等级		城镇名称	城镇数（个）
中心城市		库尔勒市中心城区	1
副中心城市		和静县城、轮台县城、若羌县城	3
一般县（市）		焉耆县城、铁门关市、和硕县城、且末县城、尉犁县城、博湖县城	6
重点镇（团场）	库尔勒市（3）	塔什店镇、上户镇、西尼尔镇	31
	轮台县（3）	阳霞镇、群巴克镇、轮南镇	
	和静县（4）	巴仑台镇、巴润哈尔莫敦镇、巴音布鲁克镇、哈尔莫顿镇	
	和硕县（2）	曲惠镇、乌什塔拉回族镇	
	焉耆县（4）	七个星镇、四十里城子镇、包尔海镇、五号渠乡、	
	若羌县（3）	瓦石峡镇、依吞布拉克镇、罗布泊镇	
	且末县（3）	阿克提坎墩乡、英吾斯塘乡、塔中镇	
	博湖县（2）	本布图镇、才坎诺尔镇	
	尉犁县（3）	墩阔坦乡、阿克苏普乡、喀尔曲尕乡	
	第二师（4）	才吾库勒镇（22 团）、库尔木依镇（33 团）、38 团、米兰镇（36 团）	
一般镇（团场）	库尔勒市（6）	普惠镇、和什力克镇、哈拉玉宫乡、阿瓦提、萨依东园艺场、库尔楚园艺场	48
	铁门关市（2）	博古其镇、双丰镇	
	和静市（7）	乌拉斯台农场、协比乃尔布呼乡、乃门莫敦乡、克尔古提乡、阿拉沟乡、额勒再特乌鲁乡、巴音郭楞乡	
	和硕县（3）	塔哈其镇、查汗采开乡、苏海良种场	
	轮台县（6）	哈尔巴克乡、铁热克巴扎乡、策大雅乡、草湖乡、阿克萨来乡、塔尔拉克乡	
	若羌县（2）	铁木里克乡、祁漫塔格乡	
	尉犁县（2）	塔里木乡、古勒巴格乡	
	博湖县（4）	塔温觉肯乡、乌兰再格森乡、查干诺尔乡、博斯腾湖乡	
	焉耆县（3）	北大渠乡、查汗采开乡、苏海良种场	
	且末县（5）	库拉木勒克乡、阿羌乡、吐拉牧场、昆其布拉克牧场、奥依压依拉克乡	
	第二师（8）	克尔班苏木镇（22 团第 2 社区）、哈木胡提镇（223 团）、喀拉吉格代镇（21 团）、英库勒镇（31 团）、铁干里克镇（34 团）、喀拉米吉镇（35 团）、且末支队（37 团）、38 团	

注：乡集镇人口不计入城镇人口及城镇化率统计，但因乡集镇在巴州城镇体系中的重要性，本次规划将乡集镇计入城镇体系构成。

2020 年城镇规模等级一览表　　　　　　　　　　　　　　　　　　　　　　　　　　　　　　　　　　　　　　　表 2

规模等级（万人）		城镇名称	城镇数（个）
大于 50		库尔勒市中心城区	1
10~20		和静县城	1
3~10		焉耆县城、轮台县城、若羌县城、铁门关市、和硕县城、且末县城、尉犁县城、博湖县城	8
1~3	库尔勒市（3）	塔什店镇、上户镇、西尼尔镇	17
	轮台县（3）	阳霞镇、群巴克镇、铁热克巴扎乡	
	和静县（2）	巴仑台镇、巴润哈尔莫敦镇	
	焉耆县（2）	七个星镇、四十里城子镇	
	和硕县（1）	乌什塔拉镇	
	博湖县（2）	博湖县城、本布图镇	
	第二师（4）	才吾库勒镇（22 团、23 团）、库尔木依镇（33 团）、喀拉米吉镇（35 团）、英库勒镇（31 团）	
0.5~1	库尔勒市（3）	普惠镇、和什力克镇、兰干乡	38
	铁门关市（2）	博古其镇、双丰镇	
	和静市（1）	巴音布鲁克镇	
	轮台县（3）	策大雅镇、塔尔拉克乡、阿克萨来乡	
	若羌县（4）	瓦石峡镇、依吞布拉克镇、罗布泊镇、米兰镇	
	尉犁县（5）	古勒巴格乡、墩阔坦乡、塔里木乡、阿克苏普乡、喀尔曲尕乡、	
	焉耆县（4）	五号渠乡、包尔海乡、北大渠乡、查汗采开乡	
	和硕县（3）	塔哈其镇、曲惠镇、清水河农场	
	博湖县（3）	才坎诺尔乡、查干诺尔乡、塔温觉肯乡	
	第二师（10）	开来镇（21 团）、哈木呼提镇（223 团）、湖光镇（25 团）、24 团、英库勒镇（31 团）、铁干里克镇（34 团）、米兰镇（36 团）、开南镇（27 团）、且末支队（37 团）、38 团	
小于 0.5	35	哈拉玉宫乡、阿瓦提乡、库尔楚园艺场、萨依东园艺场、哈尔莫敦镇、巩乃斯镇、克尔班苏木镇、乌拉斯台农场、协比乃尔布呼乡、乃门莫敦乡、克尔古提乡、阿拉沟乡、额勒再特乌鲁乡、巴音郭楞乡、野云沟乡、草湖乡、轮南镇、铁木里克乡、祁漫塔格乡、苏海良种场、王家庄牧场、26 团、苏哈特乡、乃仁克尔乡、新塔热乡、马兰再格森乡、博斯腾湖乡、阿克提坎墩乡、英吾斯塘乡、塔中镇、库拉木勒克乡、阿羌乡、塔提让乡、奥依亚依拉克乡、昆其布拉克牧场、吐拉牧场	35

注：乡集镇人口不计入城镇人口及城镇化率统计，但因乡集镇在巴州城镇体系中的重要性，本次规划将乡集镇计入城镇体系构成。

2030 年城镇规模等级一览表   表 3

规模等级（万人）		城镇名称	城镇数（个）
50-100		库尔勒市中心城区	1
10-20		轮台县城、和静县城、焉耆县城	3
3-10		和硕县城、且末县城、尉犁县城、若羌县城、博湖县城、铁门关市	6
1-3	库尔勒市（5）	塔什店镇、上户镇、西尼尔镇、普惠镇、和什力克镇	23
	轮台县（3）	阳霞镇、群巴克镇、铁热克巴扎乡	
	和静县（2）	巴仑台镇、巴润哈尔莫敦镇	
	焉耆县（4）	七个星镇、四十里城子镇、包尔海乡、五号渠乡	
	和硕（1）	乌什塔拉回族乡	
	博湖县（2）	博湖县城、本布图镇	
	若羌县（1）	瓦石峡镇	
	第二师（5）	才吾库勒镇（22团、23团）、库尔木依镇（33团）、喀拉米吉镇（35团）、英库勒镇（31团）、铁干里克镇（34团）	
0.5-1	库尔勒市（2）	兰干乡、哈拉玉宫乡	33
	铁门关市（2）	博古其镇、双丰镇	
	和静市（1）	巴音布鲁克镇	
	轮台县（4）	策大雅镇、塔尔拉克乡、阿克萨来乡、野云沟乡	
	若羌县（3）	依吞布拉克镇、米兰镇、罗布泊镇	
	尉犁县（5）	古勒巴格乡、墩阔坦乡、塔里木乡、阿克苏普乡、喀尔曲尕乡	
	焉耆县（2）	北大渠镇、查汗采开乡	
	博湖县（3）	才坎诺尔乡、查干诺尔乡、塔温觉肯乡	
	和硕县（1）	塔哈其镇	
	且末县（2）	阿克提坎墩乡、英吾斯塘乡	
	第二师（8）	开来镇（21团）、哈木呼提镇（223团）、湖光镇（25团）、24团、米兰镇（36团）、开南镇（27团）、且末支队（37团）、38团	
小于0.5	36	阿瓦提乡、阿瓦提农场、库尔楚园艺场、萨依东园艺场、哈尔莫敦镇、巩乃斯镇、克尔班苏木镇、乌拉斯台农场、协比乃尔布呼乡、乃门莫敦乡、克尔古提乡、阿拉沟乡、额勒再特乌鲁乡、巴音郭楞乡、草湖乡、轮南镇、铁木里克乡、祁曼塔格乡、苏海良种场、王家庄牧场、苏哈特乡、曲惠乡、乃仁克尔乡、清水河农场、新塔热乡、马兰再格森乡、博斯腾湖乡、阿克提坎墩乡、英吾斯塘乡、塔中镇、库吉木勒克乡、阿羌乡、塔提让乡、奥依亚依拉克乡、昆其布拉克牧场、吐拉牧场	36

注：乡集镇人口不计入城镇人口及城镇化率统计，但因乡集镇在巴州城镇体系中的重要性，本次规划将乡集镇计入城镇体系构成。

中心城市职能类型定位一览表   表 4

职能等级	城镇名称	职能定位
州域中心城市	库尔勒市	新疆维吾尔自治区南部的区域性中心城市，重要的交通物流枢纽，低碳石化产业和先进装备制造业基地和旅游服务集散基地，生态宜居城市
州域副心城市	轮台市	南疆地区重要的石油天然气加工及油气开发、服务基地，以特色农副产品加工为主、以生态旅游为辅的工矿型城市，巴州副中心城市
	和静市	新疆维吾尔自治区重要的能源和钢铁制造基地，巴州生态源和副中心城市，以东归文化和生态旅游为特色的宜居城市
	若羌市	巴州副中心城市，南疆交通枢纽和商贸物流集散基地，以发展特色旅游和承接矿产资源开发的综合服务的生态城市
县域中心镇	尉犁镇	巴州优质棉和特色林果业基地，以生态保育和旅游业后方基地建设为方向的园林城市
	焉耆镇	以旅游业和农副产品精深加工为主导、商贸物流为依托的生态旅游型城镇，北疆重要的生态涵养地
	博湖镇	以旅游业和农副产品加工为主的生态园林城市，北疆重要的生态涵养地
	特吾里克镇	巴州北部物流门户，巴州特色旅游和农副产品加工为主导的现代化新城
	且末镇	巴州特色农业及农副产品深加工基地，巴州区域以沙漠旅游为特色的生态园林城市
	铁门关市	南疆现代农业研发、创新和培训中心、库尔勒西部重要的商贸物流中心之一，库尔勒卫星城，第二师经济、文化、信息、科研教育中心，第二师重要的产业基地，第二师师域中心城市

图 5　综合交通规划图

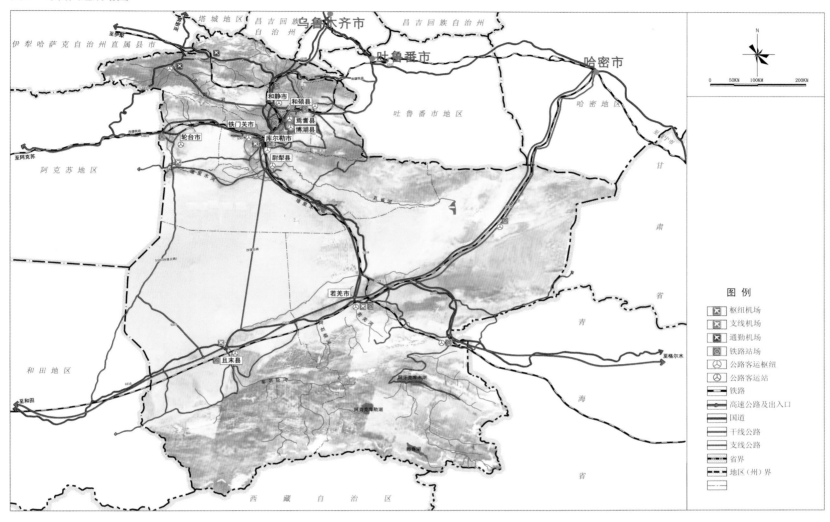

运输方式的比较优势, 合理布局, 优化通道资源利用。

2、加快推进现代综合交通运输枢纽建设, 特别是联接航空、铁路、公路、城市公交等各种交通运输方式的综合枢纽建设, 促进有效衔接, 逐步实现客运"零距离换乘"和货运"无缝衔接"。

3、根据各种交通方式的特点和要求进行有效衔接, 加快推进多式联运, 促进交通运输一体化发展。

（二）公路发展规划

加快库尔勒国家级公路运输枢纽项目建设。完善乡镇客运站点。打通巴州与内地联系的主要通道, 打通纵贯南北的快速干线, 突出加强农村公路建设, 形成"两横两纵"的"#"字形干线公路网络。

1、高速公路规划

推进巴仑台—库尔勒—尉犁—若羌高速公路建设, 规划修建库尔勒—若羌和库尔勒—轮台快速干线和且末—若羌—依吞布拉克高速公路。

2、高等级公路规划

完成在建的库尔勒—库车的高等级公路建设, 远期规划建设库尔勒市—尉犁镇、焉耆镇、博湖镇、和静镇的高等级公路。

3、国道和省道干线公路布局规划

提高境内干线公路标准至二级以上。

4、农村公路网布局规划

加大联乡通村油路建设力度, 建设一批资源路和旅游路。实现公路乡镇通达率和行政村通达率 100%。同时实现 90% 的乡镇和60% 以上的行政村通油路(水泥路)的目标。

公共服务设施级配规划　　　　　　　　　　　　　　　　　　　　　　　　　　　　　　　表5

类型	项目	中心城市	副中心城市	一般县（市）	重点镇（团场）	一般乡镇（团场）
商业机构	1. 商业综合体	●				
	2. 中央商务区	●				
	3. 州级商业中心	●	●			
	4. 商业街区	●	●	●		
	5. 专业市场	●	●	●	●	●
教育机构	6. 高等院校	●				
	7. 综合型职业教育基地或职业培训中心	●				
	8. 教育培训机构或中等职业学校	●	●	○		
	9. 高中	●	●	●	○	○
	10. 初级中学	●	●	●	○	●
	11. 小学	●	●	●	●	●
	12. 幼儿园	●	●	●	●	●
文体科技	13. 科技馆	●	●			
	14. 科普基地	●	●	○		
	15. 综合体育中心	●	○	○		
	16. 体育公园	●	●	●		
	17. 全民健身活动中心	●	●	●		
	18. 群众艺术馆	●	●	○		
	19. 图书馆	●	●	●		
	20. 博物馆	●	●	●		
	21. 影剧院	●	●	●		
	22. 科技站				●	○
	23. 科技综合服务中心	○	●	●		
	24. 文化站	●	●	●	●	○
	25. 青少年活动中心	●	●	●	●	○
	26. 老年活动中心	●	●	●	●	○
医疗保健	27 综合三甲医院	●	●	○	○	○
	28. 城镇社区卫生服务中心	●	●	●	●	●
社会福利	29. 敬老院	●	●	●	●	●

注：●为应设置项目，○为选择设置（有条件即设置）项目。

5、交通枢纽规划

加快库尔勒客运枢纽的建设，铁路方面改建库尔勒站、库尔勒西站，新建库尔勒南站；公路方面改建库尔勒客运中心站、北山路旅游客运站、农垦客运站和华凌物流园货运站，新建友好路客运站、南环路客运站、空港客运站、开发区货运站、南环路配送中心货运站、空港物流货运站。

改造博湖、和硕、尉犁3个县级客运站，达到三级车站标准；改造重点乡镇客运站，达到四级车站标准；建设一般乡镇客运站，达到五级车站标准；建设行政村级车站，达到简易车站标准；建设居民点级车站，达到招呼站的标准。

（三）铁路规划

完成南疆铁路吐鲁番—库尔勒段二线电气化改造；完成格库铁路（库尔勒市—若羌—格尔木）、库伊铁路建设；完成喀什市—民丰—且末—若羌铁路建设；增建南疆铁路库尔勒至阿克苏段二线以及若羌—罗布泊钾盐基地和哈密—罗布泊钾盐基地的铁路线；建设巴仑台—伊宁货运专线铁路，在巴仑台镇设货运站，提升该地区铁路运力；完成库尔勒经济技术开发区、轮台工业园区、和静工业园区、若羌工业园区铁路专用线和库尔勒铁路客运站改扩建。

（四）民航发展规划

重点改扩建库尔勒机场，建设成为新疆的干线机场，迁建且末机场，新建轮台、若羌机场，努力开辟库尔勒至疆内主要城市及内地新航线，做好巴音布鲁克通勤机场和巩

图6 生态结构规划图

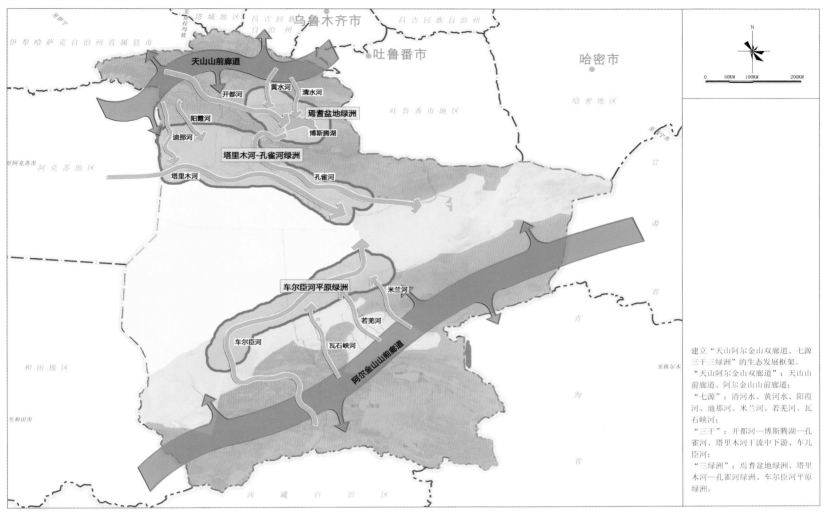

建立"天山阿尔金山双廊道、七源三干三绿洲"的生态发展框架。
"天山阿尔金山双廊道"：天山山前廊道、阿尔金山山前廊道；
"七源"：清河水、黄河水、阳霞河、迪那河、米兰河、若羌河、瓦石峡河；
"三干"：开都河—博斯腾湖—孔雀河、塔里木河干流中下游、车儿臣河；
"三绿洲"：焉耆盆地绿洲、塔里木河—孔雀河绿洲、车尔臣河平原绿洲。

乃斯通勤机场的统筹规划工作，加快形成功能完善、航线通达、布局合理、规模适度、运载力强的航空运输体系。

（五）城市交通体系协调

科学编制城市综合交通规划。

加快城区道路和立交工程建设，完善路网架构。改进交通配套设施，提高路段（口）通行能力。强化静态交通管理，解决城区"停车难"问题。强调公交优先，优化交通工具结构。

全力打造布局合理、运营顺畅的城市交通体系。

七、公共服务设施规划

（一）规划目标

缩小库尔勒和其余县市以及城乡之间在社会服务设施水平方面的差距，实现各县市城乡社会服务设施优质资源共享、均衡发展，全面提升居民的生活质量。

到规划期末使各县市居民及城乡居民在

教育、文体、卫生、科技、信息等方面享受同等的待遇。

（二）公共服务设施级配规划

规划在一般乡镇（团场）及以上级别城镇配置社会服务设施，着重配置重点镇及以上级别的社会服务设施，具体配置应符合相应规定。（表5）

图7　旅游发展规划图

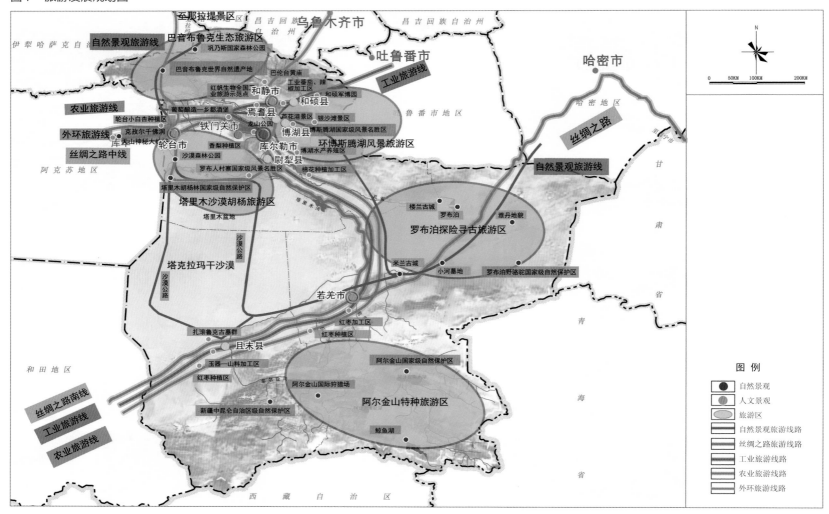

旅游空间布局一览表　　　表6

线路	途经的城市和景点
丝绸之路中线	库车—轮台县—铁门关市—库尔勒市—焉耆、尉犁县—若羌—且末—尼雅—和田
丝绸之路南线	尼雅—且末—若羌—米兰古城—小河墓地—雅丹地貌
工业旅游	且末的玉器山料加工区—若羌的红枣加工区—尉犁棉种植加工区—焉耆的葡萄酒酿造、乡都酒堡参观—红帆生物（全国工业旅游示范点）—和静工业番茄加工区—和硕的军博园
农业旅游	轮台小白杏种植区—铁门关、库尔勒香梨种植区—博湖水产养殖区—尉犁优质棉种植区、棉技术展示区—若羌红枣种植区—且末红枣种植区
自然景观旅游线	巩乃斯国家森林公园—巴音布鲁克世界自然遗产地—塔里木胡杨林森林公园—罗布人村寨国家级风景名胜区—沙漠公路—若羌米兰古城、小河墓地、雅丹地貌
	巩乃斯国家森林公园—巴音布鲁克世界自然遗产地—博斯腾湖国家风景名胜区—沙漠公路—若羌米兰古城、小河墓地、雅丹地貌
旅游环线	乌鲁木齐—和静—焉耆—库尔勒（铁门关）—轮台—巴音布鲁克—那拉提

八、生态环境保护

（一）生态环境保护目标

全面推进实施"环保优先、生态立州"的可持续城镇化发展战略。加强对城市污染物总量控制和工业污染源达标排放监督管理，各项污染物排放显著降低，生态环境质量得到全面提高。抓好重点城镇大气污染防治，积极推行城镇生活垃圾无害化处理，提高城镇污水集中处理能力。

鼓励采用高新技术和进行清洁生产，节能减排，保证所有工业污染源达标排放，河流、湖泊和水库水质达国家和自治区规定的标准。农业污染得到控制，生态农业示范区取得突出成效，乡村环境逐步改善。继续加强三北四期防护林体系建设和国家重点公益林建设工程，各县（市）城镇环境质量达到国家规定标准。建设一批经济又好又快发展、生态良性循环、资源合理有效利用、环境质量良好的生态示范城镇。

（二）生态保护框架

从地区宏观层面建立"天山阿尔金山双廊道、七源三干三绿洲"的生态发展框架。

1、"天山阿尔金山双廊道"

指在巴州"山区—绿洲—荒漠"的生态体系中，针对山区—绿洲之间和绿洲—荒漠之间生态较敏感的两条过渡带建设以防护功能为主的绿化廊道。

其中天山山前廊道以天然牧草为主要植被类型，防止夏季洪水侵袭和水土流失，沿线串联巴音布克、天鹅湖等世界遗产、自然景点，是守护绿洲安全、保护遗产、提供旅游游憩的重要廊道；阿尔金山廊道以天然牧草为主要植被类型，防止夏季洪水侵袭和水土流失，沿线分布中昆仑自然保护区、阿尔金山自然保护区、罗布泊野骆驼国家级自然保护区等景点，是提供探险旅游的重要廊道。

2、"七源三干三绿洲"

指重点保护地区的水系和绿洲。

"七源"指天山南脉积雪融化形成的清水河、黄水河、阳霞河、迪那河，阿尔金山积雪融化形成的米兰河、若羌河、瓦石峡河。

"三干"指天山南脉积雪融化形成的开都河—博斯腾湖—孔雀河、塔里木河干流中下游、阿尔金山积雪融化形成的车儿臣河。

"三绿洲"指上述河流所孕育的焉耆盆地绿洲、塔里木河—孔雀河绿洲、车尔臣河平原绿洲。

九、旅游发展与历史文化资源保护

（一）旅游总体布局

根据各县市的产业特色、古遗址、未来规划的道路交通，将旅游线路细分为工业旅游线、农业旅游线和自然景观旅游线三类，并与原有的丝绸之路结合起来，形成了巴州西域风情之旅。

从整体地域空间可形成 5 个旅游区：巴音布鲁生态旅游区、环博斯腾湖风景旅游区、塔里木沙漠胡杨旅游区、罗布泊探险寻古旅游区、阿尔金山特种旅游区。（表 6）

（二）历史文化资源保护

1、物质文化遗产

（1）开展资源调查研究，推进申报

加强历史文化名城、名镇、名村保护。加强地域历史文化研究，开展历史文化名城、名镇、名村的调查研究，支持符合条件

非物质文化遗产项目一览表　　　表 7

等级类别	项目名称
国家级非物质文化遗产	江格尔、博湖县祝赞词、蒙古族长调、焉耆县新疆花儿、尉犁县罗布淖尔维吾尔族民歌、和静博湖县蒙古族沙吾尔登舞蹈、若羌县维吾尔若羌赛乃姆、且末县维吾尔且末赛乃姆、库尔勒市维吾尔库尔勒赛乃姆、博湖县蒙古族刺绣、博湖县蒙古族服饰、和静县那达慕、且末县维吾尔族花毡
自治区级非物质文化遗产	且末县维吾尔族曲棍球、库尔勒古勒巴格麦西热甫、博湖县蒙古族短调、博湖县托布秀尔乐音乐、且末县阿力且热瓦甫艺术、尉犁县罗布淖尔狮子舞、尉犁县罗布淖尔做饭舞、焉耆县回族刺绣、和硕县祖鲁节、和静县蒙古族婚俗、焉耆县回族婚俗、博湖县蒙古包制作工艺、博湖县托布秀尔乐乐器制作技艺、和静县蒙古族奶酒制作技艺、焉耆县回族宴席九碗三行子、和静县蒙古族医药、和静县蒙古族赛马、焉耆县回族服饰、轮台县维吾尔族刺绣、和硕县蒙古族祭敖包、且末县维吾尔族山区民歌、且末县维吾尔族老虎舞

图8 空间管制规划图

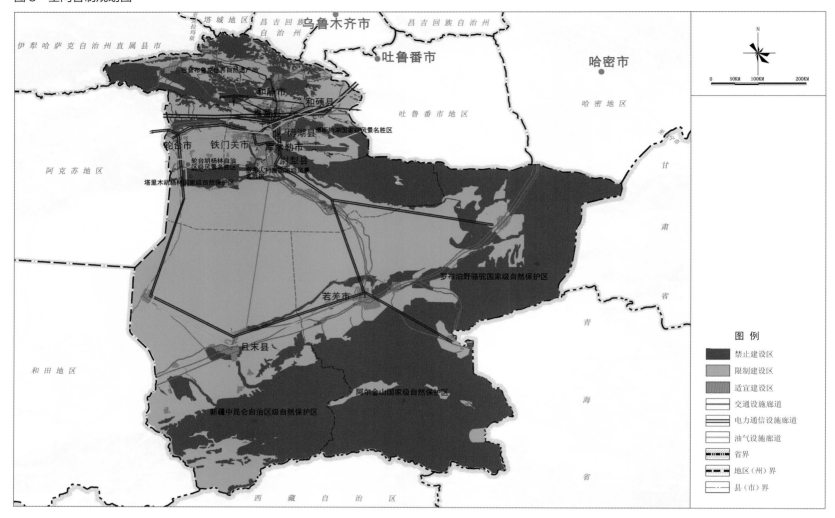

的城市申报历史文化名城，支持符合条件的乡镇（团场）、村庄（连队）申报历史文化名镇、名村。

（2）历史文化名镇、名村

巴州历史文化名镇和历史文化街区、历史文化名村，自治区级以上历史文化名镇和历史文化街区、历史文化名村，应编制专项保护规划，突出保护重点，使名镇、名村日常生活服务功能与历史文化保护工作相协调。

（3）历史文保单位

针对巴州区域8处全国重点文物保护单位、22处自治区级文保单位及106个县级文物保护单位，依据《中华人民共和国文物保护法》实施保护。

2、非物质文化遗产

保护非物质文化遗产，应建立完善非物质文化遗产机构，制订非物质文化遗产管理规划，建立非物质文化遗产名录体系，推进非物质文化遗产信息化，鼓励各种资金赞助和支持，推动非物质文化遗产保护项目的市场化和社会化运作。建立代表性传承人传、帮、带等传习活动的资助资金制度，增强当

地居民保护意识。

（三）世界遗产地、自然保护区及风景区保护规划和措施

1、世界遗产地

按照世界遗产地保护要求，严格保护巴音布鲁克。至近期完成《巴音布鲁克世界自然遗产地保护管理规划》的编制工作。设立巴音布鲁克遗产管理委员会，全面负责遗产地的各项保护管理工作。保障遗产地管理、保护、建设资金。制定遗产地保护管理办法。

2、自然保护区

按照《中华人民共和国自然保护区条例》对自然保护区实施保护。巴州区域现有3个国家级自然保护区、1个自治区级自然保护区及2个县级自然保护区,1个国家级水产种质资源保护区。积极推进具备潜力的自然保护区博湖县西南小湖自然保护区、新疆大头鱼地区级自然保护区申报县级以上自然保护区。

3、风景区

按照可持续发展的原则加强风景名胜区保护,合理利用风景名胜资源,改善交通、服务设施和游览条件。巴州区域现有2个国家级风景区和1个自治区级风景区。积极推进具备潜力的风景区:巴音布鲁克风景区、和静巩乃斯风景区、库尔楚大峡谷风景区申报国家级和自治区级风景名胜区。

4、森林公园

按照《国家级森林公园管理办法》及《森林公园管理办法》的要求对森林风景资源进行保护和利用。巴州区域现有1处国家级森林公园和1处自治区级森林公园。积极推进塔里木胡杨林自治区级森林公园申报国家级森林公园。

十、空间管制规划

（一）禁止建设区

禁止建设区是指有代表性的自然生态系统、珍稀濒危野生动植物种的天然集中分布地、有特殊价值的自然遗迹所在地和文化遗址等,禁止进行工业化城镇化建设的重点生态功能区。

巴州禁止建设区包括基本农田保护区、河湖湿地和一级饮用水源保护区、世界遗产地、各级自然保护区和国家生态公益林保护区、历史文化保护区和风景名胜区的核心区、交通运输通道控制带以及重大基础设施廊道等。

（二）限制建设区

限制建设区包括经济林、二级饮用水源保护区、一般农田保护区、乡村风貌保护区、采煤塌陷区和沉陷区、沙漠化地区、盐碱化地区、水土流失严重地区、世界自然遗产地缓冲区、历史文化古迹周边限制建设区、重点旅游景区限建区、重大污染企业周边限建区等。

建立地区、县两级政府对这些战略性地区发展与管制的交流与协商机制,以有效整合资源优势。地区政府部门主要提供发展指引和外部条件,县政府负责具体的开发建设。

（三）适宜建设区

包括城乡居民点建设区及独立工矿等其他适宜建设的区域,其中城乡居民点建设区包括县城、建制镇、一般集镇、中心村等各级城镇和村庄的规划建设用地。

适宜建设区的发展必须严格按照城镇总体规划来执行。各市县政府不能进行与规划确定的区域发展目标不一致、与主要功能相矛盾的开发行为,避免建设项目选址不当对生态环境造成破坏,防止对周边地区和相邻城市造成环境污染。

阿克苏地区城镇体系规划（2013－2030年）

阿 克苏地区位于新疆维吾尔自治区中西部，地处天山南麓、塔里木盆地北缘。东与巴音郭楞蒙古自治州相接，西北与吉尔吉斯斯坦、哈萨克斯坦交界，南与和田地区相望，西南与喀什地区、克孜勒苏柯尔克孜自治州相连，北与伊犁哈萨克自治州相邻，

辖阿克苏市、温宿县、库车县、沙雅县、新和县、拜城县、乌什县、阿瓦提县、柯坪县。

地势北高南低，北部为天山山区，南部为塔克拉玛干沙漠，中部为塔里木河、阿克苏河、库车河冲积平原。

阿克苏地区城镇体系规划（2013-2030年）

组织编制：阿克苏地区行政公署

编制单位：浙江省城乡规划设计研究院

批复时间：2014年1月

第一部分 规划概况

为了贯彻落实科学发展观，围绕稳疆兴疆、富民固边、跨越发展总战略，尽快实现将阿克苏地区建设成为"新疆重要的经济增长极，南疆地区跨越式发展示范区，塔河上游的重要生态屏障"的总目标，积极有序地推进城市化进程，有效地引导和控制阿克苏地区城镇体系合理发展与科学布局，统筹安排阿克苏地区基础设施和社会设施，促进阿克苏地区人口、经济、资源、环境协调发展与合理利用，2012年3月，阿克苏地区行政公署委托浙江省城乡规划设计研究院开展了《阿克苏地区城镇体系规划》的编制工作。

为了更好地推进阿克苏地区城镇体系规划的编制，同步开展了《阿克苏地区城镇体系规划（2001-2020年）》实施评估报告、阿克苏地区经济与社会发展研究报告、阿克苏地区城镇体系空间规划研究报告、阿克苏地区生态安全与资源环境承载力研究报告等专题研究。

第二部分 主要内容

一、规划范围和期限

（一）规划范围

本次规划范围为阿克苏地区，面积共13.13万平方公里（含阿拉尔市）。

（二）规划期限

规划期限为2013-2030年，其中近期为2013-2015年，中期为2016-2020年，远期为2021-2030年。

二、目标与战略

（一）总体目标

坚定不移地贯彻落实科学发展观，围绕稳疆兴疆、富民固边、跨越发展总战略，实施"12345"工程（打造新疆经济增长极、实现"两个率先"发展、推进三大体系跨越、实现四大结构转型、构筑五大区域中心），将阿克苏地区建设成为新疆重要的经济增长极，南疆地区跨越式发展示范区，塔河上游的重要生态屏障。

（二）城镇化发展目标

1、地区总人口发展预测

2010年地区常住人口为237.07万人，阿拉尔市常住人口为17.9万人。

预测地区常住人口如下：2015年260万人；2020年284万人；2030年335万人。

预测阿拉尔市常住人口如下：2015年18.8万人；2020年20万人；2030年23万人。

2、地区城镇化水平预测

2010年地区城镇化水平为37.1%，预测地区城镇化水平如下：

2015年城镇化水平45%；2020年城镇化水平50%；2030年城镇化水平62%。

2010年阿拉尔市城镇化水平为57%。预测阿拉尔市城镇化水平如下：2015年达到65%左右， 2020年达到71%左右， 2030年达到80.2%左右。

（三）发展战略

1、生态立区战略：环保优先，生态立区

2、教育兴区战略：教育兴区，人才为本

3、产业升级战略：产业升级，创新转型

4、空间整合战略：整合提升，跨越发展

5、东西协作战略：东西协作，优势互补

6、多元融合战略：多元融合，共建共享

三、产业发展规划

（一）产业发展目标

1、优化产业结构，促进结构转型；

2、构建现代化农牧业体系，培育三大重点一产发展；

3、推进新型工业化，打造九大支柱工业，构筑新疆先进制造业强区；

4、围绕六项核心三产，提升现代服务业水平，构筑南疆现代服务业核心。

（二）产业发展战略

1、业态纵深化拓展：延伸产业链，培育新兴产业、占据价值链中高端；

2、产业多元化发展："近内远外"接轨

图1 产业空间结构规划图

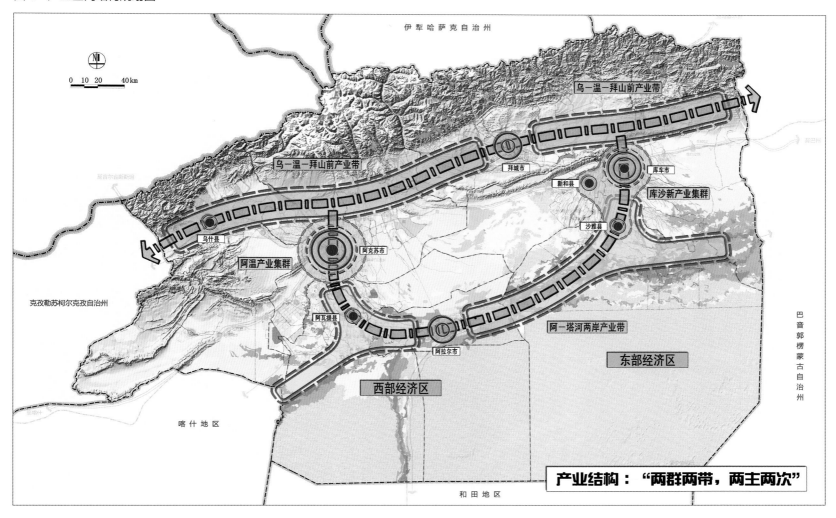

两个13亿市场，大力培育接续产业；

3、地域专业化发展：发挥各自优势，打造特色县市；

4、产业平台重构：整合优化园区，建立创新平台。

（三）产业空间布局

阿克苏地区未来产业整体布局结构为"两群两带，双主双次"。

1、产业发展区：两群

（1）阿—温产业集群

阿克苏、温宿二县市在商贸物流、中高等教育、房地产（职住通勤）、棉纺织产业、农产品深加工产业发展上，双方已呈融合协作发展态势。未来可形成统一整体，向具有区域辐射能力的城市现代服务业、面向国际贸易的轻加工业、商贸物流业上重点发展。

（2）库—沙—新—拜产业集群

库车、沙雅、新和、拜城四县可形成一个以重化工产业为特色的大规模的产业集群区域，并进而向"库沙新"组合城市演进。

2、产业发展带：两带

乌—温—拜山前产业带：由乌什、温宿、拜城三县的天山南麓山区构成。该带形区域蕴藏各类丰富的矿产资源，可形成一条以矿产开发利用为特色的区域性产业带。

阿—塔河两岸产业带：沿阿克苏河、塔里木河，贯穿温宿、阿克苏、阿瓦提、阿拉尔、沙雅五县市形成的一条产业带。该产业带以棉花种植和纺织产业、特色农产品种植与深加工产业，以及沿阿克苏河、塔里木河的生态旅游业为特色，结合沿河密集分布的城市和城镇其他制造业与服务业，形成一条区域性的产业带。

3、产业发展核：两主两次

图2 城镇空间结构规划图

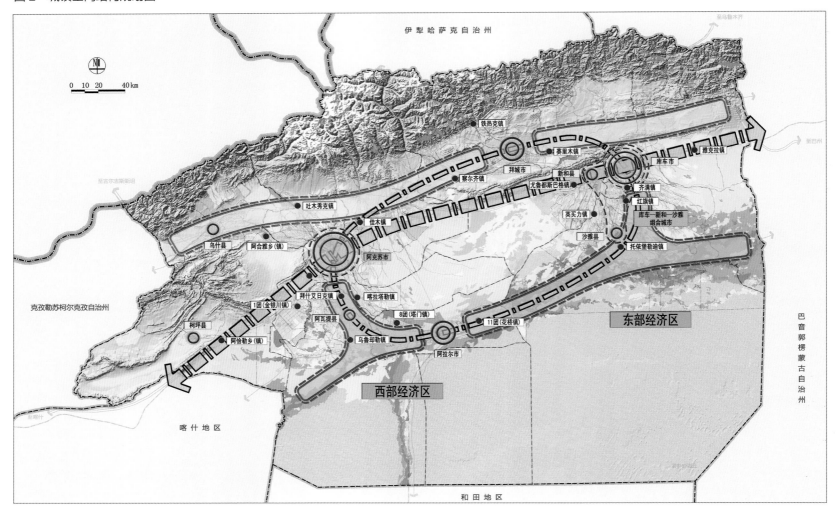

（1）主核：阿—温城市、库车城市

阿克苏—温宿城市：为阿—温产业集群的核心，承担产业集群城市综合服务功能。在地区产业体系中，是轻纺服装、建材、精细化工、装备制造业的主要发展基地。

库车城市：为库—沙—新—拜产业集群的核心，不仅是产业集群最核心的重化工基地，也是产业集群中城市现代服务业发展的主平台，承担着为东部地区产业集群和城镇组群提供城市综合服务的职能。

（2）次核：阿拉尔、拜城

阿拉尔城市：为阿克苏—塔里木河两岸产业带的重要发展极核，也是西部地区仅次于阿克苏的重要的综合性制造业和城市服务业发展极核。

拜城城市：为乌—温—拜山前产业带的重要发展极核，也是东部地区仅次于库车的重化工产业和城市服务业发展极核。

四、城镇体系规划

（一）城镇体系空间结构

阿克苏地区规划形成"一轴一环，两极两带"城镇体系空间结构，即："一轴沟通东西、两极驱动一环、两带抚育多点"。

1、"一轴沟通东西"

"一轴"指依托横贯阿克苏地区南疆铁路、G314国道、G3012高速公路形成的发展轴，向东联系国内13亿人口市场，向西通过喀什口岸联系国外13亿人口市场。此轴是新疆对外开放第二大通道，也是《新疆城镇体系规划》确定的主轴：西端连接南疆最贫困的三地州，对阿克苏地区吸纳人口、促进区域协调发展具有战略意义；中部是经济发展条件最好的库车、库尔勒石化产业基地；东端连接乌鲁木齐都市圈。

图3 城镇体系规划图

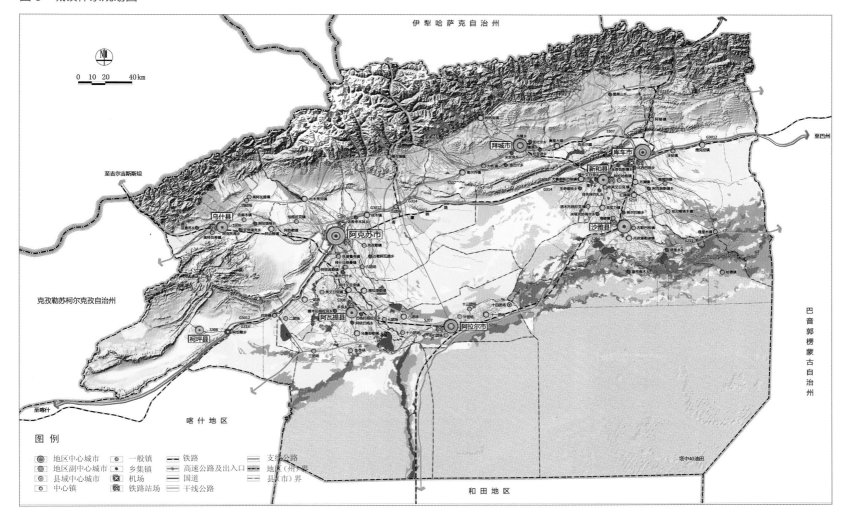

2、"两极驱动一环"

"两极"指西部阿克苏市和东部库车市为龙头成为地区经济、城镇发展的引擎，在13万平方公里大尺度空间范围内双极发展利于地区的均衡发展。"一环"指由S307、S210、S207、G314公路构成交通环，交通环周边几乎集中了地区所有城镇，亦可以理解为"环状城镇带"，这个环状城镇带将依托两极得到良性发展。

3、"两带抚育多点"

"两带"指山、河资源带，多点指散布在广袤大地上的点状城镇。

"两带"之一是沿阿克苏河—塔里木河流域、渭干河流域农副产品与水资源带，为全地区人民提供粮食和宝贵的水资源，是抚育阿克苏地区城镇兴起、发展的基础；"两带"之二是沿天山南麓的油气矿产资源带，为阿克苏地区工业化发展提供了宝贵的资源，也是地区经济实现跨越式发展的保障。

（二）城镇体系规模结构

规划地区城镇等级规模形成五级结构。（表1）

（三）城镇体系职能结构

1、明确阿克苏地区中心城市、副中心城市的职能类型。（表2）

2、明确阿克苏地区中心镇、一般镇的职能类型和定位。（表3）

3、关于温宿的职能、规模

阿克苏地级市未设立之前，温宿县城的性质为：阿克苏市的后花园，集生态、旅游、休闲于一体的宜居城市和水韵之城。主要职能是阿克苏地区西部的旅游中心、物流中心，阿克苏市区的有机组成部分、生态宜居之地。

城镇等级规模结构规划一览表（2030 年） 表 1

规模等级	城镇人口规模（万人）	城镇个数	城镇名称
一级	40~75	2	**阿克苏市（含阿克苏区、温宿区，依杆其、托乎拉乡并入）** 65 万 ~75 万人 **库车市（含乌恰、乌尊、伊西哈拉镇）** 40 万 ~50 万人
二级	10~20	3	**阿拉尔市（托喀依乡并入）** 14 万 ~16 万人 **拜城市** 10 万 ~12 万人 沙雅县城 12 万 ~15 万人
三级	2~10	4	阿瓦提县城 7 万 ~8 万人 新和县城 7 万 ~10 万人 乌什县城 6 万 ~8 万人 **柯坪县城（盖孜力克、玉尔其乡并入）** 2.5 万 ~3.0 万人
四级（中心镇）	1~2	17+3	（阿克苏）喀拉塔勒镇、阿依库勒镇 （温宿）吐木秀克镇、佳木镇 （库车）雅克拉镇、齐满镇 （新和）尤鲁都斯巴格镇 （沙雅）托依堡勒迪镇、英买力镇、红旗镇 （拜城）铁热克镇、赛里木镇、察尔齐镇 （乌什）**阿合雅乡（镇）** （阿瓦提）乌鲁却勒镇、拜什艾日克镇 （柯坪）**阿恰勒乡（镇）** **金银川镇（1 团、2 团、3 团）、塔门镇（8 团）、花桥镇（11 团）**，均为兵团第一师团场城镇
五级（一般镇）	0.2~1	25+9	（阿克苏）**拜什吐格曼乡（镇）、托普鲁克乡（镇）** （温宿）阿热勒镇、克孜勒镇、**恰格拉克乡（镇）、博孜墩乡（镇）** （库车）阿拉哈格镇、墩阔坦镇、牙哈镇、**塔里木乡（镇）、哈尼喀塔木乡（镇）、阿格乡（镇）** （沙雅）哈德镇、**海楼乡（镇）、古勒巴格乡（镇）** （新和）**塔木托格拉克乡（镇）、依其艾日克乡（镇）** （拜城）**大桥乡（镇）、克孜尔乡（镇）** （乌什）**依麻木乡（镇）、奥特贝希乡（镇）、英阿瓦提乡（镇）** （阿瓦提）**英艾日克乡（镇）、鲁泰镇** （柯坪）**启浪乡（镇）** **包孜镇（4 团）、沙河镇（5 团）、荒地镇（6 团）、玛滩镇（7 团）、科克库勒镇（10 团）、南口镇（12 团）、幸福镇（13 团）、夏合力克镇（14 团）、新开岭镇（16 团）**，均为兵团第一师团场城镇
乡集镇		30	（阿克苏）库木巴什乡 （温宿）依希来木其乡、古勒阿瓦提乡 （库车）玉奇吾斯塘乡、比西巴格乡、阿克吾斯塘乡 （沙雅）努尔巴格乡、央塔克协海尔乡、盖孜库木乡、塔里木乡 （新和）排先拜巴扎乡、塔什艾日克乡、渭干乡、玉奇喀特乡 （拜城）布隆乡、康其乡、亚吐尔乡、托克逊乡、黑英山乡、米吉克乡、温巴什乡、老虎台乡 （乌什）阿克托海乡、亚克瑞克乡、阿恰塔格乡、亚曼苏乡 （阿瓦提）唐木托格拉克乡、多浪乡、阿依巴格乡、巴格托格拉克乡

注：粗体字为规划新增或行政区划调整城镇。

中心城市职能类型定位一览表   表 2

职能等级	城镇名称	职能类型
地区中心城市	阿克苏市（含阿克苏区、温宿区）	我国向西开放的重要门户、国际运输通道上的重要节点城市，新疆重要的综合交通枢纽、旅游中心城市、商贸物流中心和纺织基地，南疆区域中心城市、全疆副中心城市，以水韵森林和刀郎文化为特色的宜居宜业城市
地区中心城市	库车市	国家级历史文化名城，新疆重要的石化能源基地，南疆重要的综合交通枢纽，旅游中心城市，富有龟兹文化特色的南疆区域中心城市
地区副中心城市	阿拉尔市	兵团南疆战略支点、区域中心城市，兵团第一师政治、经济、文化中心，以农副产品加工、轻纺、石化工业为主、具有军垦文化特色的地区性中心城市
地区副中心城市	拜城市	南疆地区重要的新兴工业城市、生态宜居旅游城市、地区性中心城市，县域政治、经济、文化中心
县域中心城市	阿瓦提县城	阿克苏地区西部城镇组群的重要节点城市，是刀郎文化的发源地，以棉纺产业、果品深加工、太阳能光伏产业为主导的生态宜居城市
	沙雅县城	阿克苏地区东部重要的综合性城市，以石油天然气精细化工产业、特色农副产品加工、纺织产业集群、新能源、生物制药为主导的产业示范区，以商贸物流、生态旅游、现代服务、品质居住为特色的绿洲生态园林城市
	新和县城	南疆能源产业基地之一，阿克苏地区东部重要的综合性城市之一，以石油天然气精细化工产业、特色农副产品加工、机械装备、商贸物流业为特色的生态宜居城市
	乌什县城	全县的政治、经济、文化中心，以新型工业为主、以口岸对外贸易、商品集散为依托的生态型旅游城镇
	柯坪县城	县域政治、经济、文化中心，以发展农牧产品加工为主的小城镇

中心镇及一般镇城镇职能类型与定位一览表   表 3

市县	规划城镇				职能类型
	现状	规划近期 2015 年	规划中期 2020 年	规划远期 2030 年	
阿克苏	喀拉塔勒镇				阿克苏市中心镇，农副产品加工，商贸型
	阿依库勒镇				阿克苏市中心镇，农副产品加工，商贸型
		拜什吐格曼镇			农副产品加工，商贸型
		托普鲁克镇			农副产品加工，商贸型
库车	雅克拉镇				库车市中心镇，石油开采和化工工业新镇
	齐满镇				库车市中心镇，工贸型
	牙哈镇				314 国道交通节点，工贸型
	墩阔坦镇				农副产品加工，工贸型
	阿拉哈格镇				工贸型
		塔里木乡（镇）			生态旅游型
		哈尼喀塔木乡（镇）			农牧业型
		阿格乡（镇）			生态旅游型
沙雅	托依堡勒迪镇				沙雅县中心镇，农副产品加工，商贸型
	英买力镇				县中心镇，农副产品加工，石油开发生活服务基地
	红旗镇				沙雅县中心镇，商贸，农副产品加工，石油开发生活服务基地
		海德镇			石油开发生活服务基地
		古勒巴格乡（镇）			农副产品加工，商贸型
		海楼乡（镇）			农副产品加工
阿瓦提	乌鲁却勒镇				阿瓦提县中心镇，工贸型
	拜什艾日克镇				阿瓦提县中心镇，工贸型
		英艾日克乡（镇）			工贸型
		鲁泰镇			农副产品加工，综合型
温宿	吐木秀克镇				温宿县中心镇，商贸，生态旅游型

续表

市县	规划城镇				职能类型
	现状	规划近期2015年	规划中期2020年	规划远期2030年	
温宿	佳木镇				温宿县中心镇，314国道交通节点，工贸型
	阿热勒镇				工贸型
	克孜勒镇				工贸型
			恰格拉克乡（镇）		农副产品加工，商贸型
			博孜墩乡（镇）		牧业及生态旅游型
新和	尤鲁都斯巴格镇				新和县中心镇，314国道交通节点，农副产品加工，商贸型
			塔木托格拉克乡（镇）		农副产品加工，商贸型
			依其艾日克乡（镇）		农副产品加工
拜城	铁热克镇				拜城县中心镇，煤电、建材、工矿型
	察尔齐镇				县中心镇，工贸型，石油天然气开发生活服务基地
	赛里木镇				拜城县中心镇，交通节点，农副产品加工，商贸型
			大桥乡（镇）		农副产品加工，商贸型
			克孜尔乡（镇）		能源开发、旅游服务基地
乌什		**阿合雅乡（镇）**			乌什县中心镇，交通节点，农副产品加工型
			依麻木乡（镇）		农副产品加工，商贸型
			英阿瓦提乡（镇）		农副产品加工，商贸型
			奥特贝希乡（镇）		边贸物资集散地，生态旅游型
柯坪		**阿恰勒乡（镇）**			柯坪县中心镇，物流、商贸、经济中心
			启浪乡（镇）		农副产品加工，商贸型
兵团第一师团场城镇		**金银川镇（1、2、3团）**			交通节点、农业综合型，重点发展城镇
		塔门镇（8团）			交通节点、农业综合型，重点发展城镇
		花桥镇（11团）			交通节点、农业综合型，重点发展城镇
		包孜镇（4团）			农业综合型
		沙河镇（5团）			水果、蔬菜基地，农副产品生产加工型
		荒地镇（6团）			农业综合型
		玛滩镇（7团）			农业综合型
		科克库勒镇（10团）			农业综合型
		南口镇（12团）			阿拉尔市卫星城镇，城郊型经济，农副产品生产加工型
		幸福镇（13团）			农业综合型
		夏合力克镇（14团）			农业综合型
		新开岭镇（16团）			农业综合型

注：粗体字为规划新增或行政区划调整城镇。

乌什口岸运量预测表 表4

2015年		2020年	
客运量（万人）	货运量（万吨）	客运量（万人）	货运量（万吨）
20	130	40	260

注：数据来自《阿克苏地区综合运输体系规划》。规划公路S306延伸线至乌什口岸，规划道路等级二级。

图4 城镇规模结构规划图

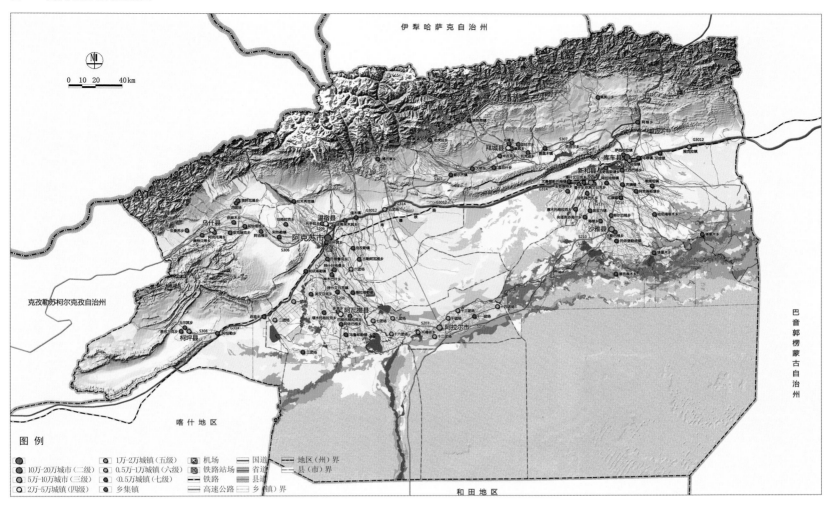

温宿规划规模: 近期(2015年)5.5万人,远期(2030年)9至10万人。

(四)城乡统筹发展

1、坚持"三集中", 加快发展城市、城镇和中心村;

2、促进城乡公共服务全覆盖、均等化;

3、加快地区农牧业现代化;

4、建设新农村现代化人居环境;

5、加强民生建设实现脱贫致富。

五、综合交通规划

(一)功能定位与发展目标

1、功能定位

全疆交通副中心城市, 面向南疆, 辐射中亚、西亚的客货运交通枢纽, 商贸物流中心, 国家战略资源综合运输通道和国际物流运输的重要枢纽。

2、基本构架

构筑以区域通道和复合交通走廊为依托平台, 铁路、轨道交通为骨干, 公路网络为基础, 客运枢纽为节点的一体化综合交通体系。

3、交通发展目标

坚持综合交通发展可持续, 与环境容量相匹配, 与城镇群空间职能发展相协调, 创造人性化、集约化、捷运化、信息化、法制化和生态化的区域综合交通设施平台。

4、交通时空目标

阿克苏地区2小时交通圈、东部城镇组群半小时交通圈、西部城镇组群1小时交通圈; 远景客运专线建成后, 形成阿克苏—库车客运1小时交通圈, 客运2小时交通圈覆盖库尔勒和喀什, 4小时交通至乌鲁木齐。

图 5　综合交通规划图

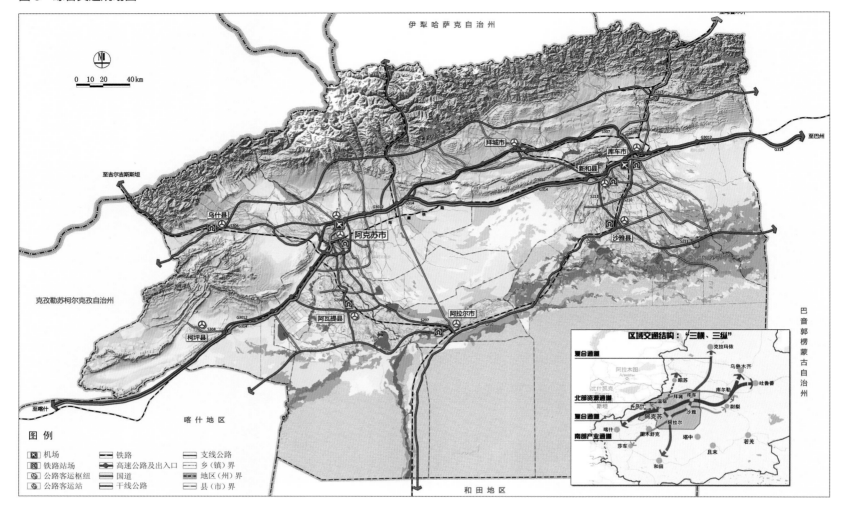

（二）规划策略

1、突出区域交通衔接，提升铁路和航空的运输地位，提高运能，扩大公路交通通达率覆盖率，提升等级，构建内部各种交通方式的顺畅衔接，公、铁、空一体化的综合交通体系。

2、强化国际性运输通道，铁路和高等级公路连通对外口岸。打造国家战略资源综合运输通道和国际物流运输重要枢纽。交通需求旺盛的线路，打造复合型交通廊道。

3、构建多种交通运输方式协调、衔接的客、货集散枢纽，逐步实现客运"零距离换乘"和货运"无缝隙衔接"，扩大对周边国家和地区的影响范围，打造南疆交通枢纽和商贸物流中心。

4、建成以高等级公路、干线铁路和民航航线构成的区域对外交通运输体系，强化高等级公路、干线铁路、客运专线构成的天山南坡东西向通道，打通以高等级公路、干线铁路组成的连接天山南北的南北向通道。

5、地区内交通形成以高等级公路、铁路和客运专线为骨架，形成地区 2 小时交通圈，和以阿克苏、库车为中心的城镇组群 1 小时交通圈。

6、建成地区内部北侧资源开发通道，公路达到二级以上。大规模资源开发区实现铁路连通。

7、农村公路基本实现村村通公路，实现乡镇市之间三级及以上公路连通。

8、建成并完善以阿克苏和库车为中心的综合交通运输枢纽，提升乡镇客运枢纽，增加农村公路客运站点覆盖率。

（三）综合交通规划

规划期末，地区将形成以高速、高等级

公路、干线铁路和航空港为核心的三位一体的综合交通体系框架。

1、区域交通框架

以铁路和航空港布局为核心，协调铁路、高速公路与航空港布局的关系，打通南北向通道，强化提升东西向通道。在区域范围内规划形成"三横三纵"的区域复合交通走廊。

2、航空

规划阿克苏机场定位为军民合用机场和疆内支线机场之一。

规划阿克苏、库车机场的等级为 4D 级，主要服务于地区客流，增加直达国内主要大中城市和自治区内主要城市的航班。

规划改造 8 团（阿拉尔市塔门镇）、3 团（阿瓦提县哈拉库勒镇）现有通用机场；升级 10 团（阿拉尔市科克库勒镇）、1 团（阿克苏市金银川镇）现有通用机场为通勤机场。

新增 4 个通用机场，分别位于沙雅县、乌什县、阿瓦提县和柯坪县。

3、铁路规划

（1）铁路中期规划（2020 年）：规划铁路线网形成"一主三支"的铁路网格局，形成便捷、通达、完善的铁路运输网络。规划形成"两主三次"的主要铁路客货运站场，"两主"为阿克苏铁路站场和库车铁路站场，"三次"为新和铁路站场、阿拉尔铁路站场和拜城铁路站场。

（2）铁路远期规划（2030 年）：规划远期铁路线网形成"一横二纵多支线"的铁路网格局，形成便捷、通达、完善的铁路运输网络。

4、公路网规划

在强化现有公路运输通道的基础上，规划构筑地区范围内"三横三纵"的骨干公路网布局。

（1）其他公路规划：在中心城市与阿瓦提县区域，实现公路干线网络化。在中心城市与柯坪、乌什和阿拉尔之间，形成点对点双通道、多通道布局。

（2）公路枢纽：规划阿克苏－温宿为南疆客运交通枢纽，库车、阿拉尔、拜城为地区客运交通枢纽。其他县乡设置县级公路客运站，完善设施，提升配置。

（3）重点景区连接线：改建 5 条连接线、新建 2 条连接线。

（4）口岸衔接。

六、公共服务设施规划

（一）规划目标

完善"中心城市、县城、中心镇、一般乡镇、中心村"五级公共服务设施配套体系；统筹地区公共资源，建设覆盖城乡的文化、教育科技、体育、医疗卫生、社会福利等公共服务设施；构建城乡公共服务网络，提高城乡公共服务水平。

（二）规划原则

1、大力推进"教育兴区、人才强区"战略。贯彻"以城带乡"的原则，强化各级中心城市、城镇教育资源对广大农村地区的服务水平。

2、引导公共设施区域协调、城乡共享、兵地共建。在设施布局中应弱化行政区、城乡和兵地之间壁垒，使公共服务设施的辐射能力最大化。

3、按照本次规划确定的城镇体系框架，建设层次清晰、系统完善的公共服务设施体系。从地区层面引导公共资源向农村和落后地区倾斜。

七、生态环境保护

（一）生态保护框架体系

从地区宏观层面建立"天山塔河双廊道、五源一干两绿洲"的生态发展框架。

1、"天山塔河双廊道"

指在阿克苏"山区—绿洲—荒漠"的生态体系中，针对山区—绿洲之间和绿洲—荒漠之间生态较敏感的两条过渡带建设以防护功能为主的绿化廊道。

天山山前廊道，以天然牧草为主要植被类型，防止夏季洪水侵袭和水土流失，沿线串联世界自然遗产地天山托木尔峰、天山神木园、克孜尔千佛洞、库车大峡谷等人文、自然景点，是守护绿洲安全、保护文化遗产、提供旅游游憩的重要廊道。

塔河廊道，以乔木、灌木为主要植被类型，防止沙漠侵袭，沿线分布刀郎文化部落、沙雅胡杨林自然保护区等景点，是面向塔克拉玛干沙漠的重要生态屏障。

2、"五源一干两绿洲"

指重点保护阿克苏地区的水系和绿洲。

"五源"指天山南脉积雪融化形成的托什干河、库玛拉克河、台兰河、库车河和渭干河。

"一干"指阿克苏河、叶尔羌河、和田河汇流后形成的塔里木河干流上游。

"两绿洲"指上述河流所孕育的阿克苏河绿洲、渭干—库车河绿洲。

（二）重点生态空间建设

主要包括山前水土保持区、塔里木河生态林带区、地表径流缓冲区、绿洲农田区五大类。

图6 生态结构规划图

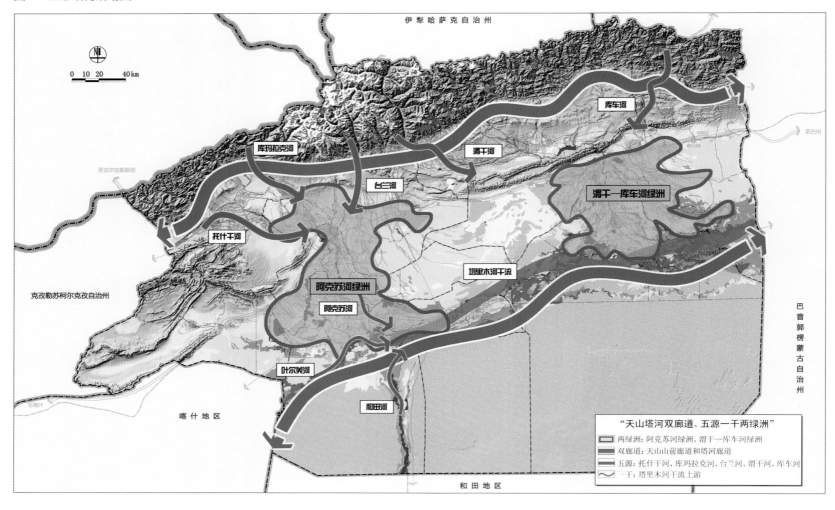

八、旅游发展

（一）旅游景点整合

根据地域相邻、资源互补的条件，将相对集聚的景点整合后，进一步组成旅游景区和景观带。

1、世界自然遗产地天山托木尔峰景区

含托木尔峰、汗腾格里峰、托木尔冰川、科其喀尔冰川、神奇峰、塔格拉克牧场、平台子、天山森林公园等。

2、龟兹石窟群景区

包括克孜尔石窟、库木吐喇石窟、森木赛姆石窟等。

3、库车大峡谷景区

包括天山神秘大峡谷、盐水沟、天山奇景、红山石林、克孜利亚大峡谷、大龙池和小龙池。

4、库车国家级历史文化名城景区

包括龟兹乐舞、龟兹古城、库车王府、库车大寺、古民居、热斯坦民俗街、库车河风景带等。

5、沙雅胡杨林景区

包括世界胡杨森林公园、太阳岛、月亮湾、塔河外滩、魔鬼林。

6、柯柯牙景观带

涵盖了红旗坡农场、温宿核桃园、怡磐园度假村、稻香休闲园等。

7、夏塔古道景观带

包括琼阿帕热气泉、木扎尔特冰川、雪莲峰、木孜达坂等景点。

8、乌孙古道景观带

包括沙拉依塔木烽火台、刘平国治关城诵石刻、阿克布拉克草原等景点。

（二）旅游总体布局

1、总体格局

图 7　旅游发展规划图

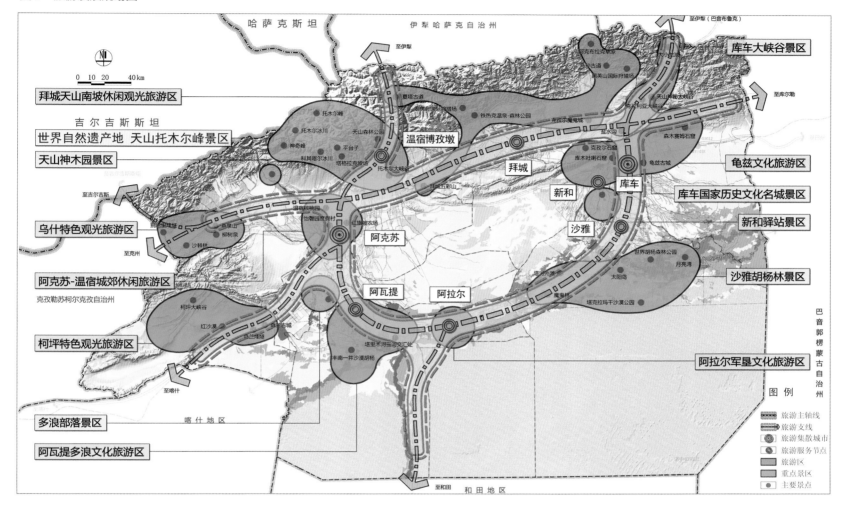

总体格局为：一条旅游环线、两大旅游集散城市、七个特色旅游区、八个重点景区。

2、一条旅游环线

阿克苏—柯柯牙景观带—温宿大峡谷—拜城天山南坡旅游区—库车龟兹文化旅游区—新和驿站文化景区—沙雅胡杨林景区—阿拉尔军垦文化旅游区—阿瓦提刀郎文化旅游区—阿克苏。

3、两大旅游集散城市

即建设阿克苏市旅游集散城市和库车旅游集散城市。其中阿克苏市建成为"阿克苏地区和南疆旅游集散中心"，库车建成为"丝

路中道与北道旅游中转枢纽"。

4、七个特色旅游区

即龟兹文化旅游区、阿瓦提刀郎文化旅游区、阿克苏城郊休闲旅游区、拜城天山南坡观光旅游区、乌什特色观光旅游区、柯坪特色观光旅游区、阿拉尔军垦文化旅游区。

5、八个重点景区

规划世界自然遗产地托木尔峰景区、龟兹文化旅游区、库车大峡谷、库车国家历史文化名城、沙雅胡杨林、刀郎部落、新和驿站、天山神木园八个重点景区。

九、历史文化资源保护

（一）物质文化遗产

1、开展资源调查研究，推进申报

加强历史文化名城、名镇、名村保护。加强地域历史文化研究，开展历史文化名城、名镇、名村的调查研究，支持符合条件的城市申报历史文化名城，支持符合条件的乡镇（团场）、村庄（连队）申报历史文化名镇、名村。

2、历史文化名城

对于库车历史文化名城（2012 年获批为

图8 空间管制规划图

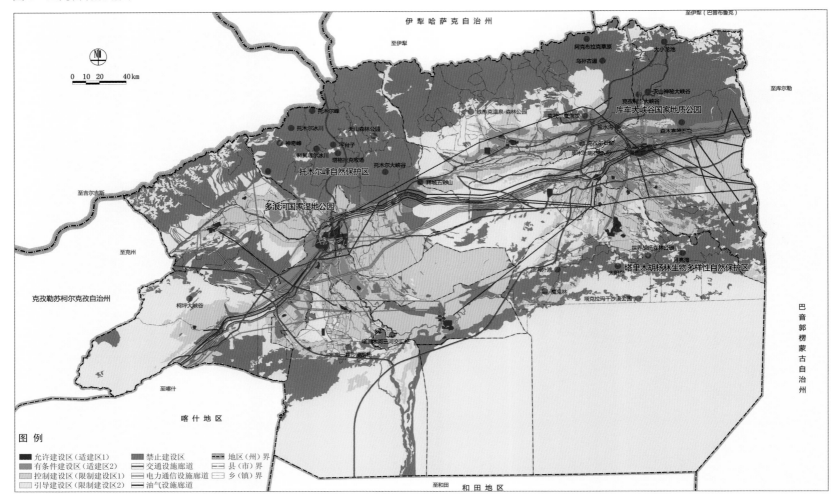

图 例
- 允许建设区（适建区1）
- 有条件建设区（适建区2）
- 控制建设区（限制建设区1）
- 引导建设区（限制建设区2）
- 禁止建设区
- 交通设施廊道
- 电力通信设施廊道
- 油气设施廊道
- 地区（州）界
- 县（市）界
- 乡（镇）界

国家级历史文化名城），要妥善处理各类历史文化遗产与城市建设、经济发展的关系，严格按照相关历史文化名城保护规划，保护好城市的整体历史风貌特色。

3、历史文化名镇、名村

针对阿克苏历史文化名镇和历史文化街区、历史文化名村，自治区级以上历史文化名镇和历史文化街区、历史文化名村应编制专项保护规划。

4、历史文保单位

阿克苏地区的18处全国重点文物保护单位和64处自治区级文保单位，依据《中华人民共和国文物保护法》和《紫线管理办法》实施保护。

（二）非物质文化遗产

保护非物质文化遗产，应建立完善非物质文化遗产机构，制订非物质文化遗产管理规划，建立非物质文化遗产名录体系，推进非物质文化遗产信息化，鼓励各种资金赞助和支持，推动非物质文化遗产保护项目的市场化和社会化运作。建立代表性传承人传、帮、带等传习活动的资助资金制度，增强当地居民保护意识。

（1）世界级非物质文化遗产

刀郎木卡姆艺术。

（2）国家级非物质文化遗产

库车赛乃姆、维吾尔族乐器制作技艺、维吾尔族卡拉库尔羊羔皮帽制作技艺、柯尔克孜族刺绣、维吾尔族刀郎麦西热甫、维吾尔族帕拉孜制作技艺、维吾尔族花毡制作技艺、维吾尔族却日库木麦西热甫。

（3）自治区级非物质文化遗产

刀郎热瓦普艺术、库车维吾尔族民歌、萨玛瓦尔舞、匹尔舞、刺绣、帕拉孜纺织技艺、传统小刀制作技艺、库休克（木勺）制作技艺、恰皮塔制作工艺、刀郎慕萨莱思酿造工艺的、乐器制作技艺、克尔柯孜族约尔玫克（毛线编）编制技艺、传统捕鱼习俗等。

十、空间管制

（一）允许建设区

允许建设区空间主要用途为城镇、工矿和村居民点建设，是规划期限内新增城镇、工矿和村居民点建设规划选址的区域，除法律、行政法明确的地域范围外，允许建设区的管理属于阿克苏地区政府事权范围。允许建设区的管理范围包括现状建成区、新增开发建设地区和影响区域。

（二）有条件建设区

有条件建设区是城镇和农村建设发展有限选择的地区，主要用于城乡建设用地的弹性布局，区内城镇、工矿和村居民点用地按照允许建设区的要求进行管理，而基础设施和采矿用地、其他独立建设用地按照限制建设区的要求进行管理。

阿克苏地区在有条件建设区内重点管理以下内容：地区战略性发展地区，包括阿克苏协作开发区、"库沙新"战略发展区；对地区社会经济发展具有重要影响的重大资源产地和重点产业园区；对于地区发展具有重大影响的综合交通枢纽地区和重点交通设施廊道。

（三）限制建设区

限制建设区主要是指为保护生态环境、资源保护、自然和历史文化环境，满足基础设施和公共安全等方面的需要，必须对建设内容、规模、强度、目的等进行引导和控制的地区。

规划限建区细分为控制建设区和引导建设区。其中，控制建设区是在限建区基础上从城镇体系规划的角度严格控制建设的区域；引导建设区是从规划角度适度控制，同时可根据建设行为的类型和影响进行分类引导的区域，根据地区和各县市发展需求可以作为发展备选空间和远景备用地。

克孜勒苏柯尔克孜自治州城镇体系规划（2013-2030年）

克孜勒苏柯尔克孜自治州位于新疆维吾尔自治区西南部，北部、西部分别与吉尔吉斯斯坦、塔吉克斯坦接壤，东部与阿克苏地区的乌什、柯坪两县相连；南部与喀什地区的喀什市、巴楚县、伽师县、莎车县、英吉沙县、疏附县、塔什库尔干塔吉克自治县毗邻。

辖阿图什市、阿克陶县、阿合奇县、乌恰县。

地势由东南向西北呈梯状上升，境内多山，山地占全州总面积的90%以上。

克孜勒苏柯尔克孜自治州城镇体系规划(2013-2030年)

组织编制：克孜勒苏柯尔克孜自治州人民政府
编制单位：新疆维吾尔自治区建筑设计研究院、江苏省城市规划设计研究院、江苏省城市交通规划研究中心
批复时间：2014年1月

第一部分 编制概况

为贯彻落实《中共中央、国务院关于推进新疆跨越式发展和长治久安的若干意见》文件精神和国家新一轮西部大开发战略，积极推进克孜勒苏柯尔克孜自治州（以下简称"克州"）新型城镇化进程，科学指导克州的空间合理布局和有序发展，完善基础设施建设，保护生态环境，培育南疆核心增长极，促进南疆三地州区域协调发展，加速克州崛起。依据国家和新疆维吾尔自治区有关法规政策，根据克州党委、政府的部署，制定了《克孜勒苏柯尔克孜自治州城镇体系规划（2013-2030年）》。

随着《新疆城镇体系规划（2012-2030年）》、《喀什经济开发区总体规划（2011-2030）》的编制完成，为更好地与国家政策、外部环境、上位规划及周边区域相协调，科学推进克州新型城镇化和经济社会全面发展，构筑一个开放高效、相对均衡的城镇体系，克州人民政府于2012年4月重新启动了《克州城镇体系规划（2013-2030年）》的修编工作。期间，同步开展了人口与城镇化、区域发展定位、产业发展的路径选择与对策、环喀什地区空间发展研究、水资源承载能力及生态发展策略、道路交通发展、旅游发展7个专题研究报告。

第二部分 主要内容

一、规划范围和期限

（一）规划范围

规划范围为克州全境，包括克州的一市三县（阿图什市，阿克陶、乌恰、阿合奇三县），总面积约为7.09万平方公里。

（二）规划期限

规划期限为2013-2030年，其中近期为2013-2015年，中期为2016-2020年，远期为2021-2030年。

二、城镇化发展目标和战略

（一）人口发展预测与城镇化趋势判断

预计2015年克州总人口（含兵团）为60万人，城镇人口21万~23万人，城镇化水平达到35%~38%；2020年总人口为68万人，城镇人口29万~31万人，城镇化水平达到43%~45%；2030年总人口为80万人，城镇人口40万~44万人，城镇化水平达到50%~55%。

（二）城镇化发展目标

围绕克喀一体化发展战略，重点打造阿图什市、乌恰县城、阿克陶县城，成为南疆三地州乃至自治区对外开放的重要城市，提升阿合奇县城发展水平，构建结构合理、配套完善、功能明确、发展协调、相对均衡的城镇发展格局。

按照"产业推动、跨越式发展"的经济目标，"集约有序、分区优化"的空间目标，"对外开放、长治久安"的社会目标，最终实现州域内"城市现代化、农村城镇化、城乡一体化"的总体发展目标，形成以阿图什市城区为核心，以乌恰县城、阿克陶县城、阿合奇县城为次中心，以小城镇为依托，层次分明、功能互补的现代化城镇网络体系。

（三）城镇化发展战略

1、外援内生，区域城镇协调联动

以外驱动力为引导，借鉴发达地区经济开发区建设与发展经验，以产业集聚发展平台为载体，引导和支持内地企业到克州投资，强化自身内生性发展动力的培育，加强克州与喀什地区、阿克苏地区的融合发展，推进城镇化进程。

2、城乡统筹，实现全面协调可持续发展

加大城乡统筹发展力度，着力在城乡规划、产业发展、基础设施、公共服务等方面推进一体化，大力推进安居富民与定居兴牧，逐步缩小城乡差距，推进城乡要素平等交换和公共资源均衡配置，促进城乡共同繁荣，全面落实经济建设、政治建设、文化建设、社会建设、生态文明建设五位一体的总体布局。

3、点轴集中，优化城镇体系结构

采取"点轴集中、重点城镇极化"的空

图 1　区域协调图

间发展模式，促进产业发展向中心城市、县城、中心镇集中，以此引导农村剩余劳动力向中心城市、县城、中心镇集聚。

做大做强区域中心城市（阿图什市），重点培养发展潜力最大、经济效益最好的城镇（乌恰与阿克陶），选择一定数量的中心镇，加大扶持力度，使其发挥片区中心城镇作用，服务一定范围内的集镇和乡村，可以推进地域整体城镇化水平的提高。

4、内引外联，构建开放高效新格局

利用国家援疆政策机遇，加快克州与周边国家的交通与能源通道建设，构筑国际物流大通道；加快吐尔尕特口与伊尔克什坦口岸门户节点建设，设定边境贸易自由区，形成开放高效的新格局。

5、产业转型，增强城镇发展动力

依托差别化产业政策与财税、金融等一系列支持新疆发展的特殊政策措施以及克喀经济一体化的趋势，按照"产城融合，宜居宜业"的要求，大力实施优势资源的转换与少数民族地区特色经济的发展。

6、文化引领，注重城镇特色建设

以现代文化为引领、以地方文化为特色，繁荣多元文化，保护优秀地方传统文化遗产；按照现代化和民族特色、地方特色相统一的要求，突出地方文化特色和自然环境特色，强化功能，规划建设特色新农村和新城镇。

三、城镇空间结构与布局

（一）城镇空间结构

1、空间发展目标

城镇规模结构规划一览表（2020年）   表1

等级	城镇性质	城镇数量	人口规模	城镇名称
一级	中心城市	1	14万~16万	阿图什市
二级	次中心城市	3	7万~10万	阿克陶县城
			3万~4万	乌恰县城
			2万~3万	阿合奇县城
三级	中心镇	2	3.5万~4万	上阿图什镇、玉麦镇
		2	1万~1.2万	克孜勒陶镇、哈拉峻镇
		6	0.5万~0.7万	奥依塔克镇、哈拉奇镇、库兰萨日克镇、布仑口镇、康苏镇、黑孜苇镇
	一般乡镇	2	3万~3.5万	皮拉勒镇、巴仁镇
		4	0.8万~1.2万	阿湖镇、格达良镇、波斯坦铁列克镇、加马铁列克乡
		3	0.5万~0.8万	吐古买提镇、膘尔托考依乡、木吉乡
		6	0.3万~0.5万	红旗农场（兵团）、喀尔克其克乡、托塔依农场、恰尔隆乡、塔尔乡、乌鲁克恰提镇
		13	<0.3万	国营马场、哈拉布拉克乡、苏木塔什乡、阿合奇良种场、色帕巴依乡、乌合沙鲁乡、玛依喀克牧民定居区管理委员会、阿克塔拉牧场、库斯拉甫乡、巴音库鲁提镇、铁列克乡、托云乡、吉根乡

城镇规模结构规划一览表（2030年）   表2

等级	城镇性质	城镇数量	人口规模	城镇名称
一级	中心城市	1	22万~27万	阿图什市
二级	次中心城市	3	13万~16万	阿克陶县城
			5万~6万	乌恰县城
			3万~4万	阿合奇县城
三级	中心镇	1	3万~4万	上阿图什镇
		2	1万~1.5万	克孜勒陶镇、哈拉峻镇
		5	0.5万~0.7万	奥依塔克镇、哈拉奇镇、库兰萨日克镇、布仑口镇、康苏镇
	一般乡镇	2	1万~2万	皮拉勒镇、巴仁镇
		4	0.8万~1万	阿湖镇、格达良镇、波斯坦铁列克镇、加马铁列克乡
		3	0.5万~0.8万	吐古买提镇、膘尔托考依乡、木吉乡
		6	0.3万~0.5万	红旗农场（兵团）、喀尔克其克乡、托塔依农场、恰尔隆乡、塔尔乡、乌鲁克恰提镇
		13	<0.3万	国营马场、哈拉布拉克乡、苏木塔什乡、阿合奇良种场、色帕巴依乡、乌合沙鲁乡、玛依喀克牧民定居区管理委员会、阿克塔拉牧场、库斯拉甫乡、巴音库鲁提镇、铁列克乡、托云乡、吉根乡

（1）发展目标

规划从整体区域环境出发，按照"开放型结构、集约型城镇、生态型区域"的总体目标进行空间布局。

（2）发展策略

按照"提速升级、互动发展、中心突破、内聚外联、协调发展"的发展策略。发挥各城镇的经济集聚效益，实现地区之间、城镇之间的专业分工与协作，形成有机联系的区域经济网络，提高社会经济和环境效益。

2、总体空间结构

城镇体系空间结构规划总体形成"一核、一轴、多节点"的空间模式。

（1）一核

即以阿图什市、乌恰县城、阿克陶县城、口岸共同构建的"金三角"核心区域，是克喀城镇群的重要组成部分，是克州城镇体系空间结构的中心和经济发展的重要增长极。

（2）一轴

即南疆铁路—中巴铁路发展轴，以南疆铁路、中巴铁路交通走廊为纽带，加快阿图什市、阿克陶县城、上阿图什镇、奥依塔克镇、布仑口镇等中心城市、城镇的发展建设，支撑克州重点产业带发展。

（3）多节点发展

即培育特色县城、中心镇等节点地区，重点发展阿合奇县城、哈拉奇镇、库兰萨日

图2　城镇体系规划图

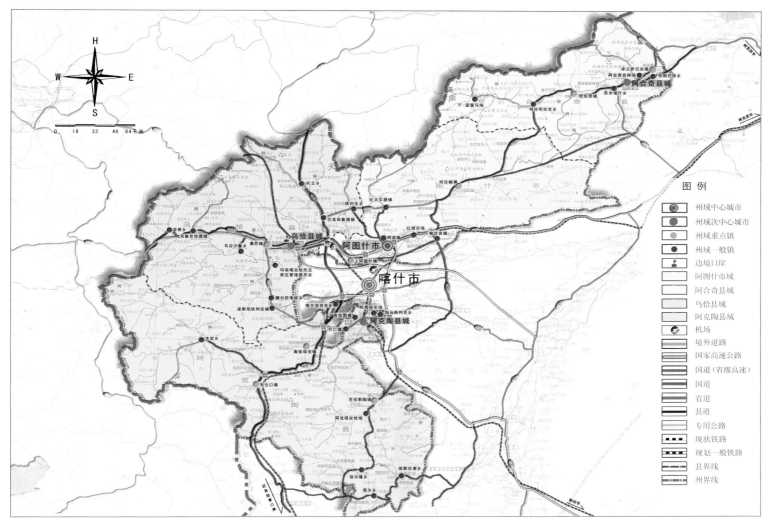

克镇、哈拉峻镇、克孜勒陶镇、康苏镇。

（二）城镇等级规模结构

规划将城镇分为4个等级，即中心城市、次中心城市、中心镇和一般乡镇（表1、表2）。

1、第一级（中心城市）

即阿图什市，作为州域政治、经济、科技信息和社会服务中心，在整个州域发展中起龙头作用。

2、第二级（次中心城市）

即乌恰县城、阿克陶县城和阿合奇县城，作为县域的中心城市，是各县政治、经济、科技信息和社会服务中心，承担联系中心城市和辐射乡镇的作用。将乌恰县进行撤县建市，打造克州产业强市。

3、第三级（中心镇）

即上阿图什镇、哈拉峻镇、克孜勒陶镇、布仑口镇、奥依塔克镇、康苏镇、哈拉奇镇、库兰萨日克镇。

选择具有良好发展前景的城镇作为重点培育对象，作为各片区的中心，引导周边一般乡镇，更好地带动片区整体发展。

4、第四级（一般乡镇）

即阿湖镇、格达良镇、吐古买提镇、红旗农场（兵团）、皮拉勒镇、巴仁镇、加马铁列克乡、喀尔克其克乡、木吉乡、恰尔隆乡、塔尔乡、库斯拉甫乡、阿克塔拉牧场、托塔依农场、乌合沙鲁乡、乌鲁克恰提镇、巴音库鲁提镇、吉根乡、膘尔托考依乡、波斯坦铁列克镇、托云乡、铁列克乡、玛依喀克牧民定居区管理委员会、色帕巴依乡、苏木塔什乡、哈拉布拉克镇、阿合奇良种场、国营马场。

图3 城镇等级规模规划图

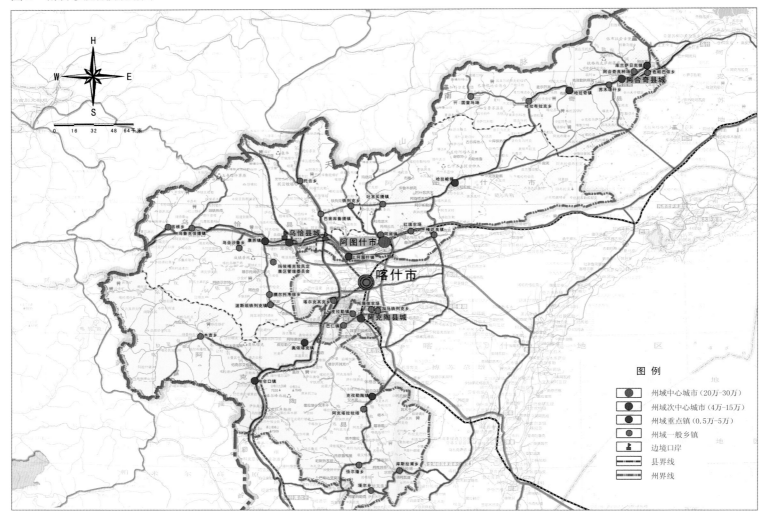

规划期末，规划克州撤乡建镇的城镇共有13个，中期将松他克、阿扎克并入阿图什市城区；远期将玉麦、黑孜苇并入阿克陶、乌恰县城内，将恰尔隆乡、塔尔乡、库斯拉甫乡的部分居民点迁入阿克陶县城，乌恰县城与伊尔克什坦口岸共同发展，巴音库鲁提镇与吐尔尕特口岸共同发展；规划按照"优化资源配置，促进兵地融合共同发展，加强重大基础设施、公共服务设施、交通设施的共建共享"的思路，将托云牧场与托云乡融合发展。

（三）城镇体系职能结构

1、州域中心城市

即阿图什市，作为克州首府，是克州政治、经济、科技信息和社会服务中心，是中国向西开放的窗口城市之一，是"克一喀"城镇群重要的组成部分，是南疆产业加工集散和机械制造基地、物流集散中心，是南疆地区宜居、旅游目的地，是克州发展的核心增长极及南疆三地州增长的重要支点。

2、州域次中心城市

（1）乌恰县城

克州副中心城市，是以边境贸易、金属加工为主导，以高原边陲民俗旅游为特色，面向中西亚的新疆重要对外开放口岸城市和新兴工业城市。规划远期将乌恰撤县建市。

（2）阿克陶县城

作为我国西部边陲战略重镇，是克州南部副中心城市，是南疆重要的水能、黑色金属加工与特色农副产品加工基地，是克喀城镇组群重要的生态旅游副中心城市。

（3）阿合奇县城

克州东部副中心城市，是玛纳斯文化旅

城镇体系职能结构一览表　　　　　　　　　　　　　　　　　　　　　　　　　　　　　　　　表 3

城镇性质	数量	城镇名称	主导职能	职能说明
中心城市	1	阿图什市	综合型	阿图什市是克州政治、经济、科技信息和社会服务中心，是中国向西开放的窗口城市之一，是克喀城镇群重要的组成部分，是南疆产业加工集散基地、物流集散中心，主要发展电子、机械制造、新型建材、农副产品加工等产业
次中心城市	3	乌恰县城	综合型	克州副中心城市，面向中西亚的新疆重要对外开放口岸城市，主要发展对外经济贸易、农副产品精加工业、金属加工产业、特色旅游业
		阿克陶县城	综合型	克州南部副中心城市，是南疆重要的特色农副产品加工基地，克喀城镇组群重要的生态旅游副中心城市，主要发展特色农副产品加工业、商贸流通业、黑色金属加工及特色旅游业
		阿合奇县城	综合型	克州东部副中心城市，是南疆地区重要的文化旅游城市和生态宜居城市，主要发展农副产品深加工、电能关联产业、新能源开发、矿产加工等无污染循环经济产业和旅游业
中心镇	8	上阿图什镇	工贸型	主要发展口岸经济、商贸物流的工贸型城镇
		哈拉峻镇	工贸型	主要发展矿产开采及加工的北部工贸型城镇
		克孜勒陶镇	综合型	主要发展特色畜牧养殖和特色林果加工的综合型城镇
		布仑口镇	综合型	主要发展旅游业、畜牧业的综合型城镇
		奥依塔克镇	工矿型	主要发展矿产品加工、矿产物流的工矿型城镇
		康苏镇	工贸型	主要发展以煤炭为主体的建筑材料、电力、矿产开发加工业的工矿型城镇
		哈拉奇镇	综合型	主要发展现代畜牧业和商贸的综合型城镇
		库兰萨日克镇	综合型	主要发展现代设施农业、特色养殖业、特色林果业，电能关联产业、农副产品深加工以及商贸流通业的综合型城镇
一般乡镇	28	阿图什市	农贸型	阿湖镇	以粮食及特色林果为主导产业的农贸型城镇
			工贸型	格达良镇	以农畜产品加工、矿产开发及加工、旅游为主的工贸型城镇
			农贸型	吐古买提镇	以现代农牧业为主、旅游业为辅的农贸型城镇
			农贸型	红旗农场（兵团）	以农牧业为主导产业的农贸型城镇
		阿克陶县	农贸型	皮拉勒镇	以商贸、农业和林果产品加工为主导产业的农贸型城镇
			农贸型	巴仁镇	以商贸、特色林果、蔬菜水果和畜产品加工业为主导产业的农贸型城镇
			农贸型	加马铁列克乡	以商贸、农产品加工为主导产业的农贸型集镇
			农贸型	喀尔克其克乡	以农牧业、农畜产品加工为主导产业的农贸型集镇
			农牧型	木吉乡	以畜产品加工为主导产业的农牧型集镇
			农贸型	阿克塔拉牧场	以畜牧业、特色畜产品精深加工为主导产业的农贸型集镇
			农贸型	托塔依农场	以农产品、畜产品加工为主导产业的农贸型集镇
			农贸型	恰尔隆乡	以畜牧业、特色畜产品加工为主导产业的农贸型集镇
			农贸型	塔尔乡	以牧业、特色畜产品加工为主导产业的农贸型集镇
			农牧型	库斯拉甫乡	以农牧业、农产品与畜产品加工为主导产业的农牧型集镇
		乌恰县	边贸型	巴音库鲁提镇	主要发展对外经济贸易、商贸流通业、金融服务业、旅游、出口工业的边贸型城镇
			农贸型	乌合沙鲁乡	以畜牧业、特色养殖业为主导产业的农贸型集镇
			农贸型	乌鲁克恰提镇	以畜牧业、特色养殖业为主导产业的农贸型城镇
			农牧型	吉根乡	畜牧业为主导产业的农牧型集镇
			农贸型	膘尔托考依乡	以畜牧业、特色养殖业为主导产业的农贸型集镇
			农贸型	波斯坦铁列克镇	以畜牧业、林果业、旅游业为主导产业的农贸型城镇
			农牧型	托云乡	以畜牧业为主导产业的农牧型集镇
			农牧型	铁列克乡	以畜牧业为主导产业的农牧型集镇
			农贸型	玛依喀克牧民定居区管理委员会	以设施农业和特色养殖业为主导产业的农贸型集镇
		阿合奇县	农贸型	色帕巴依乡	以农业、旅游为主导产业的农贸型集镇
			旅游型	苏木塔什乡	以旅游业、畜牧业为主导产业的旅游型集镇
			旅游型	哈拉布拉克乡	以旅游业、畜牧业为主导产业的工业型集镇
			农贸型	阿合奇良种场	以设施农业、特色林果业为主导产业的农贸型集镇
			农牧型	国营马场	以畜牧业、精品养殖业为主导产业的农牧型集镇

图4　城镇职能结构规划图

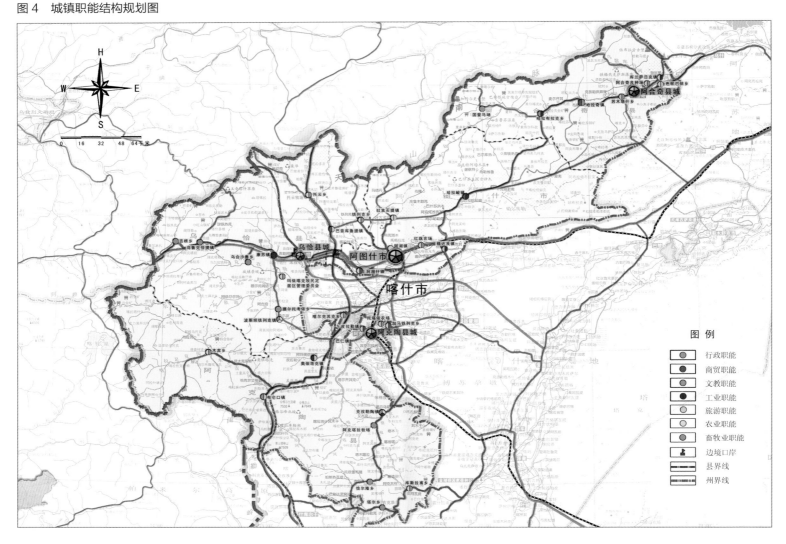

游目的地,是南疆地区重要的文化旅游城市和生态宜居城市。

3、中心镇

（1）上阿图什镇

阿图什市域南部的中心镇,位于市域内最重要的城镇发展区内,是以口岸经济、商贸为主的工贸型城镇。

（2）哈拉峻镇

作为阿图什市域东北部的中心镇,起到辐射市域北部片区的作用,以矿产开采及加工贸易为主的工矿型城镇。

（3）克孜勒陶镇

阿克陶县域东南部的中心镇,起到片区中心的作用,主要发展特色畜牧业及特色林果产品加工业。

（4）布仑口镇

阿克陶县域西部的中心镇,县域西部片区的中心,以旅游和畜牧业为主导的综合型城镇。

（5）奥依塔克镇

阿克陶县域中部的中心镇,县域重要的工业组团,以矿产品加工、矿产物流为主导

的工矿型城镇。

（6）康苏镇

乌恰县中部的中心镇,发展以煤炭为主体的建筑材料、电力、矿产开发等重点工贸镇。

（7）哈拉奇镇

阿合奇县域西线综合服务副中心,是阿合奇县区域内的精品畜牧业养殖基地和商品、物流集散流通、服务中心,是以现代畜牧业和商贸为主导产业的综合型城镇。

（8）库兰萨日克镇

阿合奇县域东线综合服务副中心,是重

图5　产业空间布局图

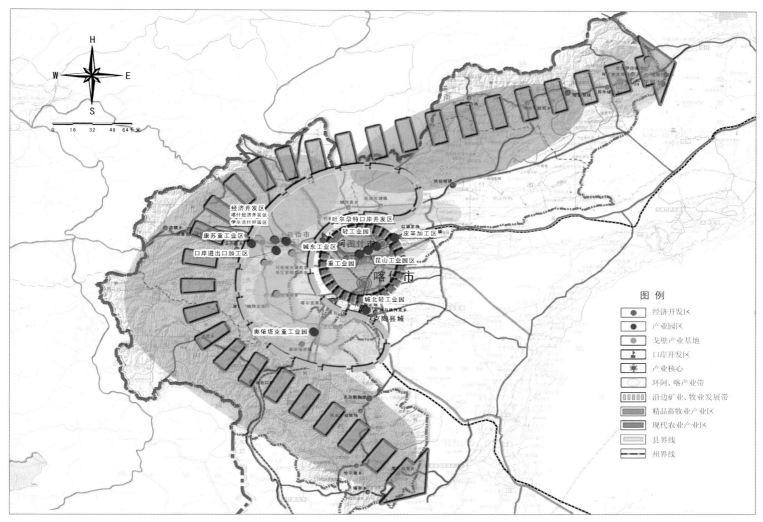

要口岸商贸中心、绿色戈壁农业及特色林果业种植基地，是以发展现代设施农业、特色养殖业、特色林果业，培育发展电能关联产业和农副产品深加工，预留为别迭里口岸经济服务的二、三产发展空间的综合型城镇。

四、产业发展策略与空间布局

（一）产业发展策略

1、充分利用新疆差别化产业政策，发挥援助优势，促进产业快速发展；

2、克喀经济一体化发展，构建区域综合产业体系；

3、提升优势资源型产业，建立产业集群，推进产业升级；

4、依托口岸优势，实施双向辐射，形成外向型经济带动；

5、强化"开放创新"，着力培育新兴产业；

6、发挥援助优势，地域专业化发展，打造特色县市；

7、以就业为导向，全面发展多元的特色经济。

（二）产业发展空间布局

克州产业布局结构为"一心、一环、一带"。

1、"一心"

即阿图什市—喀什市产业核心区。

2、"一环"

即环阿图什市—喀什市核心区形成的产业发展环带。

3、"一带"

即沿边矿业、畜牧业产业发展带。

五、人文环境建设

（一）特色文化建设

1、特色文化发展目标

突出克州民族、历史文化特色以及自然资源优势，大力发展一体多元、融合开放，具有克州特色的现代文化，建设独具魅力的文化强州，推动克州在区域内的文化影响力。

2、文化品牌建设

突出克州的民族和历史文化特色以及自然资源优势，形成具有国际影响力的民族文化品牌，重点打造民族节庆文化活动品牌、草原山川旅游文化品牌、丝绸之路历史品牌的品牌文化建设。

3、加强城乡现代文化建设

进一步完善公共文化服务网络，优先建设关系群众切身利益的文化惠民工程和公益性文化项目，增加基层文化服务总量。

合理配置城乡公共文化资源，建立以城带乡联动机制，加大城市对农村文化的帮扶力度，加强村镇文化建设，加强基层和农村文化网点建设，实施文化建设"春雨"工程；大力倡导融合开放的城市文化，培育阿图什市为自治区文化强市。

4、培育文化产业

加大开发培育浓郁地方特色的文化精品，弘扬民族民间艺术，加强世界级、国家级非物质文化遗产的传承和开发。

积极培育文化产业，合理布局文化产业园区，推动文化与旅游、商贸物流、信息科技等产业融合发展，加快文化资源优势向产业优势和发展优势转变。积极、稳妥地推进文化体制机制改革。

5、搭建文化交流平台

扩大对外文化交流合作，有针对性地开展与周边国家、内地省区的文化交流活动，促进各民族文化相互借鉴、共同繁荣。

（二）特色城镇风貌建设

通过对城镇自然生态保护、历史文脉传承、功能结构完善、景观形象打造、文化内涵塑造，凸显城镇的特色，提高城镇人居环境质量，增强综合竞争力和可持续发展能力。

1、基本原则

坚持保护与创新统筹、分类指导、自然景观与人文景观相互融合、城市建设与经济发展协调原则进行各市县和重点乡镇的特色风貌建设。

2、特色风貌建设

彰显城市特色，突出乡镇特色风貌，以"一乡一品，一村一景"的思路，挖掘历史，打造城镇独有的特色，树立乡镇品牌。

（1）阿图什市

作为伊斯兰教在新疆的发源地，享有维吾尔现代教育的摇篮、无花果和木纳格葡萄之乡、"西部商都"等美誉，规划体现阿图什地域特色和人文风貌的特色，打造特色宜居宜业城市。

（2）乌恰县城

利用西陲高原风光、边境、口岸和柯尔克孜民俗风情，明确高原明珠、边陲口岸、中亚之窗的特色定位。

（3）阿克陶县城

充分挖掘自然资源与特点，确定金玉之邦，生态家园的特色定位。

（4）阿合奇县城

作为《玛纳斯》的故乡，被被誉为"中国玛纳斯之乡"、"中国猎鹰之乡"、"中国库姆孜之乡"和"中国刺绣之乡"，规划体现柯尔克孜文化特色风貌，打造南天山神秘谷地、柯族人精神家园，建立文化旅游生态宜居城市。

结合特色资源、历史文化特点，打造上阿图什足球之乡、哈拉峻马术之乡、格达良达斯坦之乡、吐古买提奥尔达之乡、苏木塔什猎鹰之乡、哈拉布拉克玛纳斯之乡、哈拉奇刺绣之乡、色帕巴依乡的库姆孜奇之乡，并形成相匹配的城镇特色风貌。

结合产业特点，奥依塔克、康苏等工贸型城镇，展现现代工业"科学、文明、产业化、技术化"的特点。

（三）历史文化遗产保护规划

1、总体保护原则

按照"有效保护，合理利用，加强管理"的总体保护原则，坚持保护文化遗产的真实性和完整性，坚持依法和科学保护，正确处理经济社会发展与文化遗产保护的关系，统筹规划、分类指导、突出重点、分步实施，对克州历史文化遗产进行合理保护。

2、物质文化遗产保护规划

坚持"保护为主、抢救第一、合理利用、加强管理"的方针。

加强少数民族文化遗产和文化生态区的保护。对文化遗产丰富且传统文化生态保持较完整的区域，要有计划地进行动态的整体性保护；进行克州文化遗产、国家级和自治区级重点文物保护单位保护规划的编制。

依法划定文物保护单位的保护范围和建设控制地带，批准的保护范围和建设控制地带应当纳入城乡规划之中，得到有效的保护；设立必要的保护管理机构，建立健全保护管理制度；其他不可移动文物也要依据文物保护法的规定制定保护规划。

加强历史文化名镇、名村及传统村落的申报。在城镇化过程中，要切实保护好历史文化环境，把保护优秀的乡土建筑等文化遗产作为城镇化发展战略的重要内容，把历史

图6 旅游空间结构规划图

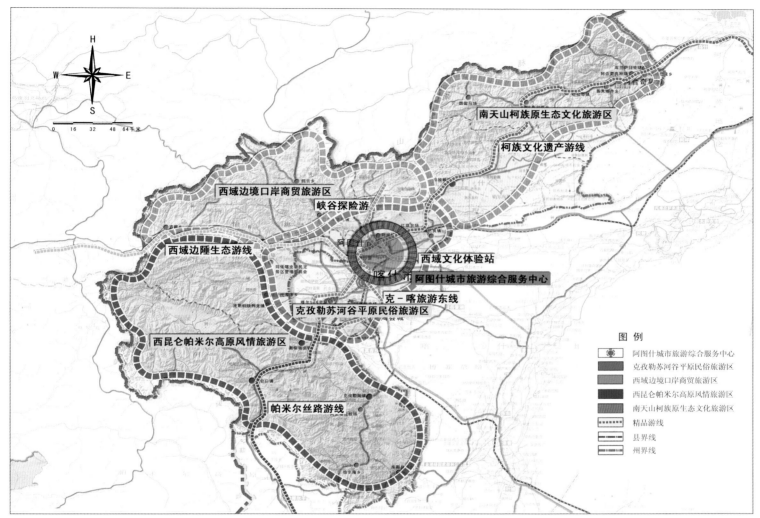

文化名镇、名村及传统村落保护规划纳入城乡规划。

加强博物馆建设，实施馆藏文物信息化和保存环境达标建设，加大馆藏文物科技保护力度。

3、非物质文化遗产保护

建立克州地方非物质文化遗产代表作名录体系，制定非物质文化遗产保护规划，按照世界级、国家级、自治区级、县（市）级实行分级保护。

抢救珍贵非物质文化遗产，对文化遗产丰富且传统文化生态保持较完整的区域，建立民族文化保护区，有计划地进行动态的整体性保护；开展民族民间艺术之乡命名活动，结合城乡建设规划，建设具有地方特色的民族民间艺术馆、博物馆。

建立科学有效的传承机制，重视传承人队伍的建设，对具有重要价值的民族民间艺术传承人，给予政策扶持。

在有效保护的前提下，发挥非物质文化遗产资源优势，继承发展，合理开发利用，促进文化产业发展，扩大克州非物质文化遗产资源的效益，促进区域经济和社会协调发展；加强非物质文化遗产的对外交流与合作，提高克州非物质文化遗产保护工作水平。

（四）旅游发展规划

1、旅游发展定位

总体定位：世界级高原深度体验旅游目的地。

支撑定位：国际著名的高原登山特种旅游胜地、国际知名的柯族文化体验旅游胜地、中国高原丝路文化旅游第一州、中国西部边

图7　公共服务设施规划图

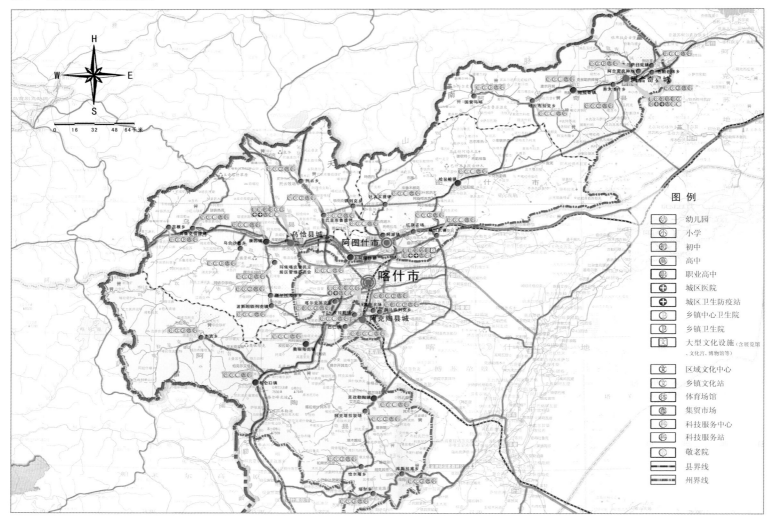

图例

- 幼儿园
- 小学
- 初中
- 高中
- 职业高中
- 城区医院
- 城区卫生防疫站
- 乡镇中心卫生院
- 乡镇卫生院
- 大型文化设施(含展览馆、文化宫、博物馆等)
- 区域文化中心
- 乡镇文化站
- 体育场馆
- 集贸市场
- 科技服务中心
- 科技服务站
- 敬老院
- 县界线
- 州界线

境口岸旅游特区。

2、旅游发展战略

创新驱动的旅游跨越战略、求异发展的特色旅游战略、项目驱动的产品升级战略、产业联动的旅游提升战略、边境特区的口岸旅游战略。

3、旅游空间布局规划

（1）旅游空间结构

规划形成"一核四区"的空间布局。一核：即阿图什城市旅游综合服务中心；四区：克孜勒苏河谷平原民俗旅游区、西域边境口岸商贸旅游区、西昆仑帕米尔高原风情旅游区、南天山柯族原生态文化旅游区。

（2）旅游功能区规划

规划形成阿图什城市旅游综合服务中心、克孜勒苏河谷平原民俗旅游区、西域边境口岸商贸体验旅游区、西昆仑帕米尔高原风情旅游区、南天山柯族原生态文化旅游区共5个旅游功能区。

4、旅游产业体系

按照产业主体培育、旅游业态创新、旅游转型发展的思路进行旅游产业体系的构建。

积极推动产业联动，发展农牧旅游产业、旅游加工产业、文化旅游产业、运动养生产业、商贸旅游产业、交通旅游产业等旅游关联产业。

六、公共设施和社会事业发展规划

（一）公共服务设施规划

1、发展策略

优先实现医疗、教育等基本公共设施城乡服务水平的均等化，根据城镇发展空间结构有序推进建设层次分明的公共服务体系，

图 8　道路交通规划图

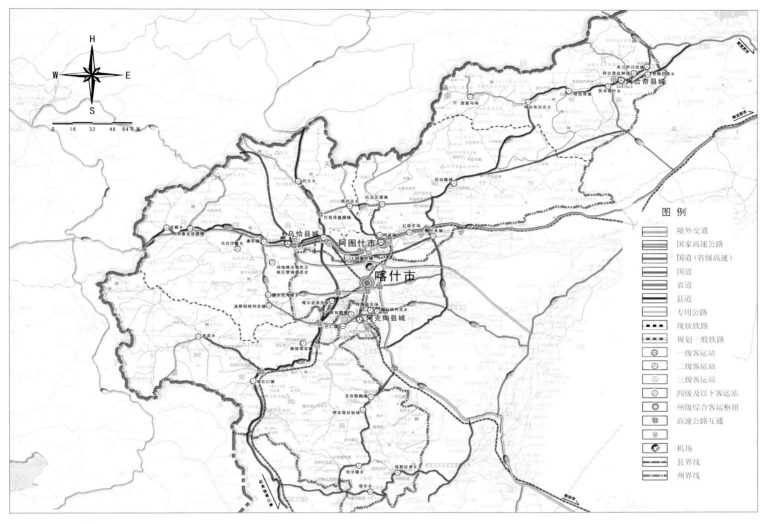

图 例

境外交通
国家高速公路
国道（省级高速）
国道
省道
县道
专用公路
现状铁路
规划一般铁路
一级客运站
二级客运站
三级客运站
四级及以下客运站
州级综合客运枢纽
高速公路互通

机场
县界线
州界线

以进一步提高城乡居民生活水平。

2、规划原则

按照保障重点、资源共享、减少重复投入、充分保证生活水平提高的原则，规划形成体系完善、结构合理的社会公共服务设施布局体系。

3、分级设置标准

按中心城市、县城、中心镇、一般乡镇、行政村五级配置，形成体系完善、结构合理的社会公共服务设施布局体系。

（二）社会保障体系发展规划

按照"保基本、广覆盖、多层次、可持续"的方针，加快建立全覆盖的社会保障体系，扩大覆盖范围，提高保障水平，实现人人享有基本社会保障。

加快建立全覆盖的社会保障体系，构建城乡养老保障体系、城乡就业保障体系、城乡住房保障体系、城乡最低生活保障与救助体系等社会保障体系，形成社会的安全网，促进经济社会发展和城镇化水平的持续快速发展。

七、综合交通规划

（一）发展目标

按照"区域协调"、"城乡统筹"和"运输方式一体化"的要求，合理布局和有机整合交通运输资源，构建与克州自然特征相协调、适应空间框架拉大、引领克州经济发展的规模适度、结构合理的综合运输体系。

（二）发展策略

规划按照"服务开发，引导集聚；公铁

合鸣，内达外畅；区域融合，共享多赢；提升等级，保障安全"的发展策略进行规划。

(三)公路建设规划

1、公路网功能层次划分

规划克州公路分为：主干线公路、一般干线公路、集散出入公路、专用公路。

其中主干线为国家高速公路和省高速公路、一般干线公路为国道、省道，集散出入公路为县道、乡道，专用公路为边防公路和旅游公路等。

2、公路网络布局

加强克州、喀什一体化交通基础设施公路网络建设，整体形成"两环七射三联"的区域交通结构。

(四)铁路建设规划

规划改造南疆铁路，建设中巴铁路、中吉乌铁路共2条铁路。至2030年经过克州境内的有南疆铁路、喀和铁路、中巴铁路和中吉乌铁路4条铁路，总里程约467公里。

(五)航空

规划期末，克州对外航空运输以喀什国际机场为主，阿克苏机场为辅，远景至2050年在阿合奇建设机场。

(六)油气管道

规划西部石油管线从塔里木盆地（南疆油田）穿过后南下至喀什，沿规划中的中巴铁路穿越克州抵达主要产油地区土库曼斯坦，并与中亚和伊朗等地区的石油管线相接。

(七)综合交通枢纽

综合交通枢纽按等级分为州级综合交通枢纽和市县级综合交通枢纽。

按方式分为客运交通枢纽和货运交通枢纽。

1、州级综合枢纽（4个）

（1）阿图什综合客运枢纽

综合一体化的交通换乘枢纽，整体实现铁路、长途客运、公共交通之间的无缝衔接。

（2）州级物流园区（货运枢纽）

货运枢纽分别为阿图什物流园区、吐尔尕特口岸物流园区、伊尔克什坦口岸物流园区，共3个。

2、市县级综合枢纽（8个）

（1）市、县级公路客运站

分别为阿图什西园客运站、乌恰客运站、阿克陶客运站、阿克陶客运南站、阿合奇客运站，共5个。

（2）铁路客运站

分别为中吉乌铁路乌恰站、喀和铁路阿克陶站、中巴铁路奥依塔克站，共3个。

（3）市、县级物流中心

分别为阿图什西园物流中心、乌恰物流中心、阿克陶物流中心、阿合奇物流中心（托什干河南、北岸各1个）、奥依塔克物流中心，共6个。

(八)公交系统

1、城际公交

规划形成阿图什火车站—喀什机场、阿图什产城结合区公交枢纽站—喀什经济开发区—喀什城区、阿克陶县城—喀什城区、乌恰县城—喀什城区多条城际交通线路，形成阿图什、乌恰、阿克陶、喀什之间的城际交通联系网。

2、城区交通系统

阿图什市中心城区、乌恰县城、阿克陶县城、阿合奇县城均采用公交汽车和出租车为城市主要公共交通工具。

八、生态环境保护与空间管制规划

(一)生态建设

1、生态建设策略

（1）生态分区，差别引导。

（2）修复戈壁，防沙治沙。

（3）保护基底，培育多样性。

2、总体目标

坚持"环保优先、生态立州"，遵循资源开发可持续、生态环境可持续，按照"提高污染防治水平、改善环境质量、防范环境风险、维护生态安全"的目标，构建克州生态保护框架体系，通过生态保护和环境治理措施遏制克州生态环境恶化趋势，针对重点区域开展生态恢复与重建，恢复区域生态功能与环境质量。

3、生态功能分区

按照"抚育山区、优化绿洲、稳定荒漠"的生态保护方针，规划划分为水源涵养功能区、水土保护功能区、绿洲服务区、防沙固沙功能区、地表水源功能区、地下水源功能区、特殊保护功能区七大生态功能分区。

4、生态屏障建设

（1）生态屏障安全格局

克州州域范围内形成"三带四廊"的生态屏障安全格局。

"三带"分别为"高山生物多样性保育带、山前戈壁荒漠化防治带、平原地区沙漠化防控带"。

"四廊"分别为"托什干河生态连通廊道、恰克马克河生态连通廊道、克孜勒苏河生态连通廊道、盖孜河生态连通廊道"。

在"三带"范围内选择重点地区进行生态保育和生态修复。

（2）重点生态保育区

规划设立帕米尔高原湿地自然保护区、

图9 空间管制规划图

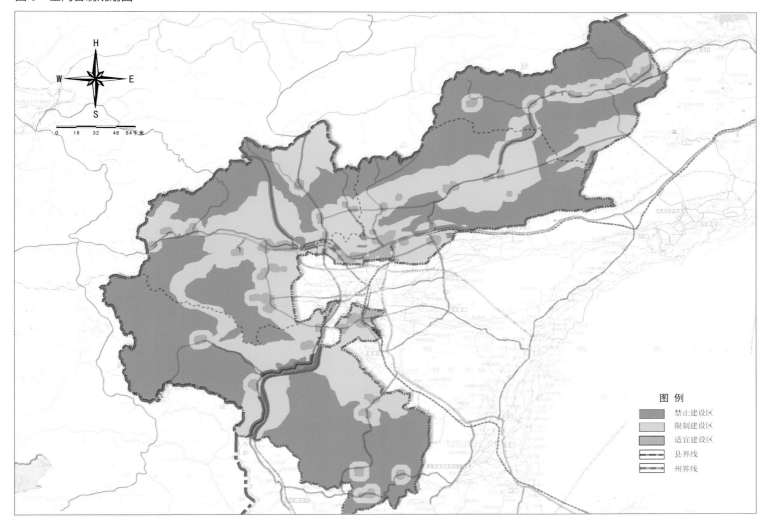

图 例

- 禁止建设区
- 限制建设区
- 适宜建设区
- 县界线
- 州界线

玉其塔什草原风景区为克州重点建设生态保育区。

5、保护措施

合理利用水资源，发展节水产业；以草定畜，科学推进畜牧业发展。严格生态功能分区，有序引导城乡建设。保护生态资源，维持区域生态安全格局；实施生态治理，防控土壤荒漠化。

（二）空间管制

1、空间管制原则

遵循环境优先原则、强化控制原则、协调原则。

2、禁建区

包括国家及省级自然保护区的核心区和缓冲区、重要城镇饮用水源保护区、国家及省级风景名胜区的一级保护区、国家及省级森林公园、基本农田保护区、湖泊水体及其湖滨带、水土流失高度敏感区等。

3、限建区

包括国家及省级自然保护区的试验区、国家及省级风景名胜区的二级及三级保护区、农林生产保护区、河湖谷地生态产业聚集区、以矿藏资源开采和工矿发展为主的定向定点限制建设区、村庄聚集发展区等。

4、适建区

城镇建设和产业发展的重点地区，主要包含跨界合作重点协调区以及重点发展区。

喀什地区城镇体系规划（2012-2030年）

喀什地区位于新疆维吾尔自治区西南部，东与和田地区相连，南与克什米尔地区接壤，西与塔吉克斯坦、阿富汗交界，东北与阿克苏地区柯坪县、阿瓦提县相连；西邻帕米尔高原，西北与克孜勒苏柯尔克孜自治州的阿图什市、乌恰县、阿克陶县相连；南抵喀喇昆仑山脉，东南与和田地区皮山县相接；东濒塔克拉玛干沙漠。

辖喀什市、疏附县、疏勒县、英吉沙县、泽普县、莎车县、叶城县、麦盖提县、岳普湖县、伽师县、巴楚县、塔什库尔干塔吉克自治县。

地势由西南向东北倾斜，西南部为喀喇昆仑山，中部为叶尔羌河冲积平原，北部为喀什噶尔河冲击平原，东部为塔克拉玛干沙漠。

喀什地区城镇体系规划（2012-2030 年）

组织编制：喀什地区行政公署
编制单位：中国科学院新疆生态与地理研究所
批复时间：2015 年 7 月

第一部分 规划背景

"五口通八国，一路连欧亚"的新疆维吾尔自治区喀什地区，是我国向西开放的重要门户，是东联西出、西进东销的桥头堡和枢纽，是重要的能源大通道，同时也是国家安全战略重点和国家可持续发展体系的生态屏障之一。

在我国建设丝绸之路经济带的对外开放新格局、中国西部大开发战略、新一轮对口援疆和新疆推进新型城镇化战略背景下，在喀什设立经济开发区，建设丝绸之路经济带的黄金地段和中巴经济走廊的廊桥、打造中亚南亚经济重心基础上，按照国家《城乡规划法》和自治区的有关要求，开展了喀什地区城镇体系规划的编制工作。

在编制过程中，同步开展了《区域发展分析评价专题》、《地区产业发展研究》、《人口专项规划》、《喀什地区城镇发展评价》、《城镇体系职能与规模结构研究》、《城镇体系空间结构研究》、《水资源与城镇可持续发展规划》、《生态环境建设保护规划》、《城镇体系规划生态环境影响评价》10 个专题研究。

第二部分 主要内容

一、规划范围和期限

（一）规划范围

包括 1 个市和 11 个县，分别为喀什市、疏附县、疏勒县、英吉沙县、岳普湖县、伽师县、莎车县、泽普县、叶城县、麦盖提县、巴楚县、塔什库尔干塔吉克自治县，总面积 13.95 万平方公里（含兵团）。

（二）规划期限

规划期限是 2012-2030 年，基期是 2011 年，近期 2012-2015 年，中远期 2016-2020 年，远期 2021-2030 年。

二、区域和城镇化发展战略

（一）区域战略定位

喀什地区是国家级开放创新实验区，是我国向西开放的"桥头堡"，是我国重要的生态屏障，新疆跨越式发展新的增长点，南疆三地州发展引擎。

（二）总体发展战略

坚持科学发展观，贯彻落实中央新疆工作座谈会和自治区第八次党代会精神，以新一轮山东、上海、广东、深圳 4 个对口援助为契机，充分发挥主体作用，围绕喀什地区跨越式发展和长治久安两大历史任务，在建设喀什经济开发区，发展现代农业、推进新型工业化、加快推进新型城镇化、现代服务业、基础设施建设和生态环境保护等六方面实现突破，努力把喀什建成向西开放的桥头堡和中国"西部明珠"。

把喀什经济开发区建设成为我国向西开放的重要窗口和新疆跨越式发展新的经济增长点；加快打造以大喀什为重点的区域城镇组群；加快建设棉纺、冶金、建材、石油化工、商贸物流、高新技术、清真食品、出口组装加工、农副产品精深加工和国际旅游目的地等"十大产业"基地，高起点规划建设喀什金融贸易区，做大做强旅游业、推进重大基础设施建设，加快实施重点生态工程，严禁污染地下水的企业落户，繁荣文化社会事业，大力改善民生，维护社会稳定，与全国、全疆同步进入小康社会。

（三）区域空间布局

叶尔羌河流域和喀什噶尔河流域绿洲区是生产和生活区域。

区域空间格局主要有：

（1）以喀什市、疏附县城和疏勒县城为中心的城市经济圈，主要包括喀什市、疏附县、疏勒县、岳普湖、英吉沙、伽师县等卫星城的组团。

（2）以莎车为中心的莎车—泽普—叶城—麦盖提经济区。

图 1　城镇体系规划图

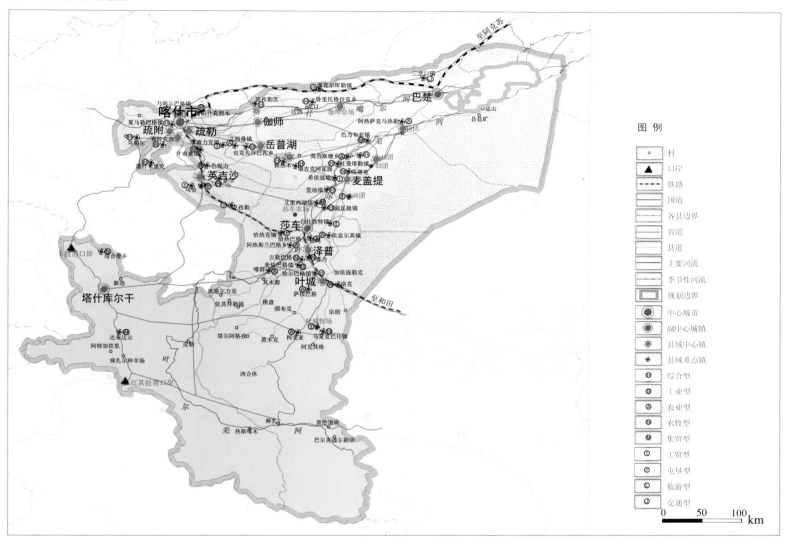

（3）以巴楚县城为中心，辐射至小海子垦区各团场的经济圈，包括了巴楚县和图木舒克市。

（4）以塔什库尔干为中心的沿边高寒山区。喀什地区通过喀什特殊经济开发区的开放带动，把喀什建设成为中亚、南亚、西亚乃至连接欧洲各国的区域中心城市和西部明珠城市，进一步凸显喀什在中亚南亚经济圈的核心地位。

（四）城镇化战略方针

喀什地区城镇化发展的战略方针是"中心带动、组团发展、整体推进"。

以各中心城市和重点特色乡镇为"点"联结发展轴带，轴带联系城镇组团，推进新型城镇化，带动整个区域社会经济发展。通过发挥各城镇的经济集聚效益，形成有机联系的区域经济网络，以重点特色乡镇发展带动乡村发展，推进新型城镇化，促进城乡协调，提高地区社会经济和生态环境效益。

（五）城镇化战略目标

城镇化水平和质量明显提升。各级城镇基础设施和公共服务设施水平明显改善，城乡面貌明显改观，城镇竞争力突出。

1、符合国家和自治区发展要求

符合国家设立喀什经济开发区和国家主体功能区的要求，符合新疆维吾尔自治区建设喀什—克州绿洲城镇组群要求，在深入实施打造喀什在中亚南亚经济圈重心地位区域发展战略指导下，以喀什经济区为中心，推进

图 2　城镇规模结构规划图

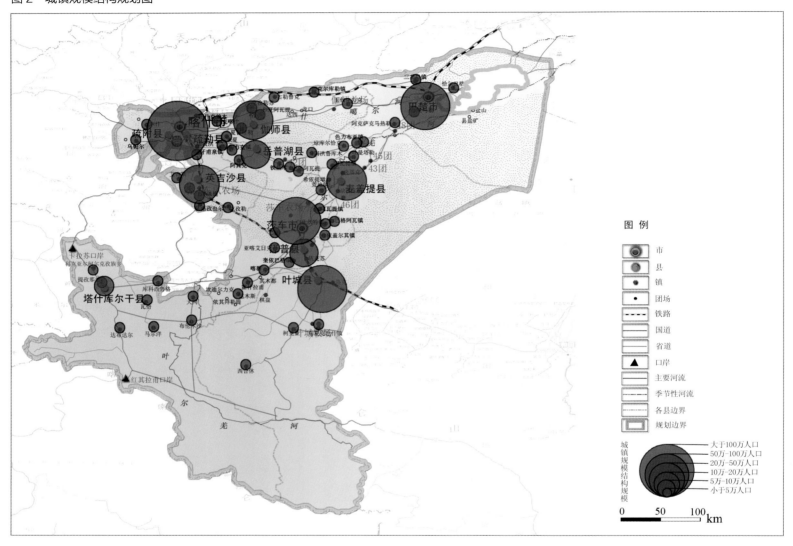

"大喀什"经济圈发展，大力推进新型城镇化发展。

2、构筑城乡综合扶贫开发的可持续发展试验区

构筑"一核、两轴、两带、四组团"的城镇体系空间结构。构筑城乡综合扶贫开发的可持续发展试验区。

加快喀什市、疏附县和疏勒县经济一体化发展，建设"大喀什"，提升为新疆区域性中心城市；莎车建设成为新疆地区性中心城市；巴楚和塔什库尔干建设成为喀什地区中心城市；增强其他县域中心镇集聚能力，以南疆铁路和对外通道为主轴，以巴楚—莎车小城镇带和以莎车—塔什库尔干生态旅游带，联接四大城镇组团。

3、提升地区城镇化水平和质量

建设国际旅游目的地城市，建设国家级经济开发区，南疆特色城镇、生态宜居城镇和特色边境城镇等，通过各级中心带动轴带，组团式发展，整体推进地区新型城镇化进程，提高城镇化水平和质量。

构筑地区城镇空间布局合理、功能互补、基础设施完善、生态环境良好的城乡一体化发展的地区城镇体系格局。

4、地区城镇化率目标

喀什地区城镇化率 2015 年、2020 年和 2030 年分别达到 42%、50% 和 55% 左右。

图3　城镇空间结构规划图

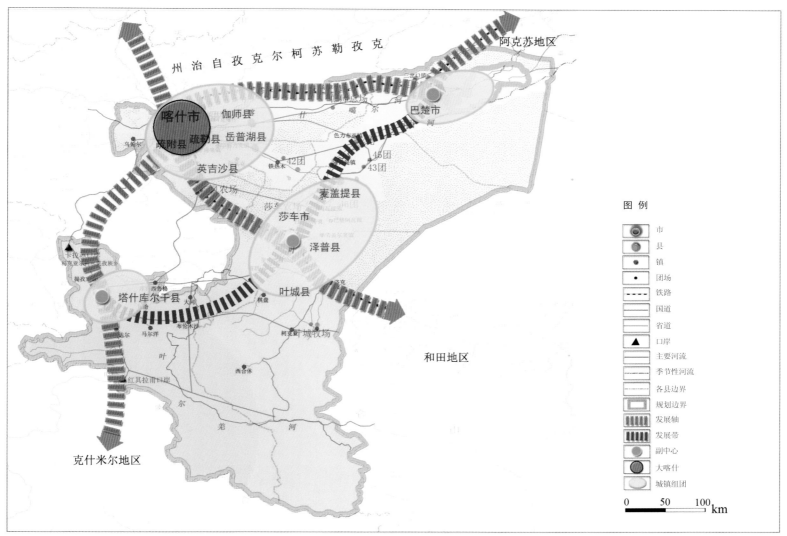

三、城镇体系规划

（一）城镇职能结构

喀什地区城镇职能结构规划为五级：中心城市、次中心城镇、县域中心镇、县域重点镇（包括口岸）和一般乡镇。地区城镇职能类型划分为十种类型：综合型、工业型、农业型、农牧型、集贸型、工贸型、屯垦型、旅游型、交通型、口岸。（表1）

（二）城镇体系等级结构

根据地区各级中心城镇职能和中心城区人口规模，将喀什地区城镇体系等级规模规划分为五级。（表2）

（三）城镇体系空间结构

城镇未来发展形成"一核、两轴、两带、四组团"的城镇空间发展格局。

1、"一核"

以"大喀什"（含疏附县、疏勒县）为地

区乃至南疆地区的增长极核，喀什市与疏附县城和疏勒县城在产业、人口、交通、居住等市政设施实现同城同步发展，明显提升大喀什经济圈的人流、物流、资金流、技术流和信息流的吸引能力。

培育莎车县、巴楚县和塔什库尔干次级中心城镇，带动轴带和城镇组团发展。

2、"两轴"

一条沿南疆铁路和喀什—和田铁路构成的发展轴，另一条由"大喀什"向西沿国

城镇体系职能结构规划图 表 1

性质	城镇数	城镇名称（职能）
中心城市	1	喀什市（包括喀什市、疏附、疏勒）面向南亚、中亚、西亚的区域性经济中心、商贸物流和文化中心，全疆的副中心城市和南疆地区的中心城市，国家历史文化名城，国家西部重要的能源通道与交通枢纽。疏附：大喀什重要经济增长支点，国际商贸物流基地，南疆科技教育中心与专业化制造基地，西域特色文化旅游基地。疏勒：大喀什的工业出口加工基地、现代物流贸易中心，全县政治、文化中心，以行政办公、文化教育、工业、商业贸易及旅游服务业为主的综合型城镇，成为带动周边乡镇产业发展的核心
次中心城市	3	莎车：叶尔羌河流域的中心城市，南疆西部商贸物流中心，自治区历史文化名城 巴楚：小海子垦区中心城市，以能源、建材、商贸物流为主的综合性地区中心城市 塔什库尔干：地区重要的口岸边境城镇，塔县政治、经济和文化中心，以旅游服务为主的重要城镇
县域中心	12	伽师县：喀什卫星城，喀什旅游"后花园"，伽师县政治、经济和文化中心，以棉纺、矿业及农副产品加工为主导产业的综合性城镇 泽普：泽普县政治、经济、文化和休闲旅游中心 叶城：区域性商贸、物流中心，叶城县政治、经济和文化中心，生态宜居的综合型工贸城镇 岳普湖：喀什卫星城，岳普湖县政治、经济、文化和交通中心，农副产品加工和旅游服务为主综合型城镇 英吉沙：喀什卫星城，喀什重工业转移承接地、新型建材基地，英吉沙县政治、经济和文化中心，以农副产品加工、旅游产品制造为主的综合型城镇 麦盖提：麦盖提县政治、经济和文化中心，叶尔羌河流域中游商贸、物流和旅游中心，以农副产品加工、旅游服务为主的综合型城镇
		阿其克（伽师总场）（T）、河东新村（48 团）（T）
重点特色乡镇	53	**喀什市（10）** 乃则尔巴格镇（H）、夏马勒巴格镇（H）、伯什克然木乡（M） 兰干镇（A）、吾库萨克镇（H）、乌帕尔乡（H）、英吾斯塘乡（A）、布拉克苏乡（N） 牙甫泉镇（M）、罕南力克镇（I）
		英吉沙（4） 乌恰乡（I）、克孜勒乡（H）、萨罕乡（H）、色提力乡（I）
		泽普（3） 奎依巴格镇（I）、古勒巴格乡（L）、依克苏乡（A）
		莎车（7） 艾力西湖镇（I）、白什坎特镇（I）、恰热克镇（I）、孜热甫夏提塔吉克族乡（M）、依盖尔其镇（A）、荒地镇（H）、阿瓦提镇（H）
		叶城（6） 恰尔巴格镇（H）、乌夏克巴什镇（I）、萨伊巴格乡（H）、洛克乡（H）、柯克亚乡（G）、加依提勒克乡（M）
		麦盖提（3） 吐曼塔勒乡（H）、克孜勒阿瓦提乡（H）、希依提敦乡（G）
		岳普湖（3） 艾西曼镇（H）、也克先拜巴扎乡（H）、铁热木乡（H）
		伽师（4） 西克尔库勒镇（J）、卧里托格拉克乡（H）、夏普吐勒乡（M）、克孜勒布依乡（A）
		巴楚（4） 色力布亚镇（M）、三岔口镇（J）、阿瓦提镇（H）、阿克热萨克马热勒乡（A）
		塔什库尔干（3） 塔吉克阿巴提镇（H）、塔合曼乡（N）、塔什库尔干乡（N）
		农三师（3） 42（T）、45（T）、东风农场（T）、叶城牧场（T）、莎车农场（T）、其克里克（46 团）（T）、草湖镇（41 团）（H）
		口岸（3） 红其拉甫口岸（K）、卡拉苏口岸（K）、托克满苏口岸（K）*
一般镇	111	（略）

注：H 综合型；G 工业型；A 农业型；N 农牧型；M 集贸型；I 工贸型；T 屯垦型；L 旅游型；J 交通型；K 口岸型。

* 托克满苏口岸为规划远期新开的中国—阿富汗口岸，位于塔县境内。

城镇人口规模等级结构规划一览表 表2

等级	人口规模（万人）	城镇数	城镇名称
一级	≥ 50	1	喀什市
二级	20~50	2	莎车、叶城
	10~20	1	巴楚
	3~5	1	塔县
三级	10~20	5	麦盖提、伽师、泽普、疏勒、岳普湖
	5~10	2	疏附、英吉沙
四级	1~3	17+3	喀什市乃则尔巴格镇、夏马勒巴格镇、伯什克然木乡，疏附县布拉克苏乡、乌帕尔乡、英吾斯塘乡，疏勒县罕南力克镇、牙甫泉镇、英吉沙县乌恰乡，莎车县白什坎特镇、艾力西湖镇、依盖尔其镇，麦盖提县央塔克乡，伽师县夏普吐勒乡、伽师县克孜勒博依乡、卧里托格拉克乡，巴楚县色力布亚镇、*农三师博塔依拉克（45团）*、*莫勒尕（42团）*、*农三师草湖镇（41团）*
	0.5~1	22	英吉沙县萨罕乡，疏附县吾库萨克镇、兰干镇，英吉沙县克孜勒乡，泽普县奎依巴格镇、依克苏乡、古勒巴格乡，莎车县阿瓦提镇、恰热克镇、荒地镇，叶城县乌夏克巴什镇、萨依巴格乡、恰尔巴格镇、洛克乡、科克亚乡，麦盖提县吐曼塔勒乡，岳普湖县艾西曼镇、也克先拜巴扎乡、铁热木乡，伽师县西克尔库勒镇、巴楚县阿瓦提镇、阿克萨克马热勒乡
	< 0.5	7	莎车县孜热甫普夏提塔吉克族乡、英吉沙县色提力乡、麦盖提县希依提墩乡、巴楚县三岔口镇、塔县塔吉克阿巴提镇、塔什库尔干乡、塔合曼乡
五级	1~1.5	12+1	喀什市多来特巴格乡，疏附县阿瓦提乡，疏勒县巴仁乡，莎车县塔尕尔其乡、米夏乡、乌达力克乡；叶城县依提木孔乡，伽师县和夏阿瓦提乡、英买里乡、江巴孜乡、克孜勒苏乡，巴楚县琼库尔恰克乡，*农三师阿其克（伽师总场）*
	0.5~1	28+1	喀什市浩罕乡，疏附县塔什米里克乡、萨依巴格乡、站敏乡，疏勒县巴合齐乡、塔孜洪乡、英尔力克乡、库木西力克乡，英吉沙县芒辛乡、苏盖提乡、城关乡，莎车县托木吾斯塘乡、伊什库力乡、墩巴格乡、阿拉买提乡，叶城县伯西热克乡、江格勒斯乡、加依提勒克乡、夏合甫乡，麦盖提县巴扎结米乡、尕孜库勒乡、克孜勒阿瓦提乡，伽师县米夏乡、古勒鲁克乡，巴楚县英吾斯塘乡、阿拉格尔乡、多来提巴格乡、恰尔巴格乡，*河东新村（48团）*
	0.3~0.5	27	喀什市色满乡，疏附县木什乡、阿克喀什乡，疏勒县洋大曼乡、亚曼牙乡、阿拉甫乡，英吉沙县乔勒潘乡、托普鲁克乡、英也尔乡，泽普县奎依巴格乡、波斯喀木乡、依玛乡、赛力乡、阿依库勒乡，莎车县喀群乡、阿尔斯兰巴格乡、拍克其乡、阿热勒乡，叶城县恰萨美其克乡、吐古其乡、乌吉热克乡，麦盖提县库木库萨尔乡、库尔玛乡，岳普湖县色也克乡、阿其克乡，伽师县玉代克力克乡，巴楚县阿纳库勒乡
	< 0.3	37+4	喀什市帕哈太克里乡、荒地乡，疏附县铁日木乡，疏勒县艾尔木东乡、阿拉力乡、英阿瓦提乡、塔尕尔其乡，泽普县图呼其乡、阿克塔木乡、布依鲁克塔吉克族乡，莎车县恰尔巴格乡、古勒巴格乡、达木斯乡、英吾斯塘乡、亚喀艾日克乡、霍什拉甫乡、阿扎特巴格乡、阔什艾日克乡，巴格阿瓦提乡、喀拉苏乡，叶城县铁提乡、巴仁乡、依力克其乡、棋盘乡、宗朗乡、西合休乡，麦盖提县的昂格特勒克乡，岳普湖县巴依阿瓦提乡、阿洪鲁库木乡，巴楚县夏玛勒乡，塔县提孜那甫乡、达布达尔乡、马尔洋乡、瓦恰乡、班迪尔乡、库科西鲁格乡、大同乡，*农三师的东风农场、叶城农场、莎车农场、其克里克（46团）*

注：斜体的为兵团团场中心。

图4 产业发展空间规划图

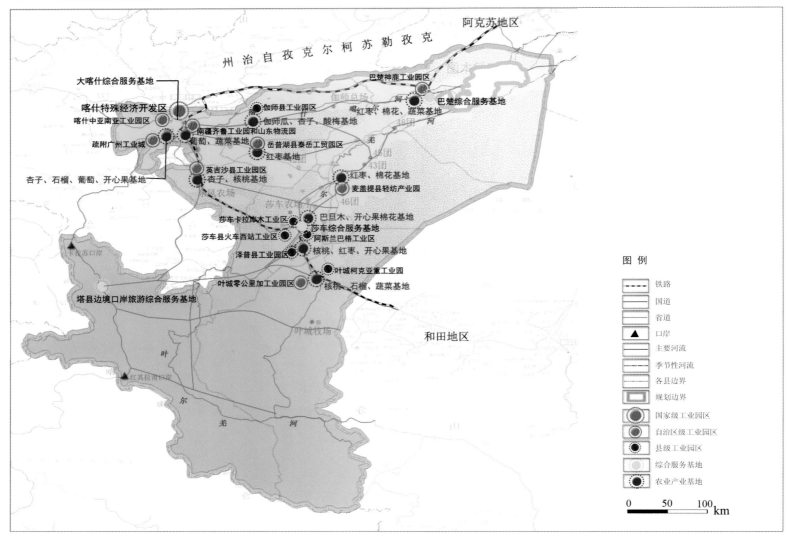

道314至红其拉甫口岸与向北沿喀什—伊尔克什坦口岸交通构成的对外开放发展轴，构成了喀什地区两条空间发展主轴。拟建的中吉乌铁路、中巴铁路、喀什—伊尔克什坦快速路等基础设施建设和未来地区经济社会发展将沿主轴快速发展。

3、"两带"

沿巴楚—莎车的省道215线集中了喀什地区叶尔羌河流域绿洲的主要小城镇和集镇，未来可作为地区小城镇发展带；莎车—

塔什库尔干目前是一条资源型道路，道路等级和级别较低，但随着莎车县经济社会发展，尤其作为塔县的第二条区域联系和发展通道，未来是地区重要的生态和旅游发展带。

4、"四组团"

以"大喀什"为中心的北部城镇组团、以巴楚为中心的东部城镇组团、以莎车为中心的南部城镇组团、以塔什库尔干为中心的边境小城镇组团。

四、产业结构调整与优化

(一)产业发展总体思路

大力推进新型工业化、新型城镇化和农牧业现代化，加快产业基地建设，不断优化产业结构，促进产业的转换升级，发展现代产业体系，着力推动"大喀什"产业空间体系的形成和发展。

图 5　旅游发展空间规划图

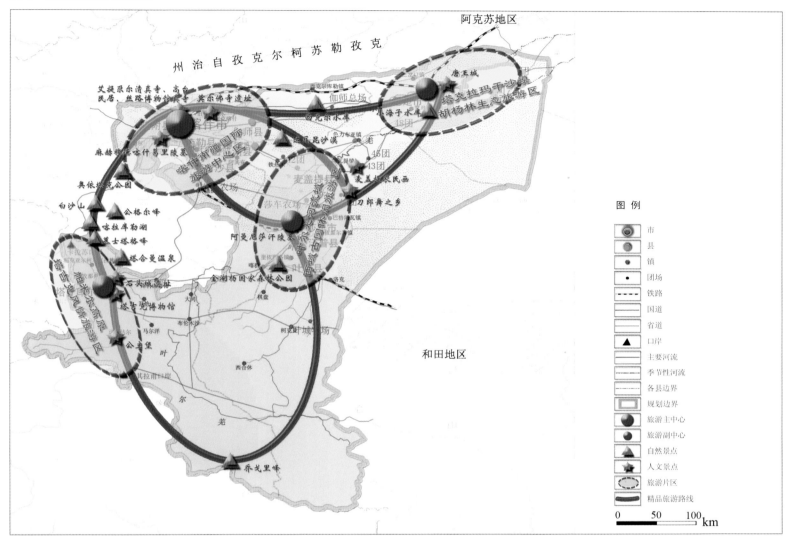

（二）产业发展目标

立足新疆，依托西北，面向疆内、国内地区和中亚南亚西亚地区市场，充分利用互补的双边贸易关系，通过喀什地区的陆、空通道，形成国内外双向辐射。建设棉纺、冶金、建材、石油化工、商贸物流、高新技术、清真食品、出口组装加工、农副产品精深加工和国际旅游目的地"十大产业"基地。

五、历史文化保护与旅游业发展

（一）历史文物古迹保护

国家级重点文物保护单位 8 家，保护面积共 0.47 平方公里；省级重点文物保护单位 41 家，重要的县级文物保护单位 343 家，保护面积共 5.76 平方公里。

国家级重点文物保护单位，包括阿帕霍加麻札、艾提尕尔清真寺、莫尔寺遗址、石头城遗址、托库孜萨来遗址、叶尔羌汗国王陵、麻赫穆德·喀什噶里墓加满清真寺等 8 家。

自治区级重点文物保护单位，分别有艾斯克萨尔古城、汗诺依古城、巴依都埃土墩、玉素甫·哈斯·哈吉普麻扎、锡依提牙古城、吉日尕勒日石器遗址、阿布都热合满王麻扎、莎车加曼清真寺、霍加阔那勒、苏勒塘巴俄细石器遗址、公主堡遗址、叶城加满清真寺、香宝宝古墓群等 41 家。

喀什地区空间管制分区一览表 表3

分区方案		
		水源保护区（山地水源涵养区、水源地、湿地）
禁建区	生态首位，保护第一	自然保护区核心区（塔什库尔干珍贵动物保护区）、森林公园核心区（泽普金胡杨国家森林公园、新疆巴楚胡杨林国家森林公园）、风景名胜区核心景区、地质公园（新疆喀什天门神秘大峡谷世界地质公园）
		基本农田保护区
		历史文化遗迹保护区
		国家重点公益林一级保护区
		重要的防护绿地、高压走廊、民航净空要求的区域
限建区	农业旅游为主，控制开发	塔什库尔干边贸与生态旅游开发保护区
		防沙治沙区（生态屏障）
		绿洲—荒漠交错带
		沙漠景观功能区
适建区	城乡建设，优化发展	重点发展区（城市建设控制区、工业园区）
		城乡居民点建设区

（二）历史文化名城、名镇、名村规划

加强组织领导，制订申报规划和实施方案，积极申报国家历史文化名城名镇，以莎车古城为核心，申报莎车国家历史文化名城；以石头城为核心，申报塔什库尔干国家历史文化名镇；以刀郎文化为代表的麦盖提县的历史文化名镇建设。

为充分体现喀什地区古丝绸之路的历史文化，逐步将一批文化底蕴深厚、文物古迹分布集中和具有代表性的村镇，按照《历史文化名城名镇名村保护条例》的相关要求积极申报。

如刀郎农民画的故乡麦盖提县央塔克乡、中国新疆民族乐器村疏附县吾库萨克乡拓万吾库萨克村、代表帕米尔高原塔吉克游牧文化的塔什库尔干县大同乡阿依克日克村与塔吉克阿巴提镇等积极申报为历史文化名镇名村。

（三）非物质文化遗产传承保护

加强非物质文化遗产传承和保护。加快地区非物质文化遗产传承保护中心建设，加大非物质文化遗产研究，加强对非物质文化遗产传承人的保护。抓紧抓好对列入国家和自治区非物质文化遗产名录的非物质及其他优秀民族文化的传承保护工作。

建成地区非物质文化遗产传承保护中心、莎车十二木卡姆、麦盖提刀郎十二木卡姆传承保护中心，喀什地区民族博物馆；建成中国维吾尔民俗文化村生态保护区陈列馆，完成县（市）非物质文化遗产传承保护中心建设。

（四）旅游业发展

1、发展总体目标

把旅游业培育成为喀什的支柱产业，并充分发挥其产业的带动作用，促进第三产业的发展和地位的提升；面向中亚，发扬喀什特色旅游项目，把喀什打造成为丝绸之路上最具维吾尔风情的国际旅游目的地，依托周边国家旅游资源，积极争取喀什成为中亚、南亚乃至欧洲的首站并向内地延伸，形成最经济便捷的国际旅游大通道。

以喀什市历史文化名城保护建设为契机，重点规划设计、重点投资建设、形成以喀什为中心，塔什库尔干县城、莎车县城和巴楚城为外围支撑，以314国道为主线，315国道和215省道为干线的旅游线路，构成连接全地区主要规划景区的旅游环路。实现喀什市向旅游强市、国际旅游名市的跨越。

2、战略布局

喀什旅游业形成"一个国际旅游目的地发展核心、三个国际旅游目的地极核、两个旅游发展轴，四个重点旅游区、十条精品旅游线路和四个区域内城郊度假区"战略布局。

3、重点城镇带动

（1）喀什：古丝绸之路重镇，维吾尔风

图 6　空间管制规划图

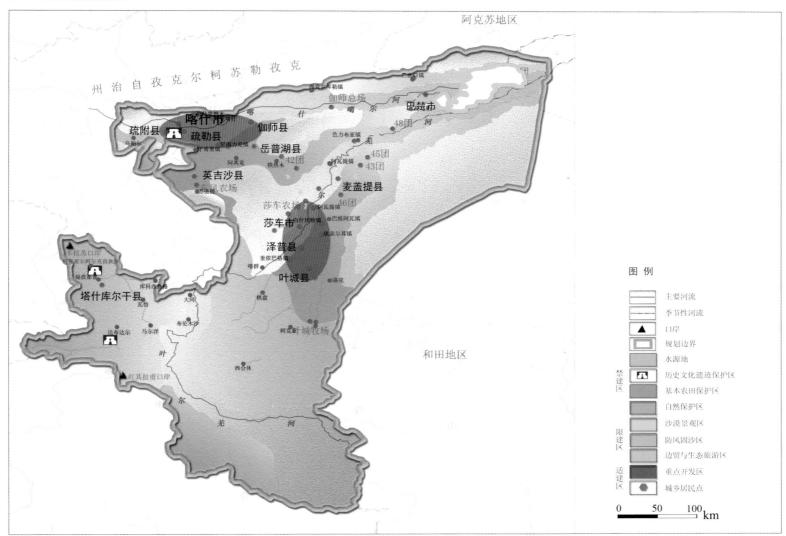

情之都。

（2）塔什库尔干：世界屋脊帕米尔、高原雄鹰塔吉克。

（3）巴楚：天山雄鹿，喀什门户。

（4）莎车：西域莎车古国，十二木卡姆之乡。

（5）叶城：昆仑明珠、探险天堂。

（6）疏附：民族乐器之乡，麻合穆德·喀什噶里故地。

（7）疏勒：沙疗黄金走廊，林果业示范基地。

（8）泽普：叶河金胡杨，大漠石油城。

（9）麦盖提：民间艺术之都，刀郎歌舞之魂。

（10）英吉沙：中国小刀之乡、达瓦孜之乡、色买提杏之乡。

（11）岳普湖：达瓦昆，中国沙漠风光旅游之乡。

（12）伽师：大峡谷秘境，伽师瓜之乡。

六、空间管制与区域协调

（一）空间管制规划

按照适建区、限建区与禁建区划分，具体划分为 12 种详细分区（表 3），有针对性地制定空间管制措施。

（二）与周围区域城镇发展的协调

1、与克州城镇发展的协调

依托口岸优势，建立协作机制和信息交

流渠道,加强在交通建设、文物保护、旅游开发、环境保护、水资源开发、矿产资源等方面的合作与协调,处理好地区资源、环境、经济的协调工作。

加快中吉乌铁路和中巴铁路项目开工建设,开辟新的对外运输通道。加强与阿图什市的经济技术联系,处理好城镇之间的职能分工。搞好自然保护、特别是帕米尔高原湿地和珍稀、濒危动植物的保护工作;联合开发帕米尔高原旅游资源和矿产资源,共同发展旅游产业和矿产开采加工业。

进一步建设和完善城镇之间道路、电网等基础设施的建设,提高区域整体发展水平。

2、与和田城镇发展的协调

采取有力措施,治理水土流失和荒漠化问题,联合争取中央的生态建设、基础设施建设和扶贫开发投资。

共同搞好塔河流域治理和三北四期防护林建设,构筑国家生态屏障。依托喀什—和田铁路,发展南疆林果产业带,发展优势特色农副产品加工业;以"丝绸之路"和沙漠旅游为依托联合开发旅游资源和客源市场。建设莎车至和田220千伏输电线路,实现和田电网与新疆电网220千伏联网。

3、与兵团城镇发展的协调

兵地双方要共同打造棉花品牌,做强做大棉花产业,增强市场的竞争力,并带动第一、二产业的发展壮大。

同时,在粮食生产及加工、瓜果蔬菜种植及深加工、生态保护、生态林基地的建设、人才建设与技术共享、资源配置开发利用等方面,兵地双方都要统筹安排、合理规划。努力实现产业化、工业化进程,基地设施建设、小城镇建设、对外开放、旅游业、科技创新等方面新的突破。

七、综合交通

(一)发展战略

1、完善以喀什为战略支点的通道建设。

2、加强喀什地区与周边地区和省份的交通联系。

3、结合城镇布局,完善地区交通网络和枢纽体系。

(二)公路

1、高速公路网

打造喀什市、莎车、巴楚、麦盖提为节点的"弓箭型"高速路网:喀什市绕城高速公路;阿克苏—喀什高速公路;喀什—莎车—和田—西宁高速公路网;喀什—伊尔克什坦口高速公路。

2、西部"311"路网布局

以喀什经济开发区为中心形成的"一小时经济圈"西部"三环十一射"路网,包括:喀什市、疏附县、疏勒县、英吉沙县、岳普湖县、伽师县、阿图什市、乌恰县、阿克陶县。

3、东部"29"路网布局

内容:以叶尔羌河流域各县、团场组成的东部"二纵九连"路网,包括:莎车、泽普、叶城、麦盖提、巴楚、图木舒克市、四十三团、四十五团、四十六团、四十八团。

4、南部"343"路网布局

内容:以塔克库尔干县、莎车、叶城县南部山区公路组成南部"三横四纵三通道",包括:塔克库尔干各乡镇、莎车喀群乡、叶城西合休乡。

5、公路枢纽

建设喀什市交通枢纽中心建设;建设巴楚县、莎车、叶城、英吉沙现代化运输枢纽站场;与喀什—和田铁路沿线县级车站的公路客运站点建设。

6、城乡客运一体化建设

近期,对县级客运站进行装修改造,建立喀什客运汽车枢纽站、卡拉苏口岸客运站,建站的146个乡镇中,规划新建105个等级站;1036个简易站,总计1141个客运场站。

(三)铁路

喀什地区铁路建设重点是迫切需要打通面向西南的出口国际贸易大通道,面向国内市场的东联大通道,提高面向疆内市场的南北大通道的等级和通行能力。

以加快新线建设,扩大路网规模为重点,把喀什火车站打造成国内乃至中亚地区一流的铁路客运枢纽。加强客货联系,改善运输方式结构,提高运输安全保障,规划期内形成地区铁路环线。

(四)航空

(1)加快推进喀什国际机场改扩建工程和航空港的建设。

(2)加快建设莎车、图木舒克支线机场,综合配套快捷通道,联接主要城镇。

(3)积极培育民用航空市场,在麦盖提和塔什库尔干规划建设通勤机场,在英吉沙县、伽师县和岳普湖县、巴楚县、叶城县规划建设通用机场。

(五)管道运输

近期,完善环塔里木天然气骨架网中喀什地区天燃气管道建设。

远期,建设中巴原油管道红其拉甫—泽普—楚段。

(六)口岸

开通与阿富汗的托克满苏口岸。

图7 综合交通规划图

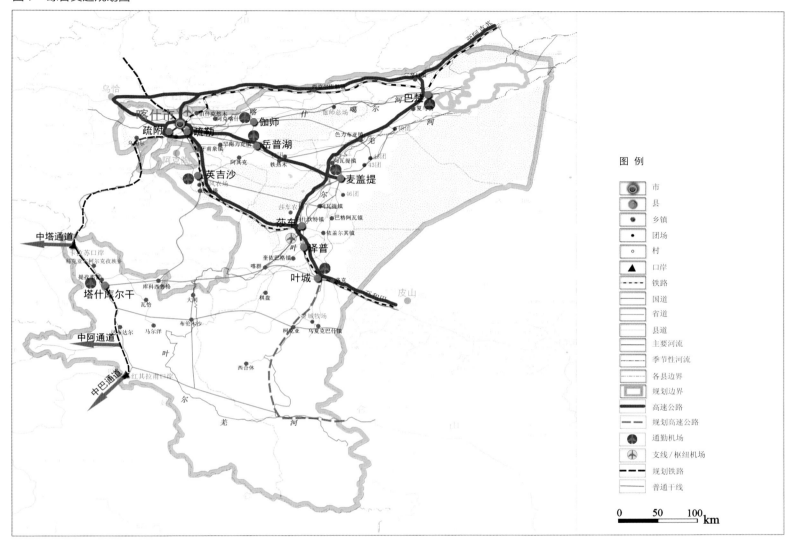

八、城乡公共服务设施

（一）城乡公共服务设施思路

1、明确政府职能，引导财政投资。

2、体现地区特点，实施差异配置。

3、尊重现有标准，体现地方特点。

（二）城乡公共服务设施布局

根据城乡区域公共服务设施所承担的服务职能和地域范围的不同，将其划分为以下3个层级：

1、区域级

依托城郊结合区域重大交通枢纽的服务辐射区域。

2、城市级

城郊结合区域作为未来城市发展方向的基地范围。

3、村庄级和社区级

承担一定独立的城市综合职能，基本实现内部自我平衡和自我更新的地区（这里指包含多个开发单元模块的大型化社区），服务半径因具体村庄和社区规模不同而不同。配建较完善的能满足内部居民物质与文化生活需要的公共服务设施，使各种功能活动实现比较均衡的混合。

（三）城乡公共服务设施配置

喀什地区城乡公共服务设施包括行政、教育、医疗、卫生、文体、娱乐、商业。

和田地区城镇体系规划（2013-2030 年）

和田地区位于新疆维吾尔自治区南部，塔里木盆地西南部。南抵昆仑山与西藏自治区交界，北临塔克拉玛干大沙漠与阿克苏地区相连，东部与巴音郭楞蒙古自治州相接，西部与喀什地区毗邻，西南以喀喇昆仑山为界、与克什米尔接壤。

辖和田市、和田县、墨玉县、皮山县、洛浦县、策勒县、于田县、民丰县。

地势南高北低，由西向东倾斜，南部是昆仑山区，中部是山前坡麓地带，北部为塔克拉玛干沙漠。

和田地区城镇体系规划（2013-2030 年）

组织编制：和田地区行政公署
编制单位：中社科城市与环境规划设计研究院
批复时间：2015 年 1 月

第一部分 规划概况

为落实国家新一轮大规模对口援疆工作及中央扶贫开发工作会议的目标，贯彻新疆维吾尔自治区第八次党代会及自治区党委七届九次全委（扩大）会议精神，加快和田地区城镇化进程，解决经济发展与资源环境矛盾，为和田地区及各县市城镇发展和建设提供宏观指导，和田地区行政公署委托北京中社科城市与环境规划设计研究院于 2012 年初启动并开展了《和田地区城镇体系规划（2013-2030 年）》的编制工作。

为了更好地推进和田地区城镇体系规划的编制，同步开展了《区域发展战略研究》、《产业发展研究》、《人口与城镇化水平研究》、《交通体系发展研究》4 个专题研究。

第二部分 主要内容

一、规划范围和期限

（一）规划范围

为和田地区行政辖区范围，包括和田市、和田县、皮山县、墨玉县、洛浦县、策勒县、于田县、民丰县等七县一市，及兵团拟设昆玉市，总面积约 24.89 万平方公里。

（二）规划期限

规划期限为 2013-2030 年，其中：近期为 2013-2015 年；中期为 2016-2020 年；远期为 2021-2030 年。

二、目标、定位及发展战略

（一）总体目标

坚持科学发展观，以现代文化为引领，以科技、教育为支撑，以新型工业化、农牧现代化、新型城镇化为动力，加快改革开放，打造南疆区域经济的重要城镇产业群，建设繁荣富裕和谐稳定的美好和田。

（二）发展定位

1、国家社会保障创新试验区；
2、南疆与西藏阿里联系的重要门户枢纽和核心区域；
3、新疆能源矿产及新能源重要战略支撑基地之一；
4、新疆重要的特色农副产品基地之一；
5、新疆重要的特色手工业基地之一；
6、南丝绸之路和玉文化的旅游基地。

（三）城镇化发展战略

加快城镇化进程，以城镇化带动和田经济和社会的发展；促进城乡资源互动，密切城乡空间联系；提高城乡空间经济的集聚度和组织化程度，促进农村劳动力向城镇转换，推进城乡融合。

坚持"两个可持续"，以新型工业化促进农牧业现代化和新型城镇化。

三、人口与城镇化水平预测

（一）人口预测

2015 年，和田地区总人口达 222 万人左右，年均增长约 17.0‰。

2020 年，和田地区总人口达 240 万人左右，年均增长约 15.7‰。

2030 年，和田地区总人口达 250 万人左右，年均增长约 4.1‰。

（二）城镇化水平

2015 年，和田地区的城镇化水平将达到 33% 左右，城镇人口在 73 万人。

2020 年，和田地区的城镇化水平将达到 42% 左右，城镇人口在 101 万人。

2030 年，和田地区的城镇化水平将达到 52% 左右，城镇人口在 130 万人。

四、城镇体系布局规划

（一）城镇空间组织结构

规划形成以"和—和"同城区（和田市中心城区、和田县经济新区）为核心，"和—墨—洛"城镇密集区（包括"和—和"同城区、墨玉县城、洛浦县城在内的广大地区）为地区城镇重点发展圈层，沿现有的 315 国道交通线为东西向拓展轴的"一轴一群两组团"

图 1　城镇空间结构规划图

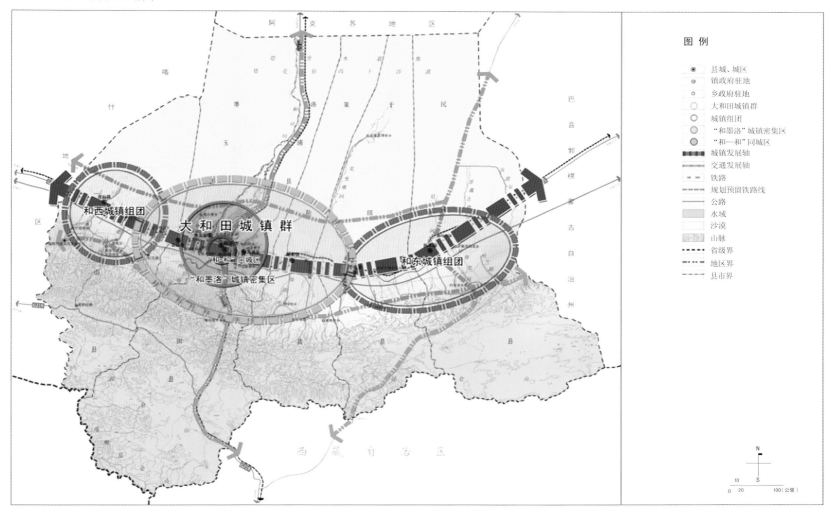

城镇空间布局形式。

1、"一轴"——G315 城镇发展轴

依托 315 国道及与其平行的高速公路、铁路构成的交通走廊形成地区城镇发展轴。

2、"一群"——大和田城镇群

大和田城镇群涵盖 3 个层面。

（1）和田市中心城区与和田县经济新区组成的"和—和"同城区；

（2）由和田市、和田县、墨玉县、洛浦县组成的"和墨洛"城镇密集区；

（3）由位于绿洲区域内的和田市、和田县经济新区、墨玉、洛浦以及策勒、昆玉等众多的中小城镇组成的大和田城镇群。

3、"两组团"——和东城镇组团、和西城镇组团

和东城镇组团：包括于田、民丰及兵团南屯镇等相关乡镇组成的城镇组团。

和西城镇组团：由皮山及相关乡镇独立成团的城镇组团。

（二）城镇规模等级结构

规划期末，和田地区城镇体系将形成五级结构。（表 1）

（三）城镇职能结构

规划期末，以各个区域的综合型城镇为枢纽，以专业和特色型城镇为发展支点，形成"中心城市、一般城市、重点镇、一般镇、集镇"五级不同类型城镇协调发展的职能结构。（表 2）

（四）乡镇调整建议

将和田市吐沙拉乡、和田县布扎克乡、墨玉县喀尔赛乡、皮山县阔什塔格乡、策勒县固拉哈玛乡等由乡调整为建制镇。

城镇规模结构一览表（2030 年）   表 1

等级	规模（万人）	乡镇名称	乡镇个数
一级	≥ 50	和田市中心城区	1
二级	10~20	和田县经济新区、皮山、墨玉、于田、*昆玉*	5
三级	5~10	洛浦、策勒	2
四级	1~5	民丰、拉斯奎、玉龙喀什、吐沙拉、罕艾日克、布扎克、喀尔赛、奎牙、扎瓦、*萨伊巴格、吐外特*、杜瓦、赛图拉、恰尔格格、多鲁、固拉哈玛、恰哈、先拜巴扎、奥依托格拉克、*47 团昆仑镇、阿其玛克、南屯*	21
五级	≤ 1	吉亚、阿合恰、英阿瓦提、英艾日克、拉依喀、朗如、塔瓦库勒、伊斯拉木阿瓦提、色格孜库勒、喀什塔什、吾宗肖乡、阔什塔格、克里阳、科克铁热克、桑株、木吉、乔达、木奎拉、藏桂、皮亚勒玛、皮西那、巴什兰干、瑙阿巴提塔吉克、康克尔柯尔克孜、阿克萨拉依、乌尔其、托胡拉、加汗巴格、普恰克其、芒来、阔依其、雅瓦、英也尔、喀瓦克、布雅、山普鲁、杭桂、纳瓦、拜什托格拉、阿扎克、达玛沟、乌鲁克萨依、奴尔、博斯坦、加依、科克亚、阿热勒、阿日希、兰干、斯也克、托格日孜乡、喀尔克乡、阿羌、英巴格、希吾勒、达里亚博依、若克雅、萨勒吾则克、叶亦克、*亚瓦通古孜乡、安迪尔乡、一牧场*	63

注：1、肖尔巴格乡、伊里其乡、古江巴格乡已经纳入和田市中心城区范围，设立社区居委会；策勒乡已纳入策勒县中心城区范围，设立社区居委会；尼雅乡已经纳入民丰县中心城区范围，设立社区居委会；2、"斜体"为乡集镇，"斜体加下划线"为兵团城镇。

城镇职能结构一览表（2030 年）   表 2

职能等级		乡镇名称	数量	职能类型
中心城市		和田市中心城区	1	综合型
一般城市		和田县经济新区（巴格其镇）	8	综合型
		皮山（固玛镇）		综合型
		墨玉（卡拉喀什镇）		综合型
		洛浦（洛浦镇）		综合型
		策勒（策勒镇）		综合型
		于田（木尕拉镇）		综合型
		民丰（尼雅镇）		综合型
		昆玉市（224 团玉山镇）		综合型
重点镇	和田市	拉斯奎镇	6	综合型
		玉龙喀什镇		综合型
	墨玉县	扎瓦镇		旅游服务型
	于田县	先拜巴扎镇		农贸型
	昆玉市	*农场阿其玛克镇*		农贸型
		47 团昆仑镇		农贸型
一般镇	和田市	吐沙拉镇	14	农贸型
	和田县	罕艾日克镇		工贸型
		布扎克镇		工贸型
	墨玉县	喀尔赛镇		工贸型
		奎牙镇		旅游服务型
	皮山县	杜瓦镇		工贸型
		阔什塔格镇		工贸型
		赛图拉镇		旅游服务型
		木吉镇		农贸型
	策勒县	固拉哈玛镇		工贸型
	一牧场、南屯镇			农贸型
集镇		和田县：英艾日克乡、喀什塔什乡；	65	综合型
		和田市：吉亚乡、阿合恰乡；和田县：英阿瓦提乡、塔瓦库勒乡、伊斯拉木阿瓦提乡、色格孜库勒乡、吾宗肖乡；墨玉县：雅瓦乡、阿克萨拉依乡、乌尔其乡、托胡拉乡、加汗巴格乡、普恰克其乡、芒来乡、阔依其乡、吐外特乡、英也尔乡、喀瓦克乡；皮山县：克里阳乡、科克铁热克乡、桑株乡、乔达乡、木奎拉乡、藏桂乡、皮亚勒玛乡、皮西那乡、巴什兰干乡、瑙阿巴提塔吉克民族乡、康克尔柯尔克孜民族乡；洛浦县：布雅乡、恰尔巴格乡、纳瓦乡、拜什托格拉乡；策勒县：达玛沟乡、恰哈乡、乌鲁克萨依乡、奴尔乡、博斯坦乡；于田县：加依乡、科克亚乡、阿热勒乡、阿日希乡、兰干乡、斯也克乡、托格日孜乡、喀尔克乡、奥依托格拉克乡、阿羌乡、英巴格乡、希吾勒乡、达里亚博依乡；民丰县：若克雅乡、萨勒吾则克乡；安迪尔乡		
		墨玉县：萨伊巴格乡；洛浦县：阿其克乡；民丰县：叶亦克乡		工贸型
		和田县：拉依喀乡、朗如乡；洛浦县：杭桂乡、多鲁乡、山普鲁乡；民丰县：亚瓦通古孜乡		旅游服务型

注：1、肖尔巴格乡、伊里其乡、古江巴格乡已纳入和田市中心城区范围，设立社区居委会；策勒乡已纳入策勒县中心城区范围，设立社区居委会；尼雅乡已纳入民丰县中心城区范围，设立社区居委会；2、"斜体"为兵团城镇。

图 2　城镇等级规模规划图

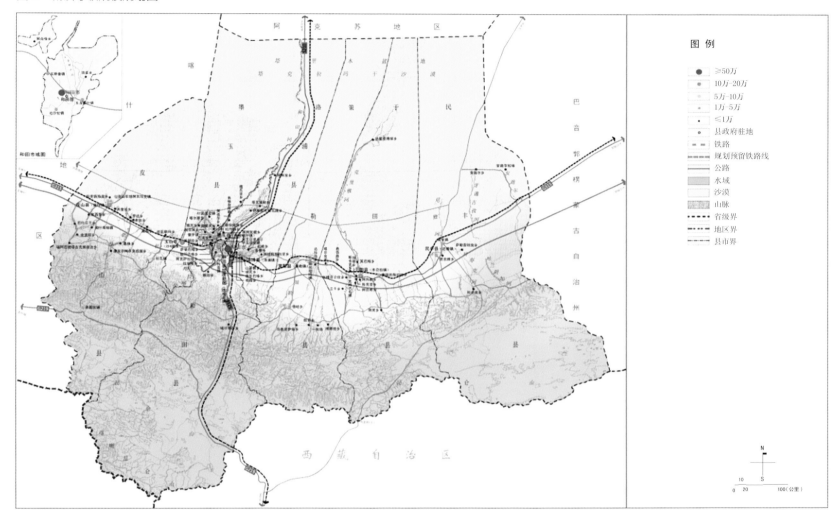

五、综合交通规划

（一）交通发展战略

加强对外交通设施与城市道路网的联系和结合，逐步形成合理的交通结构。

建立以公路、铁路为主导，以航空为辅助的立体综合交通网络，形成功能齐全、结构合理、协调发展、适应地区未来发展要求的高效的综合对外交通体系。

（二）公路系统规划

1、高速公路

规划期末，形成横贯和田地区境内的高等级公路，建成喀什至和田（墨玉县）的高速公路。

2、干线道路

规划干线公路形成"三横三纵"的格局。

"三横"：315 国道、北部沙漠公路、昆仑公路。

"三纵"：219 国道、塔红公路、阿大公路。

3、城乡客运枢纽

完善与城镇等级体系相适应的城乡客运体系，将客运站分为 4 个级别。

地区行政公署所在地和田市中心城区设一级客运站；重要的县人民政府所在地、城关镇设二级客运站；重点镇、一般镇可设三级客运站；达不到三级客运站要求或年平均日旅客发送量不足一千人次的其他乡镇、村可设四级客运站或以简易站、招呼站为主。

4、铁路网及站场规划

规划期内适时研究建设喀和铁路延伸到若羌与格尔木铁路并网，尽快形成环塔里木铁路环线。

远景预留一条区域间铁路通道，由阿拉尔经和田至日喀则铁路线。在和田至若羌铁路建设时，建议增设洛浦、昆玉、策勒、于田、

图3 城镇职能结构规划图

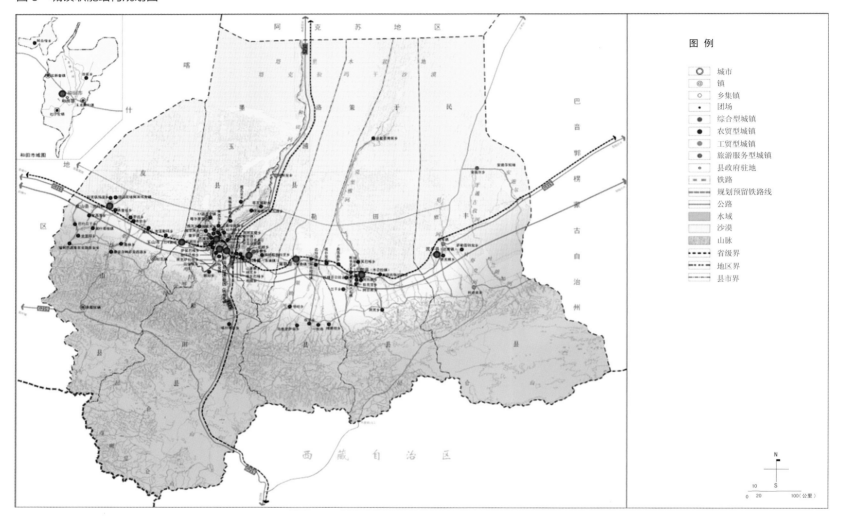

民丰等车站,并综合考虑配置客货运设施。

5、机场布局规划

和田机场作为南疆主要支线机场之一,应根据市场需求,突出和田机场的地区性枢纽的辐射作用,充分发挥和田特殊的区位优势,努力建成和田通往国内主要城市和邻近省会城市的空中通道;开通南疆6个支线机场之间的闭环航线;争取尽快开通由西藏阿里经停和田通往国内主要城市的联运航线。

"十二五"期间,规划于田、皮山通勤机场,以满足航空运输、旅游和投资开发的需要。

六、产业发展规划

(一)发展方向

1、农业

优化农业产业结构,大力发展高效节水农业;做精做深农副产品加工业。

2、工业

做大做强民族传统加工业;大力推进能源矿产资源的勘探开发及新能源的利用;加速发展新型建材业。

3、服务业

大力发展特色文化旅游业,加快发展商

贸流通业,积极发展现代服务业。

(二)总体空间布局

规划形成"三大特色资源带"、"六大主导产业"、"八大特色产业基地"、"五大工业园区"的产业发展格局。

1、三大特色资源带

(1)沿315国道和喀和铁路形成的城镇带,构建中部特色产业发展带;

(2)沿着昆仑公路,构建南部昆仑山矿产资源带;

(3)沿着环塔沙漠公路,构建北部化石

图 4　综合交通规划图

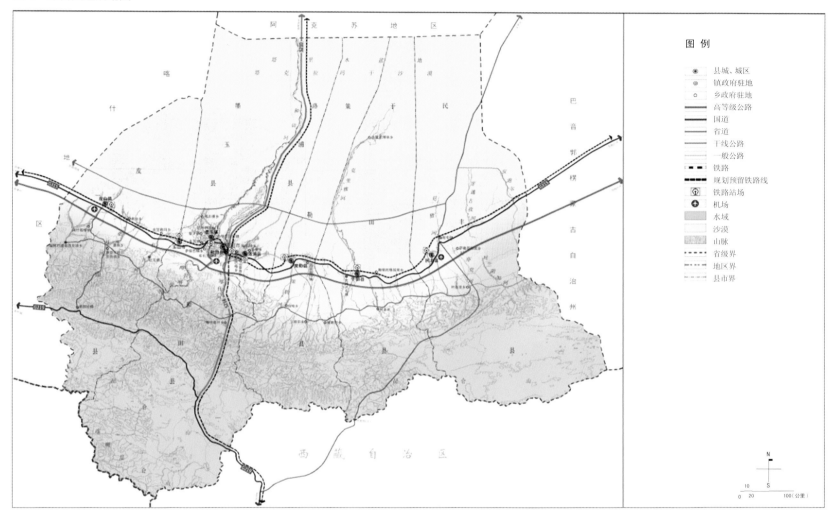

能源带。

2、六大主导产业

依据和田地区的产业现状及未来发展趋势，形成"六大主导产业"。

（1）石油天然气开发利用、矿产资源勘探开发和加工利用及新能源产业；

（2）特色农副产品精深加工业；

（3）和田手工羊毛地毯为主的民族传统加工业；

（4）维吾尔医药为主的医药保健产业；

（5）旅游业；

（6）现代服务业。

3、八大特色产业基地

充分利用和田的特色农牧资源、文化资源、矿产资源与能源条件，建设八大特色产业基地。

（1）和田市农副产品集散基地

和田地区农副产品商贸交易的中心地区。

（2）和田市现代服务业基地

以发展现代物流、旅游服务、文化旅游业为主，建立高效、特色、完善的现代化服务业体系。

（3）和田市—和田县旅游集散基地

融集散、咨询、票务、推介、展示、4D、呼叫、购物、救援等职能为一体的旅游集散中心。

（4）和田县民族传统加工基地

以民族传统加工业为主。

（5）于田县新型建材基地

以环保、节能等新型建材行业为主。

（6）民丰县能源矿产资源勘探加工开发基地

建设一批规模化、集约化矿产资源勘探、开发、冶炼、加工产业集群，加快重点矿种勘探开发和加工利用。

（7）墨玉县—和田县新能源基地

建立大型光伏产业基地。

图 5 产业空间规划图

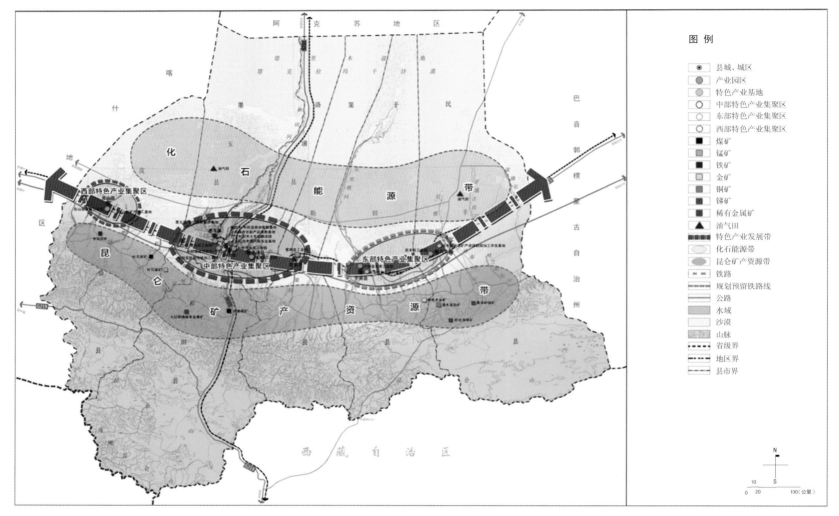

（8）皮山县矿产加工基地
建立一个规模化的矿产加工基地。

七、旅游发展规划

（一）旅游产业定位

积极培育多元化市场主题，全面建设高附加值的旅游产业体系，充分发挥旅游业对于保持地区国民经济平稳较快增长、促进产业结构调整、促进改善民生、促进社会文化繁荣。

在和田地区从旅游资源大区变为旅游经济强区的发展进程中，把和田地区的旅游业培育成和田地区重要的支柱产业，促进全地区经济协调发展、城乡统筹建设的战略性引导产业、地区现代服务业的龙头示范产业及扩大社会就业、改善民生的惠民产业。

逐步把和田地区建设成为全国知名、疆内具有重要影响力的旅游目的地。

（二）发展目标

1、总体目标

充分挖掘、合理利用和田地区的自然生态与历史文化旅游资源，以国内旅游为主体，入境旅游为辅；构建一个以沙漠、雪山风光、森林生态为背景，以民族风情为内涵，以生态旅游和休闲度假为主导产品的特色旅游区。

2、功能分区

构筑"三个旅游公共服务中心、四条旅游经济发展带、五个旅游产品聚集区"的旅游功能空间结构，即"三心、四带、七区"。

（1）"三心"

包括和田旅游集散与城市旅游服务中心、皮山旅游集散与农业旅游服务副中心、民丰旅游集散与沙漠旅游服务副中心。

（2）"四带"

包括两条东西走向的城镇旅游经济发

图6 旅游规划图

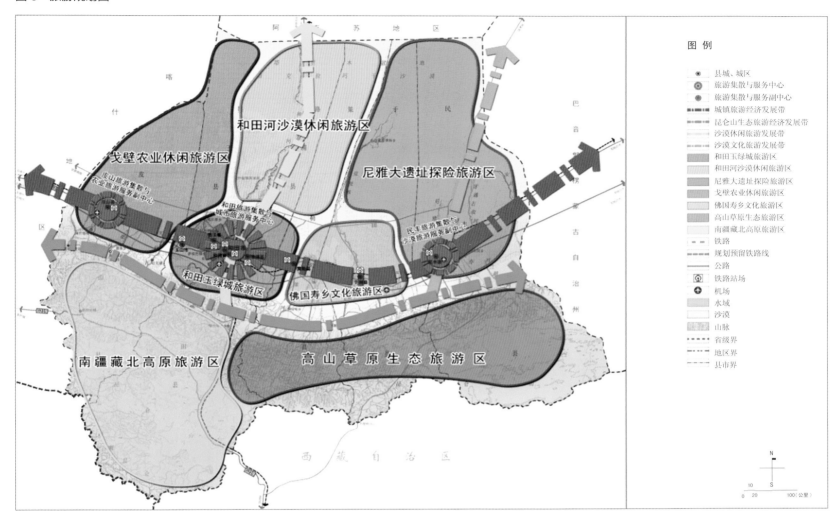

展带、昆仑山生态旅游经济发展带，以及两条南北走向的沙漠文化旅游发展带、沙漠休闲旅游发展带。

（3）"七区"

和田玉绿城旅游区、和田河沙漠休闲旅游区、佛国寿乡文化旅游区、尼雅大遗址探险旅游区、戈壁农业休闲旅游区、高山草原生态旅游区、南疆藏北高原旅游区。

八、公共服务设施规划

（一）中心城市公共设施建设

地区中心城市（和田市中心城区）与次中心城市（于田、皮山），其公共服务设施配置参照国家规范的相应标准配置。

（二）城镇公共设施建设

公共服务设施宜集中在位置适中、内外联系方便、服务半径合理的地段。使用功能相融的设施，可综合设置，以利提高规模效应和土地的集约使用。

规划将"和—和"同城区以外的城镇分为一级城镇（县城所在的城关镇和新设立的兵团城市）、二级城镇（重点镇）、三级城镇（一般镇）3个层次，确定社会服务设施与基础设施配套标准。

农十四师团城有关公共设施根据需要独立建设，或与邻近城镇联合建设。

（三）乡村公共设施建设

乡村公共设施配套指标参照《新疆维吾尔自治区村庄规划技术导则》，按中心村、基层村、牧业村选配，经济条件较好的地区，可结合当地情况适当提高。

图7 生态功能区划图

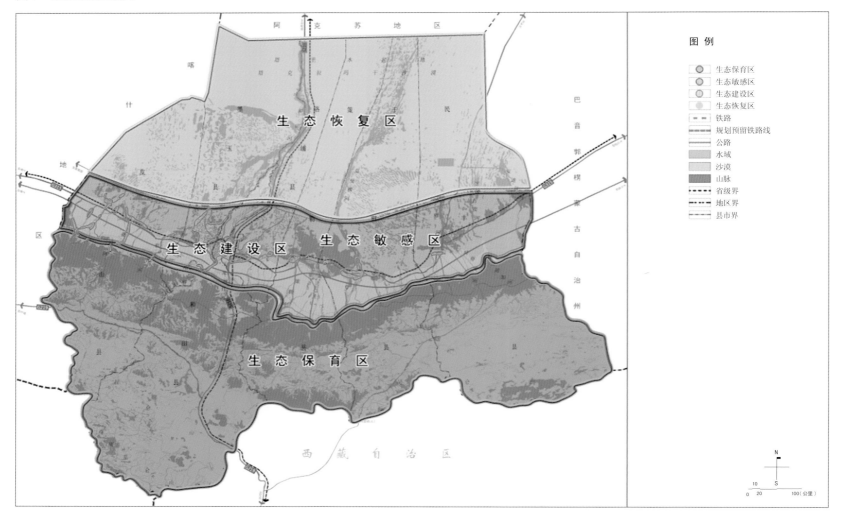

九、历史文化遗产资源保护及利用

（一）保护目标

物质文化遗产保护要贯彻"保护为主、抢救第一、合理利用、加强管理"的方针。非物质文化遗产保护要贯彻"保护为主、抢救第一、合理利用、传承发展"的方针。

促进和田地区物质和非物质的历史文化遗产得到妥善保护，优秀历史文化内涵得到延续；提升和田地区文化品格，弘扬历史文化优势；加大宣传力度，提高整个地区文化遗产资源保护意识。

保护并合理利用历史文化遗产，开展旅游和文化创意产业等相关产业，实现地区文化遗产和经济社会的全面可持续发展。

（二）保护原则

保存历史原真性与保护文化遗产的完整性；点面结合、讲求实效，分层次、分级别展开保护与利用；合理开发，保持地区社会经济与文化资源发展的可持续性。

（三）遗址（迹）保护利用策略

1、积极申报遗产资源；

2、文物保护单位的修缮与保护；

3、差异化保护规划。

（四）非物质文化遗产保护利用策略

1、调查与保护并行；

2、建立传承机制，强化措施；

3、建立文化生态保护区。

十、生态建设和环境保护

根据和田地区自然环境特点及水资源保护与合理利用在干旱区的重要性，立足于

图8　空间管制规划图

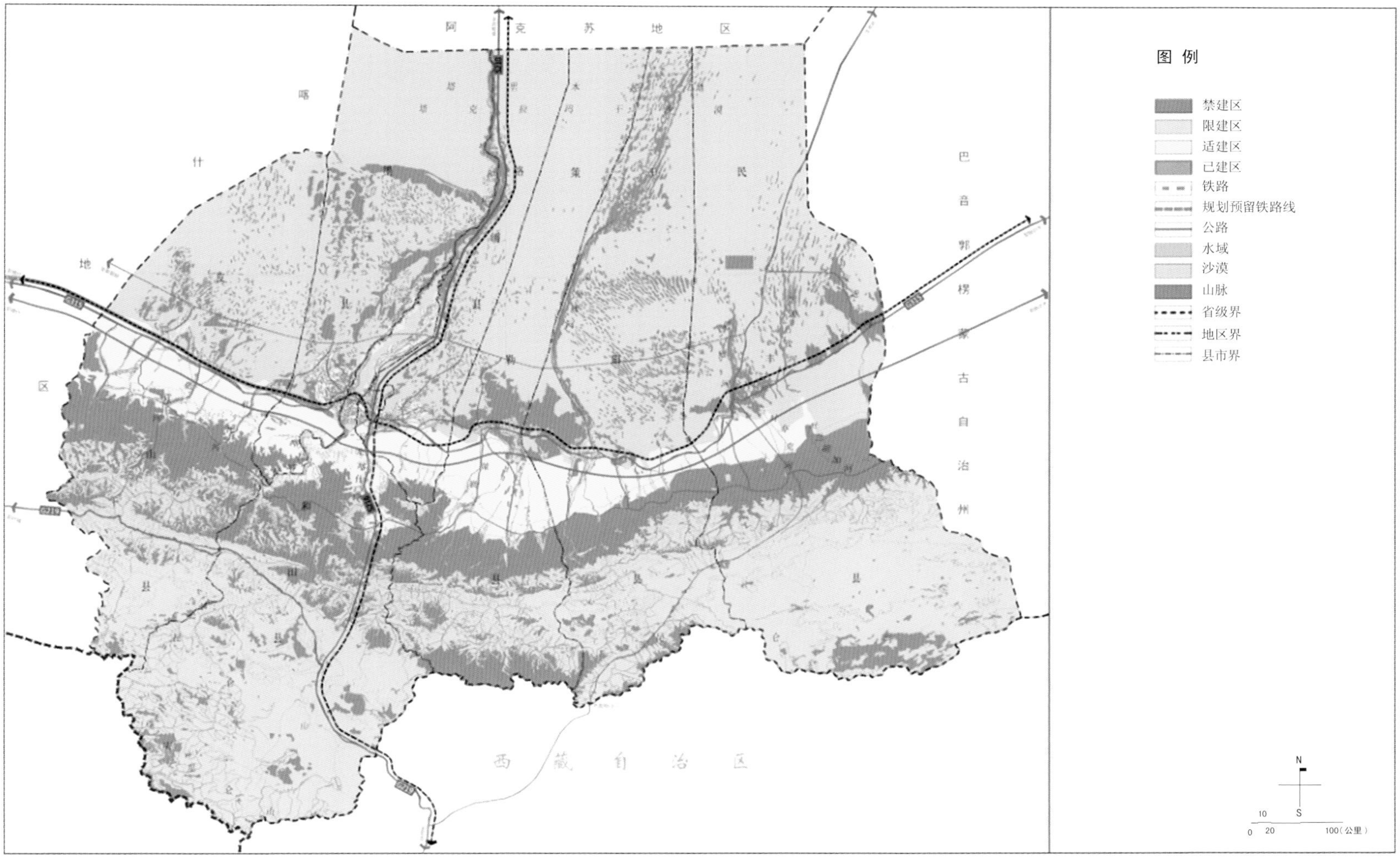

山地、山前、绿洲、荒漠四大生态系统基础，提出地区生态空间框架，实现分区生态管制。

1、生态保育区

和田地区南部山地地区为生态保育区。

2、生态敏感区

山前丘陵草地戈壁生态区是地区的生态敏感区。

3、生态建设区

绿洲农业与城镇生态区是地区的生态建设区。

4、生态恢复区

沙漠荒漠生态区是地区的生态恢复区。

十一、空间管制规划

（一）空间管制分区

针对地域空间具有非农业性质的开发建设活动，将和田地区空间地域划分为禁止建设区、限制建设区、适宜建设区三种类型。

（二）禁止建设区

禁止建设区包括基本农田、河流、湿地、山体、水源地、生态廊道、生态公益林等对生态环境起决定性因素的生态实体以及大型交通及市政基础设施廊道区。

（三）限制建设区

限制建设区指村庄建设用地、一般农田、林地、矿产资源开采区和具有生态意义、文化或景观价值等适宜作为旅游、度假、休闲等低强度、低密度开发的地区。

（四）适宜建设区

适宜建设区是综合条件下适宜建设的地带，是城镇发展优先选择的地区，但仍需根据本地环境与资源禀赋条件，选择合理的开发模式、开发规模与强度，依法、依规划在适宜建设区内进行各项建设活动。

吐鲁番地区城镇体系规划（2013-2030 年）

吐鲁番地区于 2015 年 4 月"撤地设市"。位于新疆维吾尔自治区东部，地处天山南麓、吐鲁番盆地中部。东与哈密地区相邻，西、南与巴音郭楞蒙古自治州的和静县、和硕县、尉犁县、若羌县相依，西北与乌鲁木齐市相连，北与昌吉回族自治州的吉木萨尔县、奇台县、木垒县相接。辖高昌区（原吐鲁番市）、鄯善县、托克逊县。

地势北高南低，北部为博格达峰，中部为吐鲁番盆地绿洲，南部为全国内陆最低处——艾丁湖，火焰山自西向东横贯盆地中部。

吐鲁番地区城镇体系规划（2013-2030年）

组织编制：原吐鲁番地区行政公署
编制单位：湖南省城市规划研究设计院
批复时间：2014年12月

第一部分 规划概况

为了落实中央新疆工作会议精神，贯彻自治区第八次党代会会议精神，引导吐鲁番地区人口合理有序流动，保障城乡各类空间资源的合理配置，科学推进新型城镇化和经济社会全面发展，制定了《吐鲁番地区城镇体系规划（2013-2030年）》。

该规划于2013年由湖南省城市规划研究设计院开始编制，期间针对性开展了新型城镇化发展战略、人口与城镇化发展水平预测、产业发展、综合交通、旅游发展、城乡一体化6个方面的专题研究。规划于2014年12月获自治区人民政府批复。

第二部分 主要内容

一、规划范围和期限

（一）规划范围

吐鲁番地区行政辖区范围总面积70049平方公里，包括吐鲁番市、鄯善县、托克逊县。

（二）规划期限

本次规划期限为2013-2030年，2012年为规划基期年。

其中近期为2013-2015年，中期为2016-2020年，远期为2021-2030年。

二、城镇化发展目标和战略

（一）地区人口规模、城镇化水平预测

近期2015年，吐鲁番地区总人口为67万，城镇人口34万人，城镇化率达到50%。

中期2020年，吐鲁番地区总人口预计75万~76万，城镇人口45万~49万人，城镇化率达到60%~65%。

远期2030年，吐鲁番地区总人口约85万~90万，城镇人口65万~67万人，城镇化率达到70%~75%。

（二）城镇化发展总体目标

加快推进新型城镇化，着力提升地区居住、交通、教育、文化设施、卫生、环境等条件的大力改善，构建地区综合实力显著提升，区域竞争力明显增强、基础设施水平日益完善、城乡综合承载能力不断提高、空间布局更加合理、职能类型更加协调、人居环境更加优美，形成具有干旱区绿洲特色和地方文化特色的城镇化发展新格局，建设成丝绸之路经济带的重要节点，把吐鲁番地区建设成国家新能源利用和示范区域；全疆城镇核心增长极乌鲁木齐都市圈的重要组成部分；国际旅游文化产业发展基地；新疆乃至全国的现代农业和精品农业生产基地；新疆装备制造业配套基地；历史文化保护和发展的引领区。

（三）城镇化发展战略

1、内外双驱，合力推进战略

既要充分利用国家的援疆政策，积极争取国家、自治区、对口援建省市和中央企业的大力支持，借助外力不失时机地推进城镇化；又要注重激发吐鲁番地区内生动力，发挥地区的主导作用，实现外力帮扶引导，内力强化自身，内外力共同驱动的城镇化道路。

2、融入对接，借外核提升战略

吐鲁番地区要积极融入乌鲁木齐都市圈，充分利用乌鲁木齐都市圈作为全疆的核心增长极的辐射带动作用，在交通、旅游、产业、功能等方面与乌鲁木齐实现全面对接，通过借助地区外的增长极核，来提高区域竞争力和影响力，从而加快地区城镇化进程。

3、做强中心，强内核辐射战略

做大做强吐鲁番市，把吐鲁番市作为整个地区增长极核，逐步建设成中等规模的城市，不断提高吐鲁番市的区域影响力，通过增强区域内核，增强对区域的辐射带动作用，以中心城市为核心，推动工业和人口向市县、重点镇集中，公共交通、基础设施和公共服务设施向乡镇、村庄延伸辐射，通过做强中心，做优小城镇，建设美丽乡村，推进城乡一体发展。

4、区域整合，城镇组群战略

创新区域增长的空间，把空间上比较接近、功能上便于联系的城镇进行空间和功能组合，形成区域城镇组群，以城镇组群的竞

图 1 　城镇空间结构规划图

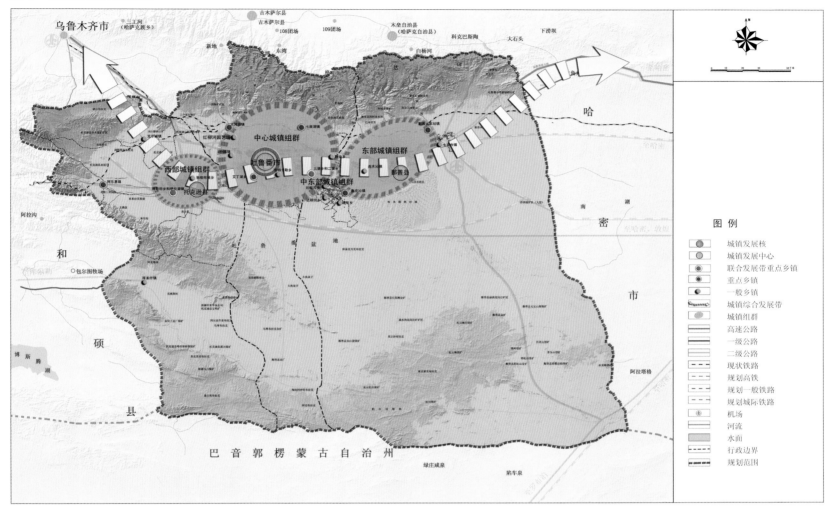

争代替城镇竞争，增强区域对外竞争力，同时把城镇组群作为推进城镇化的主体形态。

5、产业带动，产城融合战略

转变经济发展方式，不断调整产业结构，促进产业升级转型，实施产业带动战略，加快农牧业现代化，把新型工业化作为新型城镇化的第一推动力，以服务业为持续推动力，加强各类园区与城镇融合发展，增强新型城镇化发展的内生动力。

6、突出特色，文化引领战略

突出地区的历史文化、产业、民族、地域

特色，发挥城镇特色和区域特色的差异化竞争力，在新型城镇化进程中保护各类特色资源，实施文化引领战略。

三、城镇空间布局规划

（一）城镇空间结构

规划形成"一核、两心、三组群、一带"的地区城镇空间结构。

1、做大"一核"

以吐鲁番市为中心，把亚尔乡与葡萄乡

纳入中心城区，通过做大做强中心城市，形成区域经济增长极核，带动地区经济的全面发展。

2、强化"两心"

以鄯善县城和托克逊县城为两心，把辟展乡、东巴扎乡纳入鄯善县城，把夏乡纳入托克逊县城，不断强化两心，从而带动东西两翼城镇的发展。

3、构筑 3 个城镇组群

把空间上比较接近的城镇进行组群，形成 3 个城镇密集群组区。

图 2　城镇等级结构规划图

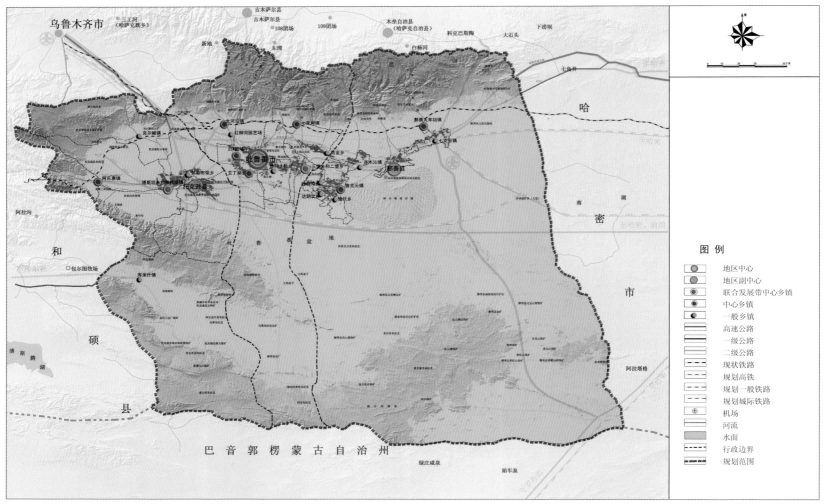

（1）东部城镇组群

以鄯善县城为依托,连接外围连木沁镇、鄯善火车站镇、七克台镇、吐峪沟乡、迪坎乡、达朗坎乡所形成的地区东部城镇组群。

（2）中心城镇组群

以吐鲁番市中心城区为依托,连接外围大河沿镇、七泉湖镇、艾丁湖乡、恰特卡勒乡、胜金乡、三堡乡、二堡乡、221团场所形成的地区中心组群。

（3）西部城镇组群

以托克逊县城为依托,连接外围郭勒布依乡、博斯坦乡、伊拉湖镇所形成的地区西部组群。

4、构筑一条城镇综合发展带

以兰新铁路、兰新铁路第二双线、连霍高速公路、国道G312及G314、省道S202及S301等交通轴线,对接乌鲁木齐,串连中部绿洲经济发展区,形成地区城镇综合发展带。

（二）城镇等级结构规划

吐鲁番地区城镇等级分为地区中心、地区副中心、中心乡镇、一般乡镇4个等级。

规划形成1个地区中心、2个地区副中心、9个中心乡镇、11个一般乡镇的城镇等级体系。（表1）

四、产业发展空间布局

（一）产业发展目标

经济综合实力显著增强,产业地位不断提升,成为乌鲁木齐都市圈乃至自治区跨越崛起的重要推动力量。产业结构优化升级,企业自主创新能力明显提高,循环经济稳步

图3 产业空间布局规划图

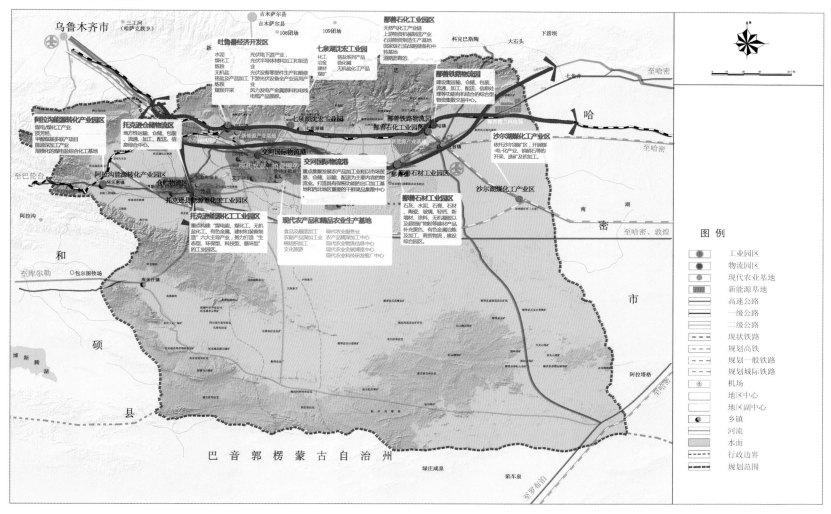

地区城镇体系等级结构规划一览表　　表1

城镇等级	功能地位	城镇个数	城镇名称
一级	地区中心	1	吐鲁番市中心城区
二级	地区副中心	2	托克逊县城、鄯善县城
三级	中心乡镇	9	大河沿镇、七泉湖镇、艾丁湖乡、221团场、鄯善火车站镇、鲁克沁镇、阿乐惠镇、三堡乡和二堡乡、博斯坦乡和伊拉湖镇
四级	一般乡镇	11	恰特卡勒乡、胜金乡、七克台镇、连木沁镇、迪坎乡、达朗坎乡、吐峪沟乡、克尔碱镇、库米什镇、郭勒布依乡、红柳河园艺场

注：规划期内，随着各市县中心城区范围的逐步拓展，葡萄乡、亚尔乡将纳入吐鲁番市中心区范围，辟展乡、东巴扎乡纳入鄯善县城区范围，夏乡并入托克逊县城区范围。同时，从地理空间邻近的角度，规划考虑将三堡乡和二堡乡、博斯坦乡和伊拉湖镇联合发展，形成联合发展的中心乡镇。

推进,资源利用效率不断提高。加快推进新型工业化,打造新型工业化的创业板;提升旅游文化产业的影响力,打造旅游文化产业的升级版;突出现代农业的区域地位,打造现代特色农业的精品版。

(二)产业体系构建

产业发展形成"五大基地":综合能源基地、新型材料加工基地、新疆装备制造业产业配套基地、新疆乃至全国的现代农业和精品农业生产基地、现代综合物流基地;

突出"九大产业链":清洁能源产业链、先进装备制造业产业链、石油化工产业链、无机盐化精深加工产业链、新型建筑材料产业链、煤电化(煤电精细化工)产业链、煤电冶材加工产业链、食品及酿造加工产业链、棉纺织加工产业链;配套"现代产业服务体系",包括现代综合物流业、现代农业服务业、现代旅游服务业、房地产开发业、其他生产性服务业。

(三)产业布局引导

吐鲁番地区产业布局形成"一核、两心、三带"的空间结构。

1、"一核"

为吐鲁番市产业发展主中心。利用吐鲁番市绿洲发展现代农业、农产品加工业、旅游业,依托吐鲁番地区行政中心建设服务全地区的农业服务业,借助吐鲁番品牌打造一级旅游接待中心和服务中心,结合机场、铁路等交通枢纽建设服务全地区的现代物流中心。

2、"两心"

为东部鄯善县、西部托克逊县产业发展次中心。依托鄯善县、托克逊县各自特色发展现代农业和旅游业,根据各自产业特色发展地方性专业市场和物流园区。

3、"三带"

为吐鲁番地区东西方向延伸的3个产业发展带,分别是"传统产业带"、"新能源产业带"、"绿洲产业带"。

(1)"传统产业带"

依托北部托克逊黑山矿区、克(布)尔矿区、七泉湖矿区、七克台矿区、吐哈油田资源,沿兰新铁路线发展以石油化工、无机盐化工、水泥建材为主的产业发展带;

(2)"新能源产业带"

利用天山南麓的良好光热条件和风能资源,同时利用便捷的铁路、公路运输条件发展以光伏发电、风电及相关配套服务产业的新能源产业发展带;

(3)"绿洲产业带"

依托吐鲁番市、鄯善县、托克逊县城镇绿洲,利用光热资源,发展现代农业、农产品加工业、旅游业、农业服务业、旅游服务业,以及相关农产品加工业、建材业、房地产和物流产业。

五、城镇规模与职能

(一)城镇人口规模等级

规划期末,城镇人口规模超过20万的城市1个,10万~20万城镇2个,2万~10万城镇9个,人口小于2万的城镇11个。(表2)

(二)城镇职能

规划期末,地区城镇职能结构分综合型、工矿型、交通工贸型、农贸型、农牧型、农工型、旅游型7个类型。(表3)

六、村庄布局规划

(一)村庄发展模式

结合吐鲁番地区自然环境、资源优势,因地制宜提出"以城带乡"的发展模式、工业园区带动发展模式、高效绿洲农业带动发展模式和旅游业带动发展模式(表4)。

(二)村庄居民点建设布局指引

调整村庄居民点空间结构,依照"提升一批、保护一批、改造一批、消纳一批"的原则,重点发展中心村居民点,保持和优化现有中心村的特色、调整聚落体系中的村庄功能,提升一批发展潜力好的村庄为中心村,稳定一批现状农业发展较好、设施较为完善的行政村为基层村,消纳一批现状和发展条件一般的村庄。

根据吐鲁番地区村庄的空间区位条件,自身发展潜力等因素,可将村庄分为转换撤并型、保留拓展型两大类。其中,转换撤并型分为萎缩、消亡型(A型)和融入城市型(D型)两个中类,保留拓展型分为基于特色的空间拓展型(B型)基于TOD的空间拓展型(C型)、基于产业或设施的拓展型(E型)3个中类。

七、综合交通规划

(一)交通发展目标

以改善路网空间布局和站场能力匹配为重点,统筹安排各种运输方式向绿色、低碳的方向发展,建成以航空、铁路、高速公路为骨架,干线公路为依托的便捷、安全、高效的综合运输体系,尽快形成对内大循环,对外大开放,便捷、安全、高效的综合交通运输网络以及有一定规模和地位的物流运输以及客流集散中心。

图 4　城镇规模结构规划图

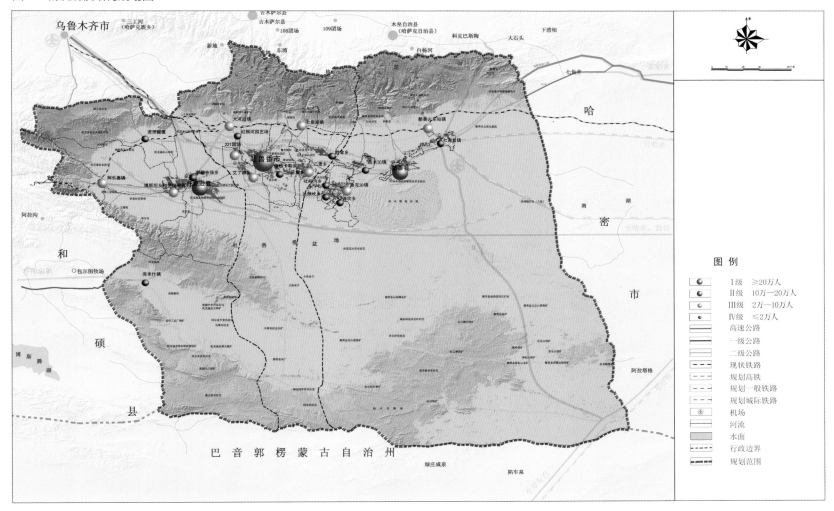

2030 年地区城镇人口规模结构一览表

表 2

城镇规模分级	城镇实际居住人口规模（万人）	城镇数量（个）	城镇名称
Ⅰ级	≥20	1	吐鲁番市中心城区
Ⅱ级	10~20	2	托克逊县城、鄯善县城
Ⅲ级	2~10	9	鲁克沁镇、大河沿镇、艾丁湖乡、七泉湖镇、鄯善火车站镇、阿乐惠镇、三堡乡和二堡乡、博斯坦乡和伊拉湖镇、221 团场
Ⅳ级	≤2	11	恰特卡勒乡、胜金乡、七克台镇、连木沁镇、迪坎乡、达朗坎乡、吐峪沟乡、克尔碱镇、库米什镇、郭勒布依乡、红柳河园艺场

2030 年地区城镇职能结构规划一览表 表3

职能等级	名称	类型	主要职能
地区中心	吐鲁番城区	综合型	吐鲁番是国际著名旅游城市、国家历史文化名城和新能源利用示范基地、乌鲁木齐都市圈次中心城市、吐鲁番地区中心城市,区域商贸物流中心、特色农产品加工基地
地区副中心	鄯善城区	综合型	区域重要的能源、石材加工和贸易基地,吐鲁番地区东部经济中心,县域综合服务中心、宜居宜业的国际沙漠旅游休闲城市
	托克逊城区	综合型	区域能源供应基地,联系南北疆及东疆的区域性交通节点,吐鲁番地区副中心,特色林果基地,吐鲁番地区旅游节点,县域中心,以能源深加工为主导的新型工业城市
联合发展的中心城镇	三堡乡、二堡乡	综合型	乡域中心,旅游业、设施农业、商贸
	博斯坦乡、伊拉湖	综合型	乡域中心,红枣种植业、商贸
中心乡镇	七泉湖镇	工矿型	镇域中心,无机盐化工
	大河沿镇	交通工贸型	镇域中心,煤炭、化工、能源、交通运输业、商贸
	艾丁湖乡	综合型	乡域中心,特色种植业、农副产品加工、畜牧业
	鲁克沁镇	综合型	鄯善山南中心,旅游业、设施农业、物流、商贸
	鄯善火车站	交通工贸型	镇域中心,石化工业、能源、交通运输、商贸
	阿乐惠镇	工矿型	镇域中心,煤炭开采、盐化工、建材、电石产品加工
	221 团场	综合型	乡域中心,生态工业、旅游业、葡萄业、农副产品加工,设施农业,商贸服务
一般城镇	七克台镇	工矿型	镇域中心,园区服务业、食品为主导产业的专业型工矿城镇
	达朗坎	农牧型	乡域中心,特色种植业、畜牧业
	迪坎	农工型	乡域中心,矿产资源加工
	恰特卡勒	农牧型	乡域中心,特色种植业、畜牧业
	连木沁镇	农工型	镇域中心,农副产品加工、商贸、旅游业
	胜金	农牧型	乡域中心,畜牧业
	吐峪沟	旅游型	乡域中心,葡萄、甜瓜特色种植加工业
	郭勒布依	农牧型	乡域中心,甜瓜、棉花种植业、畜牧业
	库米什	工矿型	镇域中心,石灰石采掘业、建材加工业
	克尔碱	工矿型	镇域中心,采掘业、建材
	红柳河园艺场场	农工型	乡域中心,葡萄业、种植业

各乡镇村庄发展模式引导一览表 表4

县(市)名称	乡(镇)及辖区名称	村庄发展模式
吐鲁番市	七泉湖镇	工业带动型、高效农业带动型
	大河沿镇	工业带动型
	亚尔乡	城郊带动型、旅游业带动型
	艾丁湖乡	高效农业带动型
	三堡乡	旅游带动型、高效农业带动型
	二堡乡	高效农业带动型
	葡萄乡	城郊带动型、旅游业带动型、高效农业带动型
	胜金乡	高效农业带动型
	恰特喀勒乡	高效农业带动型
鄯善县	鲁克沁镇	工业带动型、高效农业带动型、旅游业带动型
	鄯善火车站镇	工业带动型、高效农业带动型
	七克台镇	工业带动型、高效农业带动型
	连木沁镇	高效农业带动型、旅游业带动型
	达朗坎乡	高效农业带动型
	迪坎乡	高效农业带动型
	吐峪沟乡	高效农业带动型、旅游业带动型
托克逊县	库米什镇	工业带动型、高效农业带动型
	克尔碱镇	工业带动型、高效农业带动型
	夏乡	城郊带动型、高效农业带动型
	郭勒布依乡	高效农业带动型
	伊拉湖镇	高效农业带动型
	博斯坦乡	高效农业带动型
	阿乐惠镇	工业带动型

图 5　城镇职能结构规划图

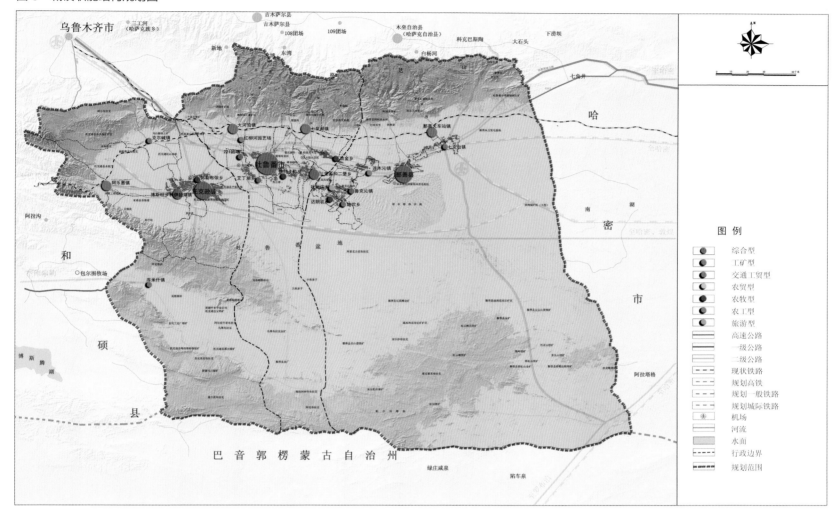

（二）公路发展规划

到 2030 年，吐鲁番地区形成"六横四纵"的公路网格局。

1、高速公路

规划"两横一纵"3 条高速公路，以及 1 条快速联络线，构成连接吐鲁番地区两县一市的快速环线。

2、一级公路

规划形成"两横一纵"的一级公路网。

3、二级公路

规划形成"两横两纵"的二级公路网。

4、农村公路及专用公路

构建覆盖全地区的旅游快速线路，在规划公路网基础上，规划建设景区旅游共用或专用公路。

到 2015 年，行政村通达率和通畅率达到 100%，自然村通畅率达到 80%，设施农业区通畅率达到 100%，通往矿产资源和旅游景点的道路达到四级及四级以上。

力争在规划末期，自然村通畅率达到 100%；通往资源矿区和旅游景点的道路全部达到三级以上标准。

（三）铁路发展规划

1、高速铁路

兰新铁路第二双线为高速铁路线。铁路建成后，将以客运为主，兼顾货运。

2、城际铁路

在充分利用既有和在建的铁路能力的基础上，适时规划修建乌鲁木齐—吐鲁番的城际铁路，从乌鲁木齐出发，沿连霍高速经达坂城到达吐鲁番市，在吐鲁番市引入高铁站。后期根据客流需求，修建从吐鲁番市连接托克逊县城、鄯善县城的支线。

图6　综合交通规划图

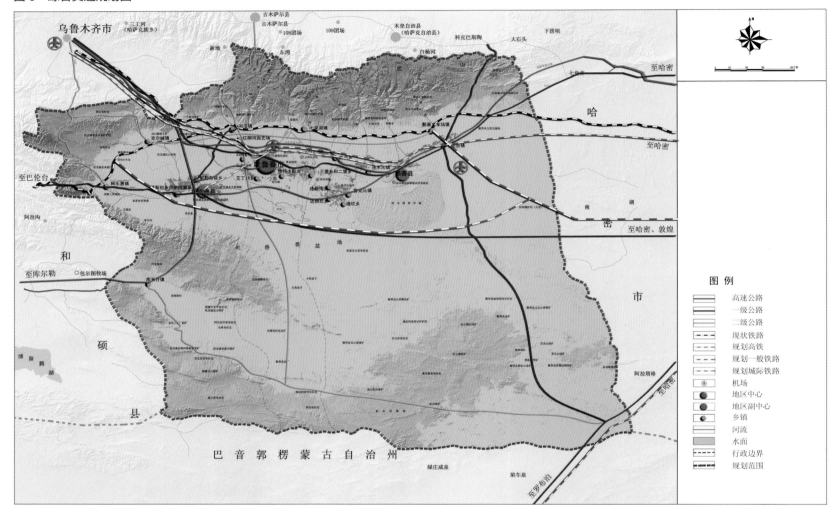

3、普通铁路

矿区专用铁路规划、鄯善—敦煌铁路。

（四）航空发展规划

吐鲁番机场定位为国内旅游支线机场。远期把吐鲁番机场由4D级扩建到4E级。

迁建兰空鄯善机场，规划建设鄯善通勤机场。

（五）客运场站规划

力争在规划末期，全地区自然村实现公交覆盖，彻底解决乡镇农民群众乘车难、安全无保障等问题，实现客运车辆辐射地区抗震安居点、设施农业和工业园区，促进地区城乡经济协调发展。

1、一级客运站

兰新铁路第二双线吐鲁番站

2、二级客运站

新区客运站（吐鲁番市）

3、三级客运站

鄯善县客运站、托克逊县客运站

4、四级客运站

规划在具备条件建设的各乡、镇人民政府所在地及大型矿区，建成符合四级客运站服务标准的场站。

5、建设招呼站

加快农村招呼站的建设，农村客运招呼站应重点建在县、乡、村道路沿线，选址应选择道路通达、人口密度较大、群众乘车需求较旺的行政村所在地或者道路交叉口附近，对于人口较多的行政村交汇处可以选择建设大型的联体招呼站。

图 7　旅游空间布局规划图

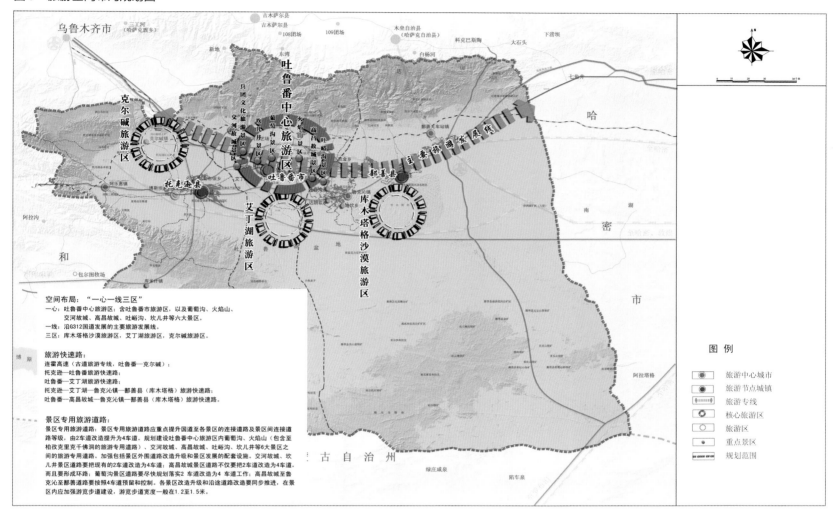

空间布局："一心一线三区"
一心：吐鲁番中心旅游区；含吐鲁番市旅游区，以及葡萄沟、火焰山、交河故城、高昌故城、吐峪沟、坎儿井等六大景区。
一线：沿G312国道发展的主要旅游发展线。
三区：库木塔格沙漠旅游区，艾丁湖旅游区，克尔碱旅游区。

旅游快速路：
连霍高速（古道旅游专线，吐鲁番—克尔碱）；
托克逊—吐鲁番旅游快速路；
吐鲁番—艾丁湖旅游快速路；
托克逊—艾丁湖—鲁克沁镇—鄯善县（库木塔格）旅游快速路；
吐鲁番—高昌故城—鲁克沁镇—鄯善县（库木塔格）旅游快速路。

景区专用旅游道路：
景区专用旅游道路：景区专用旅游道路应重点提升国道至各景区的连接道路及景区间连接道路等级，由2车道改造提升为4车道。规划建设吐鲁番中心旅游区内葡萄沟、火焰山（包含至柏孜克里克千佛洞的旅游专用道路）、交河故城、高昌故城、吐峪沟、坎儿井等6大景区之间的旅游专用道路。加强包括景区外围道路改造升级和景区发展的配套设施。交河故城、坎儿井景区道路要把现有的2车道改造为4车道；高昌故城景区道路不仅要把2车道改造为4车道，而且要形成环路；葡萄沟景区道路要尽快规划落实2 车道改造为 4 车道工作；高昌故城至鲁克沁至鄯善路段要按照4车道预留和控制。各景区改造升级和沿途道路改造要同步推进，在景区内应加强游览步道建设，游览步道宽度一般为1.2至1.5米。

图　例

- 🎯 旅游中心城市
- 🎯 旅游节点城镇
- 🎮 旅游专线
- 🎯 核心旅游区
- ⬭ 旅游区
- 🎯 重点景区
- ▦▦ 规划范围

（六）货运场站和物流园规划

1、交河物流港

形成以吐鲁番交河物流港为核心，以物流运输、减灾应急保障、农产品交易、区域配送等为主要功能的区域性物流基地，成为吐鲁番地区现代物流核心枢纽。

2、吐鲁番经济开发区（大河沿镇）

把吐鲁番火车站改建成为货运专用站。发挥大河沿镇综合交通优势和仓储优势，进一步提升大河沿镇作为南北疆主要货物运输集散地的枢纽地位。

3、鄯善铁路物流园

主要功能是煤炭和化工产品运输。

4、新疆煤炭交易市场物流园

建设为新疆最大的综合性专业性煤炭交易市场，国家、自治区"西煤东运"的商品煤交易基地。

5、托克逊煤炭化工战略装车点

在鱼儿沟和望布火车站增加装车能力。

八、公共服务设施规划

（一）规划目标

营造面向城镇层级职能的设施层级网络，促进城市公共职能的升级；完善面向社会多元需求的服务多元供给，促进城镇服务品质的升级；保障城乡的生活便利和社会福利，促进宜居度的升级；引导公共服务与设施的布局与城乡聚落体系相一致，加快实现基本公共服务均等化配置。

图8 城镇公共服务设施规划图

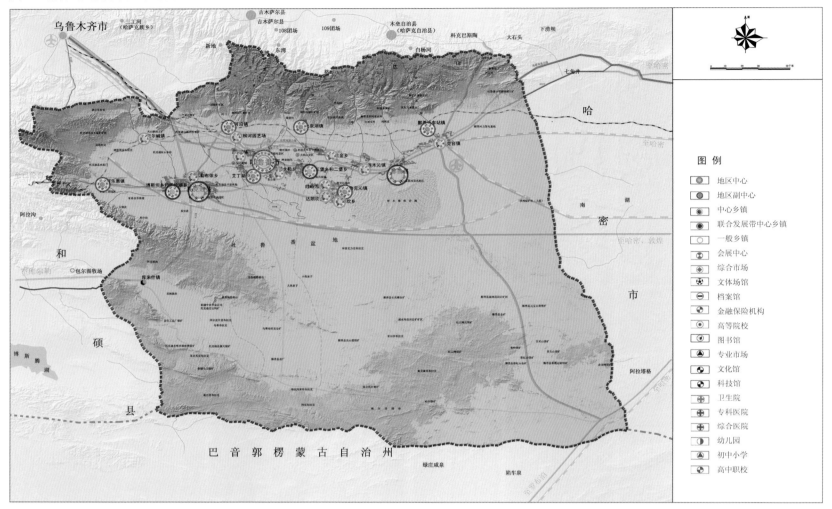

（二）服务设施配置

规划地区城镇公共设施配置按地区中心、地区副中心、中心乡镇、一般乡镇分为4个等级。

1、地区中心城市

建设市级图书馆、会展中心、文化艺术中心、档案馆；建设高水平的高中和职业高等院校，建设具有区域服务功能的文体场馆和医疗设施，形成完备的教育、文化、科技、体育、医疗体系。建设大型综合市场和高档次专业市场，完善已有行政中心，建设新行政中心。

2、地区副中心城市

配置科技服务、文体中心、中小学教育等社会服务设施，配置中心卫生院，并对周边乡镇具有一定的服务功能。配置小型综合市场和小型超市，完善建设各级行政中心。

3、中心乡镇

配置科技服务、文化活动、医疗保健、中小学教育等社会服务设施，并对周边乡村具有一定的服务功能。配置小型超市，完善行政中心。

4、一般乡镇

配置文化站、卫生院、小学、防疫站等基本社会服务设施，建设小型超市、百货店，配建必要的派出所等办公设施，服务于本镇居民日常生活需要。

九、旅游发展规划

（一）发展定位

把吐鲁番地区发展成为国际著名旅游目的地、旅游精品地区和区域性旅游集散地。

图9 生态环境保护规划图

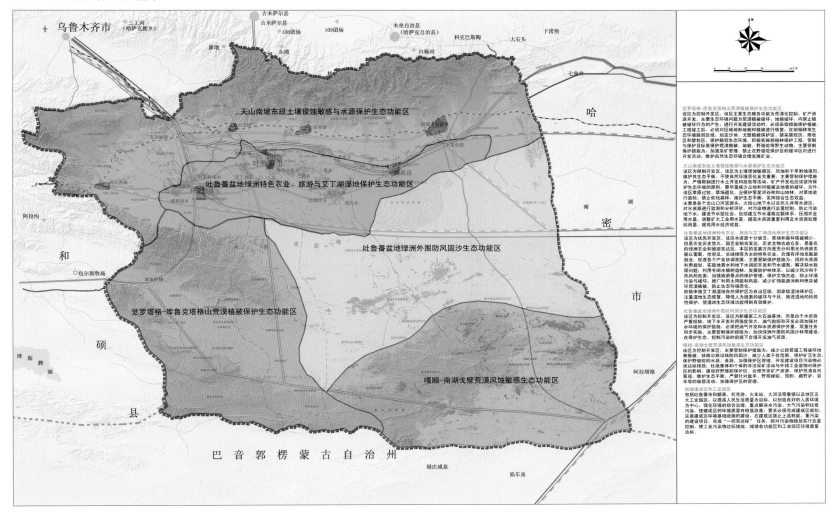

（二）总体目标

从吐鲁番地区整体出发，以打造吐鲁番国家旅游目的地为目标，以观光旅游为基础，涉及整个服务产业，最终形成可以满足深度观光体验游、民俗文化体验游、历史文化仿古游和休闲游的综合性旅游目的地。

（三）旅游城市布局

旅游城市发展布局为"一主两辅"：以吐鲁番市为中心旅游城市，以鄯善县和托克逊县为旅游服务基地。

（四）旅游空间布局

旅游空间发展布局可概括为"一心一线三区"。

1、"一心"

中心旅游区；含吐鲁番市旅游区，以及葡萄沟、火焰山、交河故城、高昌故城、吐峪沟、坎儿井、兵团文化旅游景区七大景区。

2、"一线"

沿G312国道发展的主要旅游发展线。

3、"三区"

库木塔格沙漠旅游区、艾丁湖旅游区、

克尔碱旅游区。

十、历史文化保护规划

（一）保护目标

1、对于历史文化名城、名镇、名村，不仅要保护城市中的文物古迹和历史地段，还要保护和延续古城的传统格局和风貌特色，继承和发扬优秀历史文化传统，保护城市非物质文化遗产。

2、历史文化街区要保存历史的真实性，

图10 空间管制规划图

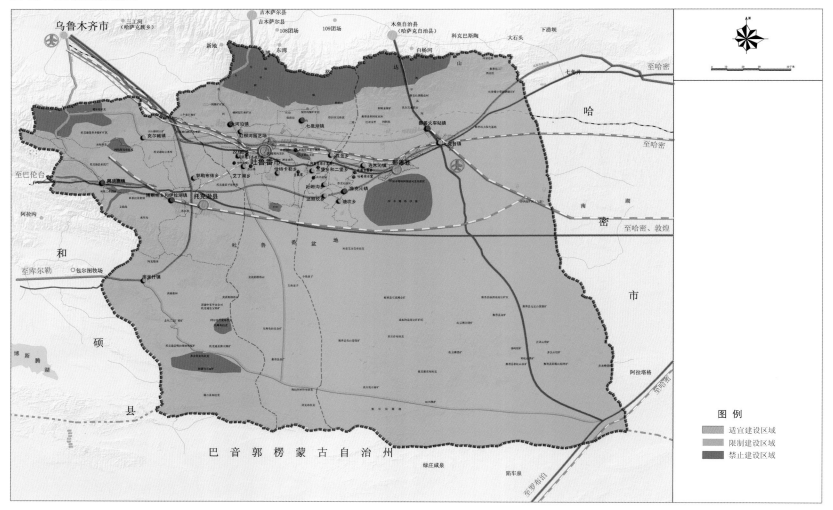

风貌的完整性和生活的延续性，要改善街区的基础设施，更新改造建筑物的内部，以适应现代生活的需要。

3、各级文物保护单位，要遵循"不改变文物原状的原则"，保存全部历史信息。要划定保护范围和建设控制带，提出控制要求，要特别注意保护文物古迹的历史环境，以便更完整地体现它的历史科学艺术价值。

4、积极开展丝绸之路申报世界文化遗产工作，把相关历史文化纳入更高级别的保护体系框架。

（二）保护要点

1、历史文化名城和历史文化街区的保护

重点保护吐鲁番历史文化名城和回城历史文化街区、苏公塔历史文化街区、葡萄沟历史文化街区以及尚存的部分文物保护单位。

2、历史文化名镇的保护

吐鲁番现有国家级历史文化名镇鲁克沁镇。要加强地域历史文化研究，保护与利用历史文化遗产。开展历史文化名镇调查，符合条件的积极申报自治区级或国家级历史文化名镇，并纳入法定保护的范围内。

3、历史文化名村的保护

吐鲁番现有国家级历史文化名村吐峪沟麻札村。开展历史文化名村及传统村落调查，符合条件的积极申报自治区级或国家级历史文化名村，并纳入法定保护的范围内。

4、保护各级文物古迹

吐鲁番有全国重点文物保护单位13处；自治区级文物保护单位18处；吐鲁番地区市县级文物保护单位158处。

5、市域自然历史环境的保护

主要保护火焰山、葡萄沟、坎儿井、艾

空间管制规划引导一览表　　　　　　　　　　　　　　　　　　　　　　　　　　表5

管制类型	管制范围	主要管制措施
禁建区	吐鲁番地区自然保护区、森林保护区、水源保护区、荒漠生态保护区、重要湿地保护区；交通干线与城镇周边绿地系统；基本农田保护区、农田防护林区；历史文化古迹、旅游风景名胜的核心区；石油、天然气管道、绿色廊道控制区等	加快立法，通过专项规划优先划定和严格实施生态保护区和绿地"绿线"管制，指导各地方政府推进区域生态的保护、恢复和日常管理
限建区	吐鲁番地区各个市县的农牧业区及山前冲洪积扇上部；吐鲁番地区盆地绿洲荒漠交错带；吐鲁番地区境内航空净空区、国道、省道、边防公路等；兰新铁路段用地规划控制区；吐鲁番地区火车站、机场、各市县镇的汽车客货运站等用地规划控制区	通过政策倾斜、财政转移支付、扶贫与援助、优先安排重点项目和基础设施等手段，重点扶持地区经济、社会的发展和振兴；共同制定该类地区的协调规划，并积极探索合作开发的相关政策和办法；各主要交通通道，合理预留交通通道用地，并加以严格控制。以空间规划为核心协调各专项规划和地方规划；正确处理核心交通功能、辅助交通运输与物流功能等发展的关系，合理利用土地资源
适建区	吐鲁番、鄯善、托克逊等重点市镇；吐鲁番地区各个市县的工矿区与工业园区；吐鲁番地区各个市、镇的建成区和规划城区；吐鲁番地区一般县域中心乡镇及其所属区、乡、镇	通过合理下放管理权限等手段，提升该类地区的发展层次和综合服务功能，培育成区域新的经济增长点和发展极核；在统筹规划的前提下，优先安排和积极引导基础产业向该类地区集聚，并严格执行建设项目环境评价和生态环境监控制度；通过制定协调规划和建立协商制度，实现对该类地区开发建设的密切合作、协调，在"共赢"的前提下自主发展；在有关政策、法规指导下，按照规划建设要求，采取各种有效措施，推动社会经济全面发展

丁湖、零点标志、吐鲁番沙漠植物园、绿洲区域葡萄田、吐鲁番地方特色城镇和村落等吐鲁番自然历史环境。

6、传统非物质文化的继承和发扬

首批吐鲁番地区级非物质文化遗产保护名录已由吐鲁番地区行署公布，共为23项，其中包括民间文学8项、民俗3项、传统美术4项、传统舞蹈2项、传统医药2项、传统手工技艺4项，另外非遗名录中还包括吐鲁番民歌、沙疗、坎儿井掏挖等。

加大对吐鲁番地区的历史城镇和非物质文化遗产的挖掘、整理和申报的力度；注重保护吐鲁番地区非物质文化遗产的原生环境；对吐鲁番地区历史城镇的非物质文化遗产进行合理的开发。通过多种方式将吐鲁番非物质形态的传统手工艺、民俗精华、民间歌舞等传统文化进行广泛宣传、展示和利用。

十一、生态环境保护规划

（一）生态环境保护目标

通过生态环境保护，改善环境质量，解决突出环境问题，防范环境风险，确保环境安全，遏制生态环境破坏，减轻自然灾害的危害；促进自然资源的合理、科学利用，实现自然生态系统良性循环，确保国民经济和社会的可持续发展。

（二）生态环境功能分区

根据吐鲁番地区生态环境特点，划分为6个生态功能区进行分区管制：

生态环境功能分区包括：觉罗塔格—库鲁克塔格山荒漠植被保护生态功能区、天山南坡东段土壤侵蚀敏感与水源保护生态功能区、吐鲁番盆地绿洲特色农业、旅游与艾丁湖湿地保护生态功能区、吐鲁番盆地绿洲外围防风固沙生态功能区、嘎顺—南湖戈壁荒漠风蚀敏感生态功能区。

城镇建成区和工业园区包括吐鲁番市和鄯善、托克逊、火车站、大河沿等中心镇以及地区工业园区。

十二、空间管制规划

（一）空间管制目标

提出相应的城乡建设、生态保护、资源开发等方面的措施与策略，引导和控制区域开发建设活动，保护空间资源、保护生态环境，促进经济发展、实现城乡协调的可持续发展。

（二）空间管制分区及引导

空间管制分区，包括禁止建设区、限建建设区、适宜建设区3类。（表5）

哈密地区城镇体系规划（2013-2030 年）

哈密地区于 2016 年 1 月"撤地设市"。位于新疆维吾尔自治区东部，是新疆的东大门，也是新疆连接内地的交通要道，自古就是丝绸之路上的重镇。东与甘肃省酒泉市毗邻，南与巴音郭楞蒙古自治州相连，西与吐鲁番市、昌吉回族自治州相接，北与蒙古接壤。

辖伊州区（原哈密市）、巴里坤哈萨克自治县、伊吾县。

地势中间高、南北低，中部为天山余脉，北部是戈壁，南部是盆地。

哈密地区城镇体系规划（2013-2030 年）

组织编制：原哈密地区行政公署
编制单位：广东省建筑设计研究院
批复时间：2013 年 12 月

第一部分 规划概况

为科学合理地指导哈密地区城镇规划建设和管理，实现地区经济和社会发展目标，引导城镇建设协调有序发展，依据《中华人民共和国城乡规划法》，按照《省域城镇体系规划编制审批办法》、《城市规划编制办法》的要求，委托广东省建筑设计研究院于 2012 年初启动开展了《哈密地区城镇体系规划（2013-2030 年）》的编制工作。

为了更好地推进体系规划的编制，项目组针对地域特点，针对区域发展战略、产业、人口与城镇化、交通发展开展了专题研究。2013 年 10 月，该项目通过自治区住建厅组织的自治区联席会议审查。

第二部分 主要内容

一、规划范围和期限

（一）规划范围

涵盖哈密地区的行政辖区范围，包括哈密市、巴里坤县、伊吾县以及第十三师的行政辖区范围，总面积约 15.3 万平方公里。

（二）规划期限

规划期限为 2013-2030 年，其中：近期为 2013-2015 年；中期为 2016-2020 年；远期为 2021-2030 年。

二、发展定位与目标

（一）发展定位

新疆东部门户、新疆重要增长极、新疆一级综合交通枢纽和战略资源基地。

（二）职能

1、国家和新疆重要的综合能源利用基地（国家煤电基地、风光电基地、煤化工基地、煤炭生产外运基地）；

2、新疆重要的黑色和有色金属基地；

3、新疆新型先进制造业基地；

4、新疆绿色食品生产加工基地；

5、新疆全方位开放的战略通道与门户节点和内联外引的综合交通枢纽；

6、区域旅游服务中心。

（三）目标

1、实现新型工业化、信息化、新型城镇化和农牧业现代化；

2、新疆区域协调和城乡统筹的示范区与民族团结和社会和谐的先进区；

3、实现强而精、富而美的美丽哈密；

4、建设"和谐、幸福、宜居"城镇。

三、总体发展战略

（一）总体发展战略

1、区域经济协调，兵地融合发展

哈密与周边区域实行错位发展、哈密地区内一市两县及小城镇之间的产业分工协作及特色化发展；哈密与第十三师统一规划、统筹布局，创建兵地共建模式。

2、培育外向型经济，打造对外开放门户

以老爷庙口岸为依托，大力发展外向型经济，打造国家对外开放的重要门户。

3、资源优势转化，产业结构优化

依托优势资源，将资源优势转化为产业优势和经济发展动力；围绕能源、资源开发产业，发展先进制造业，优化产业结构；强化产业园区分工协作，加快产业集约集聚。

4、壮大中心城市，统筹城乡发展

加强中心城市建设，强化中心城市职能；加快小城镇建设，构建科学合理城镇体系；加大农村设施投入，实现城乡统筹发展。

5、经济环境并重，保障生态安全

合理开发利用矿产资源；全面建设节水型社会；加强生态建设和环境保护；发展循环经济，建设生态工业园区。

6、"丝绸之路经济带"的重要节点

按照"丝绸之路经济带"的战略构想，打造丝绸之路经济带上的重要节点城市和黄金段。

（二）城镇化发展战略

1、强化区域城市之中心磁力，走新型城镇化发展道路

强化中心城市哈密市的集聚能力，形成

图1 城镇体系发展结构图

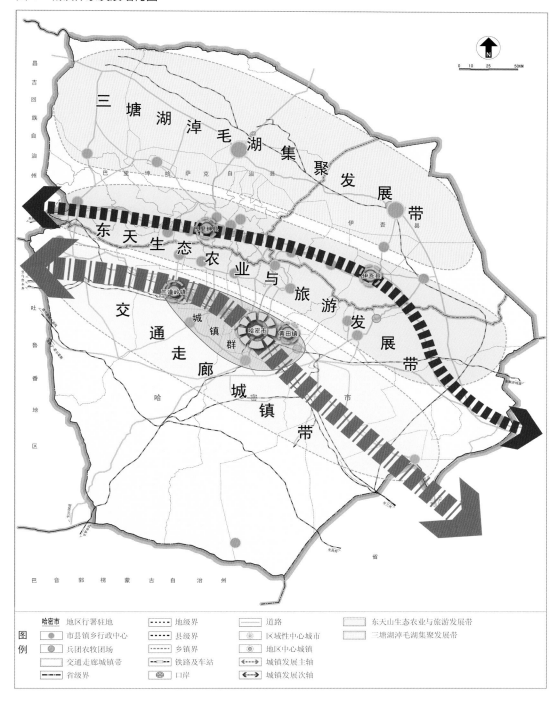

社会经济要素的集聚与扩散中心；培育三道岭、巴里坤、伊吾、黄田镇副中心的辐射能力，促进重点镇的区域带动作用，形成以重点城镇为节点，以交通干线为轴，点轴开发的城镇化战略格局。

2、促进持续发展之产业动力，实现产业与城镇互动融合发展

优化产业发展布局，实现产城融合。一是与城镇依托相对集中的工业园区形成"产城融合"的共同体；二是产业园区与城区重大项目建设布局统筹协调；三是城镇要与本地资源综合开发利用一体化。

3、创造各具特色之城镇魅力

按照一镇一业为主、多业并举的要求，立足各小城镇自身的城镇风貌、区位优势、资源优势、产品优势，合理确定主导产业，拉长产业链条，扩大产业规模，突出"专、特、精"的发展理念。

4、打造四方通畅之交通动力，构建空、铁、陆三位一体交通体系，优化城镇空间布局

加强交通基础设施建设，进一步完善铁路、公路、航空和管道运输的立体化运输网络，加快在哈密交通枢纽和口岸建设一批起点高、规模大、辐射能力强，集运输、仓储、包装、流通加工、配送等功能于一体的现代物流基地。

5、构建生态安全格局之绿洲城市，生态优先

坚持"生态立区"的战略思想，把资源开发与资源保护有机地结合起来，把发展人工生态与保护自然生态紧密结合起来，把中长期保护与解决当前重大环境问题紧密结合起来，以治水为中心、造林种草为先导、改土为基础、重大工程为依托，因地制宜、重点突破、多方合作，全面推进生态建设与环境保护。

城镇等级结构一览表（2030年）

表1

等级	城镇人口规模	城镇名称	城镇数量
中心城市	>50万人	哈密市（含回城乡、花园乡、陶家宫镇、兵地共建区）	1
副中心城市	>5万人	黄田镇（兵团拟建红星市）	1
	3万~5万人	三道岭镇、巴里坤县（含巴里坤镇、花园乡）	2
	1万~3万人	伊吾县（含伊吾镇、吐葫芦乡）	1
重点城镇	3万~5万人	淖毛湖镇（淖毛湖农场）	1
	2万~3万人	大河镇	1
	1万~2万人	二堡镇、沁城乡、三塘湖乡、博尔羌吉镇、奎苏镇、大泉湾乡、红星一场（二道湖镇及师开发区）、红星二场（火石泉镇）、柳树泉农场（柳树泉镇）、红山农场（三仙镇）	10
	0.3万~1万人	白石头乡（松树塘）、五堡镇、星星峡镇、盐池乡、红星四场（八木墩镇）	5
一般城镇	0.3万~1万人	石人子乡、萨尔乔克乡、大红柳峡乡、海子沿乡、下涝坝乡、八墙子乡、南湖乡、七角井镇、天山乡、西山乡、雅满苏镇、德外里克哈萨克族乡、前山乡	13
	<0.3万人	柳树沟乡、乌拉台哈萨克族乡、双井子乡、苇子峡乡、下马崖乡	5

各城镇职能结构一览表（2030年）

表2

地区	城镇级别	城镇名称	城镇职能
哈密市	中心城市	哈密市区（含回城乡、花园乡、陶家宫镇、兵地共建区）	综合服务型
	副中心城市	三道岭镇	工矿型
		黄田镇	综合服务型
	重点城镇	白石头乡	旅游服务型
		沁城乡	农牧综合型
		星星峡镇	交通服务型
		二堡镇	农业种植型
		五堡镇	农业种植与旅游服务型
		大泉湾乡	农业种植型
		红星一场（二道湖镇及师开发区）	工矿型
		红星二场（火石泉镇）	农牧综合型
		柳树泉农场（柳树泉镇）	综合服务型
		红星四场（八木墩镇）	工矿型
	一般城镇	南湖乡	工矿型
		雅满苏镇	工矿型
		七角井乡	工矿型
		天山乡	畜牧养殖型
		西山乡	畜牧养殖型
		德外里克哈萨克族乡	畜牧养殖型
		柳树沟乡	畜牧养殖型
		乌拉台哈萨克族乡	畜牧养殖型
		双井子乡	工矿型
巴里坤县	副中心城市	巴里坤县城（含花园乡）	综合服务型
	重点城镇	三塘湖乡	工矿型
		大河镇	农牧综合型
		博尔羌吉镇	工矿型
		奎苏镇	农业种植型
		红山农场（三仙镇）	工矿型
	一般城镇	石人子乡	农业种植型
		萨尔乔克乡	畜牧养殖型
		大红柳峡乡	畜牧养殖型
		海子沿乡	畜牧养殖型
		下涝坝乡	畜牧养殖型
		八墙子乡	畜牧养殖型
伊吾县	副中心城市	伊吾县城（含吐葫芦乡）	综合服务型
	重点城镇	淖毛湖镇（含淖毛湖农场）	工矿型
		盐池乡	畜牧养殖型
	一般城镇	前山乡	畜牧养殖型
		下马崖乡	农业种植型
		苇子峡乡	农业种植型

图2　城镇规模规划图

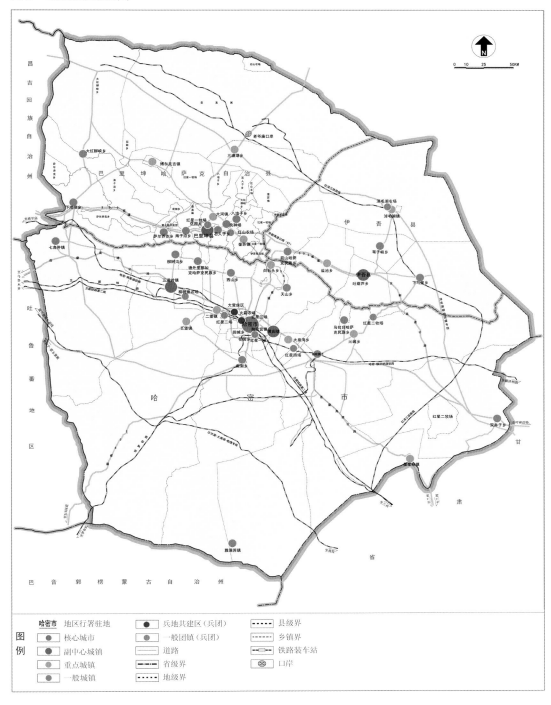

（三）城镇化发展格局

建立与资源环境承载力相适应，符合新疆和哈密整体战略需要，与新型工业化和农牧业现代化互动推进的城镇化发展格局；实施分区分类差别化发展政策，积极培育中心城市和重点镇，促进两县一市相对均衡发展，实现中心城市、小城镇和乡村协调发展。

以区域中心为起点，以建设新疆副中心为目标，建设"以哈密市为中心城市，巴里坤、伊吾、三道岭镇和黄田镇为副中心城市"的"一主四副"发展格局，建设一批特色鲜明、宜居宜业的历史文化城镇、山水城镇、旅游城镇、口岸城镇、工矿城镇、农牧业城镇。

四、城镇空间发展

（一）人口规模与城镇化水平预测

哈密地区2015年69万人，城镇人口45.54万人，城镇化率66%；2020年80万人，城镇人口57.6万人，城镇化率72%；2030年100万人，城镇人口80万人，城镇化率80%。

（二）空间结构规划

规划形成"一个地区核心、一个城镇群、两大轴线、三大发展带、四个地区副中心"的空间格局。

1、一个地区核心

哈密市为区域核心城市。

2、一个城镇群

围绕地区核心城市，建设哈密地区城镇群，发挥经济首位优势，提升城镇聚集扩散综合能力，形成拉动哈密城镇发展的增长极。

3、两大轴线

主轴线：连霍高速城镇发展轴；

副轴线：京新高速城镇发展轴。

4、三大发展带

三塘湖淖毛湖集聚发展带、东天山生态农业与旅游发展带和交通走廊城镇带三大发展带。

（1）三塘湖淖毛湖集聚发展带

集中发展煤炭开采、煤电、煤化工、风电、光电、石油、天然气、盐化工产业，作为哈密地区综合能源利用基地。

（2）东天山生态农业与旅游发展带

积极发展设施农业、特色林果业、现代畜牧业及旅游业。

（3）交通走廊城镇带

以城镇群为核心，形成三次产业综合开发的产业集聚带。

5、四个地区副中心

巴里坤、伊吾、三道岭镇和黄田镇为地区副中心，作为次一级人口和产业集聚中心。

巴里坤县、伊吾县以资源开发深加工为主，成为山北以能源工业、旅游业、畜牧业为主的区域经济增长点。

三道岭镇、黄田镇为哈密地区农副产品加工业基地、生态环保产业基地、第十三师文化教育、医疗卫生服务、商贸服务、宜居创业中心。三道岭镇推进西北地区重要的煤炭工业基地建设。

（三）规模等级结构

形成 1 个中心城市、4 个副中心城市、18 个重点城镇和 18 个一般城镇的四级城镇发展格局。（表 1）

（四）城镇体系职能结构

城镇职能包括综合服务型、农业种植型、畜牧养殖型、农业畜牧业型、工矿型、交通服务型、旅游服务型等类型。（表 2）

图 3　城镇职能规划图

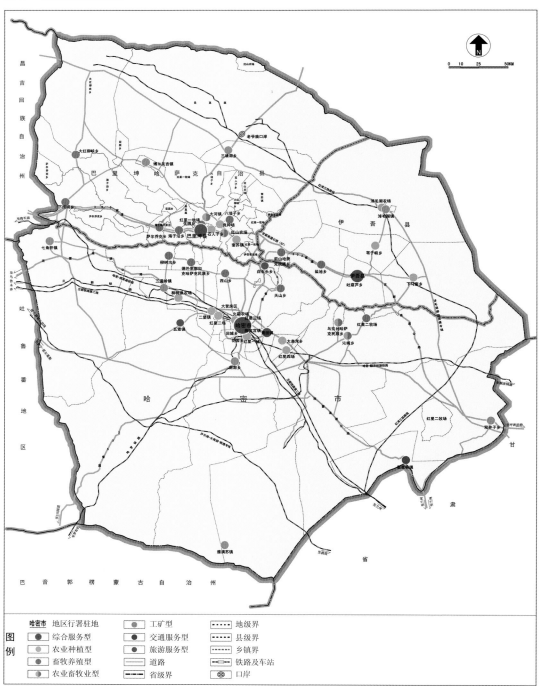

图4　城镇规模等级结构规划图

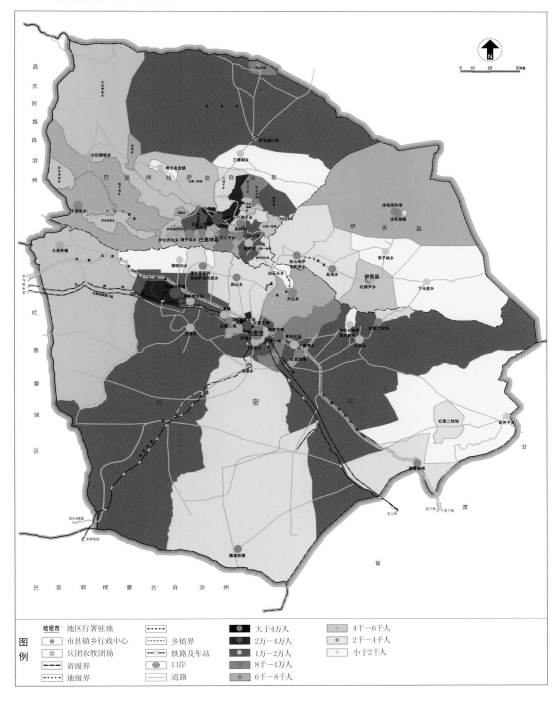

五、产业发展与布局

（一）产业发展目标

实施优势资源转换提升和新兴产业培育发展"两大战略"，加快"四大基地"建设，加速"九大产业链"形成，促进产业高端化、发展高质化、装备现代化、管理精细化，以重点项目建设为突破口，突出骨干行业企业的中坚作用，以煤为基、以煤兴产、以煤兴业，做大做强煤炭、黑色有色金属、石油石化等优势主导产业，加快推进新型工业化进程，努力打造产业配套、持续协调发展的现代产业格局。

"九大产业链"，包括煤电冶、煤化工、风光电及配套装备制造、矿山和电力机械设备、石油天然气下游产品开发、建筑材料开发、盐化工精深加工、特色农产品和食品加工、生物和医药。

（二）产业发展策略

推进产业空间整合，强化产业集群发展，以大项目带动产业跨越式大发展，推动农牧业现代化和新型城镇化步伐。

1、加快发展特色农产品和食品加工业，建设新疆绿色食品生产示范区。

2、重点发展能源产业，建设国家级新型综合能源基地——煤炭产业和新能源产业。

3、大力发展煤电冶材工业，建设新疆重要的煤电冶材基地——黑色金属加工业、有色金属加工业。

4、优先发展先进装备制造和高新技术产业。

5、努力发展石油、天然气工业，建设吐哈油田后备接替区。

6、强化园区的分工协作，加快产业集约集聚。

7、突出发展现代旅游业，建设丝路旅游节点，整合旅游资源，发展边疆特色旅游业，增加旅游设施投入，加大旅游产品推介力度，形成具有哈密地域特色的旅游文化。

8、重点发展现代物流业，将物流业建设为支柱产业。

（三）产业空间总体布局

引导工业向园区聚集，引导高端生产服务业、物流产业向中心城市聚集；以县城和小城镇为主体建设农牧业产业化基地，将现代设施农业、特色农业、生态农业、休闲观光农业布局与产业园区和城镇发展相结合，形成一个集散地、三大产业带和九大产业区。

1、一个集散地

以哈密中心城区为核心，把哈密建成"东联西出、西来东去，疆煤东运、疆电东送，东西双向开放的重要枢纽和现代化的商品物流集散地"为目标，构筑面向中亚、西亚，连接内陆、沿海的东西双向次级对外开放平台。

2、三大产业带

北部三塘湖淖毛湖集聚发展带、中部东天山生态农业与旅游发展带、南部沙尔湖大南湖产业发展带。

3、九大产业区

中部旅游发展区、南部特色果业区、北部现代畜牧区、哈密市南部矿业经济区、哈密市西部矿业经济区、哈密市东部矿业经济区、巴里坤三塘湖矿业经济区、巴里坤西部矿业经济区、伊吾淖毛湖矿业经济区。

六、旅游发展规划

（一）发展定位

新疆风光旅游的胜地；新疆文化旅游的长廊；新疆休闲度假旅游的乐园；自治区

图5　矿产开发利用与保护规划图

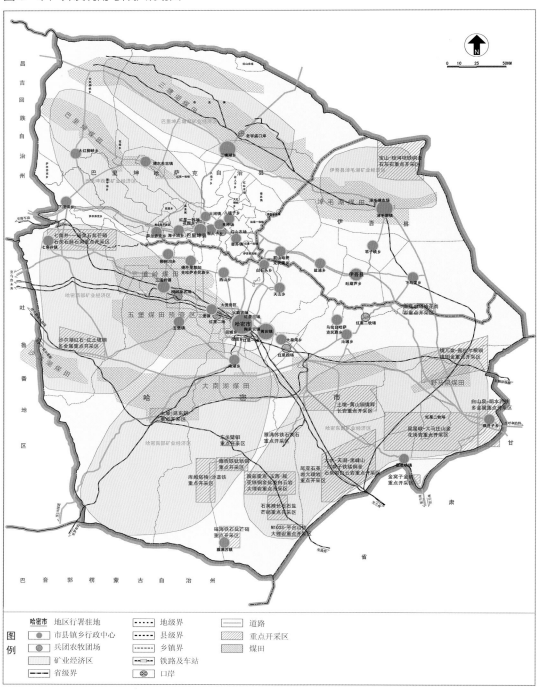

图6 产业发展布局规划图

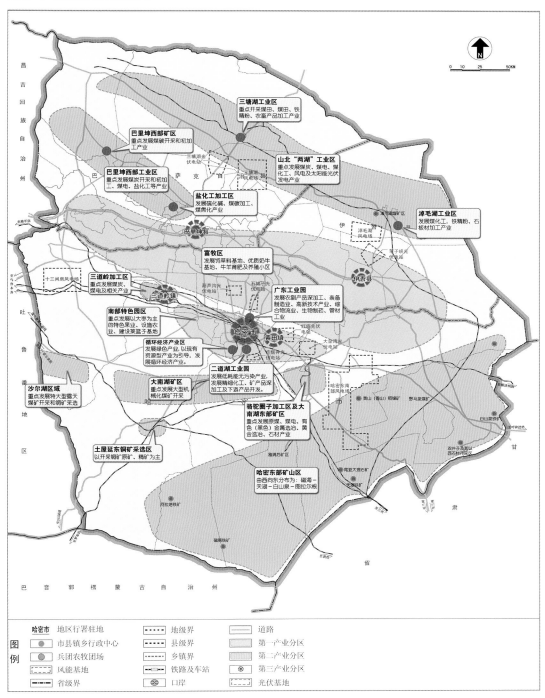

十大特色旅游区之一，国内外知名旅游目的地。哈密市作为自治区级旅游中心城市，完善旅游接待服务功能，提升综合接待能力和服务水平。

（二）旅游空间发展规划

一个旅游集散中心城市、两个区域旅游副中心、三个特种旅游服务基地、四大文化标志物、五条精品旅游线路、六大精品景区、七个旅游名镇。

1、一个旅游集散中心城市

即哈密市市区。

2、两个区域旅游副中心

巴里坤县城、伊吾县城。

3、三个特种旅游服务基地

罗布泊基地、三塘湖基地、魔鬼城景区基地。

4、四大文化标志物

十二木卡姆大型演艺中心、哈密瓜窖藏博物馆、西部奇石交易中心、西域之门标志性景观。

5、五条精品旅游线路

绿洲文化与城郊生态休闲线、东天山自然生态与山地游乐线、巴里坤草原休闲与历史文化体验线、伊吾红色文化感悟与胡杨林观光线、罗布泊自然与科普休闲探险线。

6、六大精品旅游区

东天山风光游、魔鬼城观光探险游、哈密回王历史文化游、哈密贡瓜园民俗体验游、巴里坤古城文化草原风情游、伊吾胡杨生态游六大旅游区。

7、七个旅游名镇

哈密市五堡镇、回城乡、花园乡、白石头乡（松树塘旅游小镇）、巴里坤镇、大河镇、伊吾县淖毛湖镇。

七、综合交通规划

(一)规划目标

打造新疆一级综合交通枢纽,具备一级公路枢纽、一级铁路枢纽和重要的航空节点职能,实现哈密地区2小时可达,形成安全便捷、高效畅达、优质舒适、绿色低害的交通系统。

(二)交通综合规划

以哈密市为地区交通中心,巴里坤县、伊吾县、三道岭、黄田镇、老爷庙口岸、淖毛湖、三塘湖、星星峡为重要交通节点,形成"六横一纵"的铁路网及"一环四横三纵三通道"的公路干线网,构建铁路、航空、公路三位一体的综合交通体系,实现客运"零距离换乘"、货运"无缝衔接"。

(三)公路

近期2015年:形成"一环、四横、三纵、双通道"的干线公路网。

远期2030年:形成"一环、四横、三纵、三通道"的干线公路网。

(四)铁路

近期2015年建设兰新铁路第二双线、将军庙至哈密(三塘湖、淖毛湖)至额哈线铁路、哈密至额济纳旗铁路、三塘湖—淖毛湖—柳沟铁路;中远期建设沙尔湖—大南湖—敦煌铁路,形成"六横一纵"的铁路网格局。

(五)民航

扩建哈密机场和新建大河支线机场。加快哈密机场飞行区改扩建工程,机场由4C提高到4D等级,将哈密机场扩建为疆内重

图7 旅游空间布局规划图

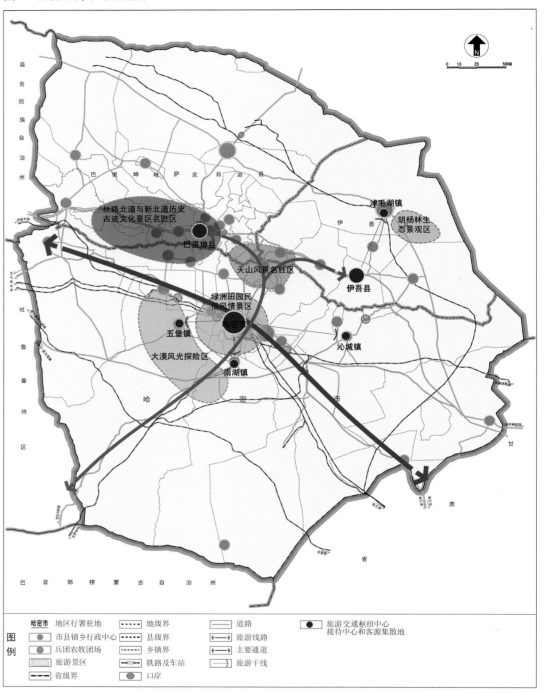

图8　综合交通规划图

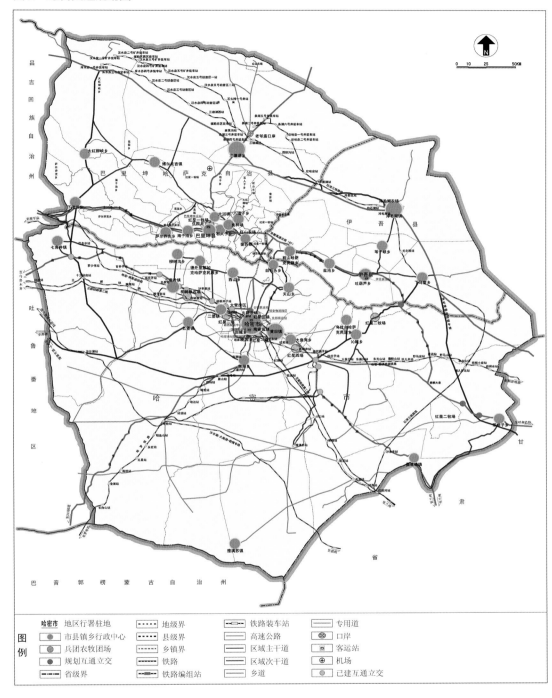

图例

哈密市 地区行署驻地	┄┄┄ 地级界	铁路装车站	专用道	
市县镇乡行政中心	┄┄┄ 县级界	高速公路	口岸	
兵团农牧团场	┄┄┄ 乡镇界	区域主干道	客运站	
规划互通立交	铁路	区域次干道	机场	
省级界	铁路编组站	乡道	已建互通立交	

要支线机场，未来成为疆内外乃至西北地区重要的枢纽机场，力争开通与疆外重点城市的国内航线，力争开通4~6条国内航线。

巴里坤预留大河支线机场。巴里坤大河支线机场纳入"十三五"规划建设项目。

（六）口岸交通

加快完善口岸与边境城镇、腹地中心城市之间的快速交通通道建设，扩展通道运能。老爷庙口岸通高等级公路。

推进老爷庙口岸与中心城市的铁路及高速公路通道建设；适时推进老爷庙口岸与相邻国家的铁路、公路通道建设，加强与邻近城镇的快速通道建设，老爷庙口岸至哈密市公路按二级及以上标准建设。

（七）客运枢纽

规划客运站场5个，分别是哈密市公铁联运站、北郊客运站、南郊客运站、西郊客运站、十三师中心客运站。

（八）货运物流园

规划货运物流园10个，分别是哈密市城西物流园、恒安物流园、南站物流园、循环经济产业园物流园、十三师二道湖物流园、万村千乡配送中心、绿色产业园物流园、空港物流园、三塘湖物流园区、淖毛湖镇物流园区。

（九）管道

完善西气东输工程、吐哈原油管道工程、兰新输油管道工程，预留能源大通道。

（十）旅游交通

以1个旅游中心城市和2个旅游副中心城市为核心，旅游节点城镇和各类风景旅游区为支撑,建设方便、快速旅游通道。

八、文化建设

(一)规划目标

以现代文化为引领,培育哈密人文精神,打造文化哈密。

提升哈密文化形象,基本形成体现地区经济发展与文化发展相适应、传统文化与现代文化相融合、文体载体与文体内容相协调的格局。

拥有功能配套的文体设施、数量客观的优秀文化产品、结构优化的文化人才队伍、充满活力的文化机制、开放有序的文化市场、富有特色的城乡文化环境,把哈密建设成地域文化特色鲜明、现代文化氛围浓郁、人文环境和谐、富有魅力的文化大区。

(二)历史文化遗产保护

1、加强历史文化名城、名村保护

严格按照《历史文化名城名镇名村保护条例》等有关法规进行保护。(表3)

2、加强历史遗存保护工作

贯彻"保护为主、抢救第一、合理利用、加强管理"的方针,严格按照法律法规要求,加强文物保护工作和历史文化街区、历史建筑保护。

3、加强非物质文化遗产保护

保护非物质文化遗产的实物与体验场所,加强人类口头和非物质文化遗产名录项目及世界文化遗产项目抢救保护,实施不可移动文物保护和环境设施建设项目。(表4)

(三)建设文化哈密

弘扬民族精神,培育和倡导"团结友善、跨越争先、开放兼容、创新求实"的新时期

图9 干线公路网布局规划图

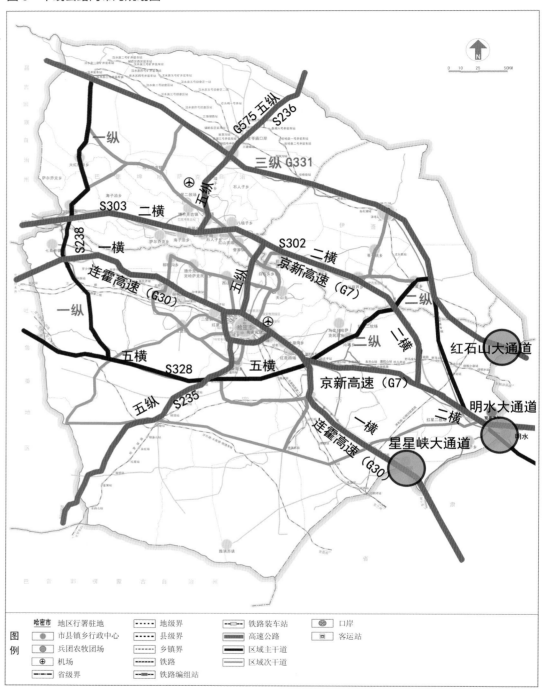

历史文化名城、名村一览表（2012 年）　　　　　　　　　　表3

自治区级历史文化名城	国家级历史文化名村	国家级历史文化名村
巴里坤哈萨克自治县	哈密市回城乡阿勒屯村	哈密市五堡乡博斯坦村
2007 年	第四批，2009 年	第五批，2010 年

非物质文化遗产传承项目和传习馆建设项目　　　　　　　　表4

非物质文化遗产传承项目	传习馆建设项目
哈密维吾尔族赛乃姆、哈密木卡姆、哈密阔克麦西热甫、哈密维吾尔刺绣、新疆曲子、巴里坤民间故事、哈萨克族人生礼仪歌	伊吾县非物质文化遗产传习馆
	新疆曲子传承中心
	哈密维吾尔刺绣传承中心
	巴里坤县非物质文化遗产传习馆
	哈密木卡姆传习所

哈密人精神，纳入国民教育和精神文明建设过程，使地区始终保持昂扬向上的精神状态。以多民族、多元文化为底蕴建设新疆东天山历史文化强区。

实施文化品牌战略，充分发掘哈密历史文化资源，发展特色文化，打造具有东天山文化特色的文化精品，积极开发和培育具有国内国际竞争力和影响力的文化品牌，树立哈密文化形象，提升哈密文化地位，提高地区文化发展水平。

支持哈密市成为自治区文化强市，东天山历史文化强市；支持巴里坤县申请国家级历史文化名城；支持更多乡镇申请历史文化名镇名村。

弘扬传统文化，保护历史遗产，改善城市形象，增强城市魅力，促进旅游业的发展。按节点、轴线、区域对哈密地区人文资源进行组合，明确主题、分区的保护规划体系，将地区保护区分为中心城区、天山区域、天山以北、天山南部 4 个保护片区，集中反映历史文化、风俗民情、地理风貌，并结合现有交通组织观光游览线，形成网络体系。

九、公共服务设施

（一）规划目标

打造区域公共服务中心，促进公共服务向城乡全覆盖，按照城乡一体、优化整合、分级配置、合理利用的要求，促进城乡居民逐渐享受同质化的公共服务。

（二）发展策略

1、高标准、高质量要求建设。

2、形成以中心城市为骨干，按地区级、市县级（伊吾、巴里坤、三道岭）、乡镇级布局的区域公共服务设施级别体系。

3、建立必要的激励机制，积极引导企业、社会、民间等多种主体投资，合理确定社会服务设施多层次、多性能分类标准。

（三）公共设施体系

规划为"城市型—乡镇型—农村型"的公共设施体系。

（四）城市型公共设施

1、地区级公共设施

地区级公共设施集中布置在哈密市中心城区。

2、市县级公共设施

市县级公共设施主要布置在哈密市、伊吾县、巴里坤县、三道岭区。

（五）乡镇型和农村型公共设施

重点城镇建立服务于周边的公共中心。对相邻的若干个人口相对较少、需求不大的一般镇可集中或建设 1 处公共设施中心，或与相邻的中心镇实施区域的设施共享。

农村型公共设施，原则上以行政村为单位规划和建设，实行"一村一社区"。

以中心村带周边自然村，形成社区公共服务共同体；村落已集镇化或形成中心村格局，以及一个自然村中聚集若干行政村的，应按"多村一社区"规划建设；已形成农民小区的按"社区设小区"规划建设。

附　录

新疆维吾尔自治区各地州城镇体系规划编制及批复情况一览表

编号	地州城镇体系规划	组织编制单位	编制单位	批复时间
1	昌吉回族自治州城镇体系规划（2013-2030 年）	昌吉回族自治州人民政府	中国建筑设计院有限公司	2015.1.10
2	伊犁哈萨克自治州州直城镇体系规划（2013-2030 年）	伊犁哈萨克自治州人民政府	江苏省城市规划设计研究院	2014.6.30
3	塔城地区城镇体系规划（2015-2030 年）	塔城地区行政公署	辽宁省城乡建设规划设计院	2016.3.31
4	阿勒泰地区城镇体系规划（2012-2030 年）	阿勒泰地区行政公署	新疆维吾尔自治区城乡规划服务中心 中国科学院新疆生态与地理研究所	2013.6.9
5	博尔塔拉蒙古自治州城镇体系规划（2014-2030 年）	博尔塔拉蒙古自治州人民政府	湖北省城市规划设计研究院	2015.9.24
6	巴音郭楞蒙古自治州城镇体系规划（2009-2025 年）2014 年调整	巴音郭楞蒙古自治州人民政府	河北省城乡规划设计研究院 同济大学 中国建筑上海设计研究院有限公司 巴州城乡规划设计研究院	2015.6.26
7	阿克苏地区城镇体系规划（2013-2030 年）	阿克苏地区行政公署	浙江省城乡规划设计研究院	2014.1.28
8	克孜勒苏柯尔克孜自治州城镇体系规划（2013-2030 年）	克孜勒苏柯尔克孜自治州人民政府	新疆维吾尔自治区建筑设计研究院 江苏省城市规划设计研究院 江苏省城市交通规划研究中心	2014.1.28
9	喀什地区城镇体系规划（2012-2030 年）	喀什地区行政公署	中国科学院新疆生态与地理研究所	2015.7.31
10	和田地区城镇体系规划（2013-2030 年）	和田地区行政公署	中社科城市与环境规划设计研究院	2015.1.10
11	吐鲁番地区城镇体系规划（2013-2030 年）	原吐鲁番地区行政公署	湖南省城市规划研究设计院	2014.12.29
12	哈密地区城镇体系规划（2013-2030 年）	原哈密地区行政公署	广东省建筑设计研究院	2013.12.20

备注：1.2015 年 4 月，国务院批复同意撤销吐鲁番地区和县级吐鲁番市，设立地级吐鲁番市。

　　　2.2016 年 1 月，国务院批复同意撤销哈密地区和县级哈密市，设立地级哈密市。

　　　3. 各地州相关概述，摘自中国地图出版社《中国分省系列地图册·新疆》（2016 年 1 月第一版）和

　　　　星球地图出版社《新疆维吾尔自治区地图集》（2017 年 1 月第二版）。

后　记

2012 年以来，根据新疆维吾尔自治区党委、人民政府的总体安排部署，全疆上下全面启动了城乡规划编制工作。各地城乡规划的编制工作卓有成效，城乡规划的意识不断加强，城乡规划的整体编制质量和水平不断提升。经过多年的努力，全疆基本构建了"自治区、地州、市县、乡镇、村庄"的城乡规划体系。

丛书作为自治区相关地州城镇体系规划、城市总体规划成果主要内容的集结，旨在深入贯彻落实中央城市工作会议精神，切实"尊重城市发展规律"、"统筹空间、规模、产业三大结构，提高城市工作的全局性"、"统筹规划、建设、管理三大环节，提高城市工作的系统性"，更好地发挥城乡规划的统筹先导和调控作用。

自治区十分重视城乡规划丛书的出版工作，给予支持和指导，并为此提供了坚实保障。本书的编辑和出版，得到了自治区各地州、相关城市和规划管理部门，以及自治区人民政府城乡规划工作顾问组的支持和帮助。自治区住房和城乡建设厅城乡规划处、规划服务中心对本书的编辑和出版付出了大量精力。此外，还有不少同志做了大量默默无闻的工作。我们谨向以上相关同志表示衷心感谢。

全疆城乡规划的编制和实施，凝聚着自治区、地州、市县等各级党委、人民政府的心血，也凝结着各级城乡规划管理部门和规划工作者的汗水。本书汇编了自治区 12 个地州（含原吐鲁番地区、哈密地区）城镇体系规划成果的部分内容，城乡规划工作仍需要在实践中继续探索、不断完善和提升。

城乡规划是政府调控城乡空间资源、指导城乡建设与发展，维护社会公平，保障公共安全和公共利益的重要公共政策之一。城乡规划工作，是深入贯彻和落实"创新、协调、绿色、开放、共享"发展理念的重要载体，是引导和调控城乡健康发展的重要手段，对于城乡可持续发展发挥着重要作用。愿自治区城乡规划丛书的出版，能为各地州、城市及相关规划管理部门提供一个交流平台并有所启迪。

由于时间紧张，本书难免存在疏漏或欠妥之处，敬请各位批评指正。

编者

2017 年 7 月